The Marriage of
Sense and Thought

Renewal in Science

The Renewal in Science series offers books that seek to enliven and deepen our understanding of nature and science.

Genetics and the Manipulation of Life: The Forgotten Factor of Context
by Craig Holdrege

The Wholeness of Nature: Goethe's Way toward a Science of Conscious Participation in Nature
by Henri Bortoft

The Marriage of Sense and Thought

Imaginative Participation in Science

Stephen Edelglass

Georg Maier

Hans Gebert

John Davy

 Lindisfarne Books

The Marriage of Sense and Thought is a revised edition
(with additions) of *Matter and Mind* (1992).

Copyright © 1997 Lindisfarne Books

This edition published by Lindisfarne Books

Contents

Preface to the Second Edition

THIS BOOK WAS FIRST PUBLISHED four years ago with the title *Matter and Mind.* Its present title, *The Marriage of Sense and Thought,* points to the reason for bringing out a new edition. Both titles allude to the cleavage between the inner experience of human consciousness and the outer world of sense. This opposition has been a defining feature of Western experience since the time of Descartes. The new title, however, also suggests that the separation between inner and outer can be transcended. That this gap can be overcome through human participation in the world of phenomena is a main theme of this book.

While the first edition was well received, readers did not always notice that a truly phenomena-based science has radical implications for understanding sense experience and the world of phenomena. The present revised edition is an attempt to remedy that situation. We clarified and amplified those sections on the philosophical suppositions underlying imaginative participation in phenomena. *The Marriage of Sense and Thought* remains, however, a book about practice—the practice of gaining knowledge-rich, meaningful experience of the natural world.

STEPHEN EDELGLASS
Chestnut Ridge, New York
GEORG MAIER
Dornach, Switzerland
September 1996

Acknowledgments

We wish to thank Owen Barfield, James Hindes, Robert McDermott, and Brian Stockwell for the thoroughness with which they commented on the first draft of this book. Their valuable insights, generously given, significantly contributed to the final result. We especially wish to thank James Hindes for editing the first edition of this book. His long-standing interest in science and grasp of our intentions enabled him to focus our prose, thereby making the content more accessible to the reader. The second edition has benefited greatly from John Barnes' careful reading. His questions and editorial comments make this new edition clearer and more precise in countless ways. Hanna Edelglass followed the book through all its drafts, reading, listening, and suggesting. That the book is understandable to the general reader is in no small measure due to her. Finally, we wish to thank the Fund for Phenomenological Science for its financial support.

STEPHEN EDELGLASS

Preface

THIS BOOK WAS TRULY COAUTHORED. It is the result of a culture of work that values conversation as a means of making scientific progress. Its conception as a whole and in its individual chapters was a joint effort that evolved over many years. The content of each chapter was planned by the group of authors, written by one of the group, and then rewritten by another after further discussion. And, often, it was rewritten again. Consequently, this book does not consist of separately contributed chapters. To the extent that we have been successful, it is a coherent whole. It was a wonderful experience for me to work in a community where individual gifts contribute toward a totality.

The beginnings of this book go back to the time when, as a young man, I joined the faculty of the Cooper Union for the Advancement of Science and Art in New York City. Increasingly during those early years, I was disturbed by the chasm between the world of professional life and that of inner experience and personal ideals. If science was the method and measure of objective truth, then it seemed as if my personal conduct and humanity were meaningless—in the sense that they were irrelevant not only to a world reality presumed by science as presently practiced but also because personal striving was unrecognized in the results of that same science. I was haunted in this regard by Bertrand Russell's remark: "Morals are like oysters. Some people like them, some people don't." I wanted to discover firmer ground than arbitrary choice for inner struggling. But this, I felt, was precluded by the results and the materialistic worldview of science.

A few years later, while teaching a graduate course in quantum mechanics, I finally saw the fallacy in thinking that science had the last word concerning the nature of reality—that somehow philosophical questions came in the form of trying to understand the results of science, after the fact so to speak, while the presuppositions upon which science was built were left unexamined and taken for granted. Scientific methods and the contemporary scientific paradigm had previously had an aura of logical necessity whose transcendence seemed, until that time, unthinkable. With this realization I felt freed to explore new possibilities.

As I undertook a search to discover if a science that bridged the gulf between inner and outer experience was possible, I was fortunate to meet several scientists who were concerned with similar questions. Hans Gebert, whom I met in 1973, shared ideas and worked together with me for many years. Until 1985 he was the co-director of the Waldorf Institute of Mercy College in Detroit and before that Director of the Physics Laboratory at the Birmingham (England) Technical College.

Not many years after I met Hans, I attended a series of lectures on human physiology given by John Davy. It was a thrill to see questions examined freshly—not out of assumptions, but out of examined experience. Hans and I invited John to join our work. At that time John Davy was vice principal of Emerson College in Forest Row, England. Before that he had been the science editor of the English national newspaper *The Observer.*

And, finally, ten years ago John introduced me, much to my good fortune and gratitude, to Georg Maier. Georg gave up neutron diffraction research in Aachen, Germany, in order to pursue research into modes of observation and conceptualization of nature at the *Forschungslaboratorium am Goetheanum* in Dornach, Switzerland.

On October 28, 1984, well before the completion of this work, John Davy died as the consequence of a malignant brain tumor. Before he knew he was ill he had concerned himself with Elisabeth Kübler-Ross's ideas concerning the stages of death and dying, relating them to other life experiences. It was at this time that John wrote *Discovering Hope*. His death was an inspiration to many, as was the way he lived his life. It is to him that this book is dedicated.

STEPHEN EDELGLASS

Threefold Educational Foundation
Spring Valley, New York
March 1991

1. Two Smiles

When friends meet, they smile. They greet one another warmly and are glad to have met again. These sentences describe a common event in a simple and comprehensible way. But they are not "scientific." The warmth of a greeting cannot be measured by a thermometer, nor is the accompanying "gladness" observable. How then could friendship be described scientifically?

Such a description might begin with the observation that a smile is a widening of the oral aperture, caused by contractions of the cheek musculature. A "scientific" investigation of such a meeting between friends might further consider the physiological changes within the body, especially the effect on the brain, although an investigation of that sort would probably be too complex to expect any useful results. At best, studies might be centered on the ethological functions of smiles, their possible relationship to placatory action patterns found in situations of potentially aggressive behavior in other higher vertebrates. We could also undertake to analyze how various reinforcement schedules may affect the frequency and intensity of oral aperture widening in different human subjects.

The fact that we can describe a smile as a smile or as the widening of an oral aperture points both to the reason for this book and to two serious and related questions that we propose to explore. The first question is, What does it mean that our scientific culture, which is so extraordinary and powerful, can talk about human beings only in a dehumanizing way? Most of our ordinary ways of talking about human life are more or less comprehensible, but entirely unscientific. The attempt to make them scientific produces results, as in the preceding paragraph, that most sensible people would recognize as bizarre, if not absurd. Apparently, in order to speak "scientifically" we must either stop talking about human life or make it virtually unrecognizable.

The second question derives from the first: Can we do anything about this situation? Is the conclusion to be drawn from our dichotomous culture that we should discipline our minds and language so that we not only describe a smile as the widening of an oral aperture but also *see* it as such? Must we accept this split culture, in which each half speaks nonsense to the other? In this book we propose to examine science itself and, by tracing the origins of this strange dichotomy, to show a way in which the split can be overcome.

We are not the first to ask these questions, of course, or to attempt to form some answers. But we have rarely found them discussed in the context of "human faculties." This is our starting point, because science arises through the use of certain human faculties that have been schooled in the practice of science. Since science as we know it is only a few hundred years old, people in pre-scientific times must have either used different faculties or used the same faculties differently. We shall therefore look at the emergence of what is known as "modern science," its passage through several revolutions, and its present condition and possible future. We shall do this while constantly bearing in mind that we are talking about expressions of human faculties—notably thinking and imagination—which are complex and mysterious. We shall try to remain aware that any description of science, whether of its history or its present character, is based upon an implicit assumption concerning the nature of knowing. Such assumptions, although they may be founded on concepts that are in themselves clear, are seldom explicitly described. Nevertheless, we cannot know what is known if we ignore the knower.

In chapter two we shall examine the basis of the "materialism" that dominates both modern scientific thinking as it is usually practiced and, perhaps more importantly, most of our ordinary ways of imagining the world. Then, in chapter three, we shall examine how the ideas of physical science evolved and attempt to discern the changing attitudes that developed toward them. In the final chapters we shall sketch a possible way that science can develop in which both the nature of knowing and the use of human faculties are not forgotten, but actually included.

The Scientific View

Developing further our two opening questions, let us consider some of the curious features of scientific language. Why does it seem unscientific to speak of a "warm smile"? A simple assertion that this kind of warmth cannot be measured, that the word is being employed as a metaphor for an emotional state, is not enough. The claim that science deals in facts, not metaphors, is insufficient; many words in our language, including those whose primary use is scientific, have metaphorical as well as literal meanings. Besides, emotional states are facts just as much as the smiles that express them.

The question really hinges on what is meant by "an emotional state." Do we mean an "inner" experience, as we know it within ourselves and infer it in others? Or do we mean a variety of physiological events that might be registered by instruments—changes in pulse rate, blood flow, electrical resistance of the skin, brain waves, and so on? A strictly behavioristic program would allow only the latter and urge that all words referring to "inner" experiences be eliminated from scientific language. Thus, we would have to give up saying "he is hungry" and remark instead that "he is exhibiting rapid eating behavior" or "my endoscope shows that his stomach is empty."

The results of rigidly adhering to such a discipline would be strained and ludicrous as far as ordinary life is concerned. Nevertheless, the behavioristic approach draws our attention to a feature of the scientific attitude generally regarded as essential: total objectification. This stance is purportedly achieved by setting aside all personal experiences, all feelings, desires, prejudices—in short, all personal involvement—in order to achieve a completely objective and impersonal relationship to the world. Since they cannot be observed in others, inner experiences must be banned. Even though we can observe our own inner experiences, such introspection produces nothing but private knowledge about private events. Science, however, is concerned with public knowledge of public realities. From here it is only a step to the wholesale dismissal of all inner experiences as illusory or nonexistent. Actually, for large parts of the natural world our culture has already effected this. We do not think of a mineral or plant as having an inner life; even animals are treated as though they had no feeling. Indeed, we are on the way to treating human beings in some circumstances as though they did not have real inner lives either.

There are, of course, a great many knotty problems buried in this rather simple account of science. In the course of this work we hope to unravel a few of them. At this stage we simply wish to characterize in a nontechnical way the background picture that permeates the very way we think about science and the scientific attitude. In this picture we see that a decision has already been made concerning which kinds of experience we will attend to; for example, we have regard for "objective" phenomena, but not for "subjective" feelings. We are prepared to exercise the use of certain faculties, such as detachment, but not others, such as empathy.

It is generally accepted that science entails an effort to be "objective." But it is not generally realized that such science is based upon assumed notions concerning the nature of the universe, notions settled upon before any description or discussion even begins. The most primary and obvious of such notions is that the universe consists essentially of "objects." Hence, science's pursuit of truth required the "objectification" of that which it would study. Already the plant and mineral worlds have been largely reduced to "objects" for such study. Attitudes toward the animal and human worlds are not yet consistent in this regard. Nevertheless, science's search for ultimate realities assumes that in the end they will turn out to consist of impersonal events, not personal feelings, and of objects, rather than beings. In ordinary conversation we may persist in speaking of our inner experiences as though they were realities. But we do not expect such experiences to be revealed as ultimate constituent parts of the universe. This expectation is, of course, totally opposite to that of earlier, prescientific approaches to knowledge, in which the ultimate realities of the universe were sought not in impersonal objects but in personal beings. It is widely considered a major triumph of science to have transcended these superstitions by recognizing them for what they are: projections of our inner life out into the "real" universe. Hence, for real knowledge to be attainable, the "outer world" had to be purged of this inner life.

Yet we seldom seem to notice the irony of the situation we have thereby created. Having eliminated beings from the universe, we have eliminated ourselves as well. We achieve this end by exercising detached observation, but we forget to ask who or where this detached observer is. We seem to hang around in some kind of ghostly realm looking at a universe in which we ourselves cannot exist. This model of knowing goes back to Descartes, who formulated in crystal clear concepts a development that began with the Greek philosophers and led to a division of the universe into *res extensa* and *res cogitans*—which we rather loosely call "matter" and "mind." The Cartesian universe is partitioned into the objects of sense experience and the world of thought.

The notion of the detached observer thus emerges from a slightly spooky way of imagining the universe: Scientists see the world as a machine, which they haunt like ghosts. Since the idea of a detached observer seems to call for attentiveness, but otherwise for no mental work, the scientist is actually a rather passive ghost. Yet one of the experiences common to all scientists is that of intense mental work—indeed, work that takes place within the mind, the very realm with no existence in the objective universe.

Descartes himself had a powerful awareness of this activity. His own mental effort provided him with an experience of self so immediate and independent of the world outside himself that he felt he could base the certainty of his own existence upon it: *Cogito, ergo sum,* "I think, therefore I am." Western philosophy has tended to accept the Cartesian dichotomy of mind and matter while forgetting the active ego who discovers it. This dichotomy is widely and rightly recognized as a pivotal notion in the development of modern science. But we should remember its genesis: a thinking subject discovered it in a strenuous and highly individualized effort. We must not forget that the work of generating impersonal knowledge about the universe of objects, not beings, is accomplished by beings, not objects. Granted that the nature of scientific inquiry is to achieve an impersonal understanding of the world, still, important questions remain. What is the nature of the highly personal work of the scientist in achieving knowledge? What does the effort itself signify? Where and how does the scientist do it? These are questions we will be examining in later chapters.

Another inviolate assumption of science is this: In principle it is possible for any individual to make discoveries about the universe. This assumption is so much taken for granted that we often forget how revolutionary, not to say heretical, it was when first posited. It is customary to present high-school science students with stories of the early martyrs of the scientific age. These martyrdoms are usually described in terms of a clash between two views of the world. But one of the main aspects of this clash is usually left out. It was not just two views of how the world was made but two views of how knowledge itself is to be obtained. By and large, knowledge in the prescientific age was not seen as an individual's quest for new discoveries, but rather as the receiving of revelation, whether from sages, spiritual leaders, oral traditions, or old books. Occasionally, an individual might personally receive revelations by grace, but the preparation for such grace did not consist of any striving for knowledge. More likely, the grace of knowledge resulted from adequate moral purification.

Today we regard the moral life of physicists as a private affair. (Whether we can continue with this assumption will be considered later.) Yet we take it for granted that their professional work will include strenuous intellectual effort, which, though individual and uniquely their own, will lead to impersonal knowledge. By "impersonal" we also mean that their discoveries will be describable in ways that others can grasp and test in a public world of experiment.

We are, of course, talking about the essence of any science that can be described as genuine. Science put forward as dogma, as obscure rigmarole, as formulas to be learned by rote is not real science at all. The experience of scientific insight demands *personal activity*. Although we know this, we continue the ironic demand that science confine itself to producing impersonal descriptions of the universe with no place for the scientists who actually produce them. In this book we hope to bring into focus certain traditional ways of thinking about scientific work and the world scientists "discover." These ways of thinking float as assumptions in the background of much ordinary talk about science, and, because the assumptions are seldom explicit, the ironic situation they create remains unnoticed.

Inner Experience and the Outer Environment

Behind the strange notion of individual scientists achieving knowledge of a universe in which they do not exist lies the experience of the Cartesian dichotomy: consciousness is *always* of something *other* than the one who is conscious. This is what we all experience when we wake up in the morning and emerge from dream consciousness. The original unity of our I-world splits into a dichotomy when we start thinking actively about the world presented to our awakened senses.

It is an immediate fact of experience that the perceived world appears to be "out there," while I myself, with my personal feelings and memories, am "in here." From my private world I look out into what seems to be a public world, existing separately from me. My waking in the morning brings me into separation, into alienation.

This dichotomy prompts many questions, chief among which is, Can I grasp "in here" what is going on "out there"? If I assume that this is possible (which is the *sine qua non* of the scientific endeavor), I am also assuming that the dichotomy in which I find myself can somehow, to some degree, be transcended. Furthermore, such transcendence would mean that the private world of my mind and the public world are not ultimately of two kinds, but share common ground. This question of how the two worlds are related has troubled philosophers for a long time. The standard solution has been to categorize one side of the dichotomy as illusory: my side. Of course, this still leaves me as the ghost haunting the world machine (perhaps even haunting the widening oral apertures). Another, less fashionable solution in Western culture is for me to eliminate the world "out there," concluding that it is all my dream. Setting aside these radical solutions, it is encouraging that we are not, in fact, afflicted by philosophical doubts when we awake in the morning. We see people who appear to be like ourselves strenuously trying to understand the world and live in it. This endeavor suggests that a hope and an expectation still live in most of us that the dichotomy is at least partly resolvable.

We leave this as an initial response to the first of our two leading questions: Why does science have to speak about the world in a dehumanizing way? As we have seen, science grows out of a real dichotomy of experience, which is, to begin with, that we ourselves are observers detached from our surroundings. Furthermore, it is important to bear in mind that we ourselves generate this dichotomy. Upon waking we use certain faculties in certain ways.

Thus, we can add a further perspective to the second question. Granted that we cannot completely convince ourselves that the universe which we ourselves have discovered has no place for us, what can we do about it? That something needs to be done about it becomes more obvious every year. If we systematically think of a world in which human beings don't exist, we should not be surprised to find ourselves creating a world in which they can't exist. In the first half of this century it was still common to find idealistic and intelligent people who saw science as the great enlightener. They thought applied science would soon bring solutions to the world's great problems, even though there would always be cranks who were doubtful, who nagged about the environment, armaments, and computers. The ideas of people like E. F. Schumacher about the coming energy crisis, the irrelevance of our technology to the Third World, and the need for conservation, for appropriate scale, for human technology, and so on seemed eccentric and irrelevant to the times.

Of course, a great deal of techno-optimism still exists. It continues to inspire much political and economic language which sees growth and technical advance as the essential key to our human future. Yet a profound skepticism has also made its appearance, and it has been growing. We can no longer seriously maintain that advanced Western societies are in good health physically, mentally, or emotionally or that they have a sound and balanced relationship to the earth's natural resources or to other human communities. And within our society, a malaise is apparent, which can best be described as a loss of meaning.

We should not find this situation surprising, for we are trained through education and the habitual thought forms of a scientific culture to practice detachment, objectivity, and the elimination of inwardness when dealing with the public world. As a detached observer one not only becomes detached from the world but also gradually loses touch with oneself and others as personal beings. A good deal of inner desperation ensues. Some recovery of meaning may be possible through weekend encounter groups, personal growth workshops or religious cults and revivals, but those solutions do not help one as a scientist.

Against this background many people, especially the young, turn away from practicing science and even worse, from thinking scientifically. Such rejection is very bad for our civilization for, as we hope to show, our very sense of individual independence and freedom arose through the exercise of such thinking. And now, ironically, we see that this kind of thinking is also responsible for our experience of loss of meaning. Faced with this paradox we ask, Is it really necessary for scientific thinking to be devoid of human spiritual value?

The authors are convinced that true science was and still can be a profound spiritual adventure, which is only in its beginnings. But its real nature has been lost, obscured, even eliminated by a kind of sclerosis. For this illness of science we must find a cure that will begin only when science recognizes that it originates in the use of specific human faculties. We need to look more deeply into the origins and development of these faculties—past, present, and future. We can no longer afford to live with a nonsensical world picture produced by human beings that does not include human beings in their wholeness and richness. We need a science that can embrace the warmth of smiles as well as the muscular contractions that widen oral apertures, that can include the inwardness of all the kingdoms of nature, of human beings, and of the universe as a whole. Our search for such a science will begin with a careful look at the origins of classical science.

2. The Deeper Roots of Materialism

Materialism is not a sharply defined philosophy, but a habit of mind pervading our culture and deeply influencing its science. Stated most simply, materialism is the view that the universe consists ultimately of matter. Examined more closely, however, it soon reveals itself as a collection of loosely associated experiences, assumptions, and beliefs. Materialism is usually closely associated with reductionism; physics is assumed to be more fundamental than chemistry, chemistry more fundamental than biology, and biology more fundamental than psychology. Mind is regarded as an epiphenomenon of matter and the human being as "ultimately" a consequence of very complex "physical" processes and laws. Hence, materialism dismisses as superstition the prescientific conviction that the ultimate realities of the universe are not things, but beings. This dismissal is supported by more than a habit of mind; the beings that apparently peopled the medieval and earlier universes are not to be seen in the world around us. Unobservable today, such beings must have been "imagined" and not "real."

This common and natural modern objection to prescientific cosmologies points to another element in materialism: the assumption that explanatory conceptions of the universe must be based on what we can observe. To most people this means observations by means of physical senses. We say that "seeing is believing." Our doubts concerning the reality of anything are put to rest if it is solid and tangible.

Although they have learned from childhood that seeing and touching are the most important means of testing material reality, scientists in our century have had to become used to the fact that most of the "realities" now being explored, especially in physics and chemistry, cannot be seen or touched by the unaided senses. Specially designed instruments are required. Nevertheless, we still habitually employ words and concepts drawn from sense experience, even when speaking about the invisible and intangible realms now under investigation. In high-energy physics, where the materialistic paradigm is most obviously out of date, this is quite striking. The words we hear, "particles," "particle accelerators," "targets," and so on, seem to imply that the objects described would be both visible and tangible if they were not so small. Yet on reflection, scientists realize there is no meaningful way the realms they are exploring can be described as either visible or tangible. Their discourse includes many words, such as "fields" and "quanta" of energy, that, as images, are far less material. Yet even though the images implied in their materialistic language are partly transcended by the more abstract mathematical expressions of current theory, as a habit of mind science continues to be imbued with qualities and concepts derived from earlier stages of its development. The all-pervading idea of "conservation" is just one example.

It could perhaps be said that twentieth-century science can no longer be described as "materialistic" because it no longer sees the universe as consisting ultimately of material objects, however small. Still, other elements of the materialistic outlook persist: for example, although scientists may no longer expect to find ultimate particles in any material sense, the universe is nevertheless still thought of as impersonal. When high-energy physicists speak of the "flavor" of particles, they are not implying that they can taste them. Nor do they imagine that particles with "flavor" or "charm" are particularly attractive to one another. (Why essentially mathematical properties should be given such whimsical names is an interesting psychological question in itself.) Moreover, the reductionistic assumption that human thoughts and feelings can be reduced to functions of impersonal particles, forces, and laws persists, not only in scientific circles but also in our civilization at large.

We shall examine the situation of twentieth-century science more fully in the next chapter. Our intention at this stage is merely to point out the habitual frame of reference within which science operates and to show how popular science and most science education today are permeated with concepts and language almost a century out of date. The science that began with Galileo, Descartes, and their contemporaries and came to an end with the nineteenth century is the framework for what we shall call classical science. This frame of reference needs to be examined more carefully. A better understanding of science will enable us to tackle the problems of alienation and loss of meaning from a new point of view.

Materialism is more than a habit in our society. Sometimes subtly, other times overtly, it exerts a force much as religious doctrine did in past ages. Many people in Western cultures—particularly educated people—feel nervous and uncomfortable when confessing to any belief in nonmaterial realities, especially so if asked to describe spiritual, religious, or paranormal experiences (for example, an encounter with the soul of a departed relative). They know that if they appear to take such experiences as real—that is, as "objective" realities—they risk being regarded as mentally unbalanced. A kind of private compartment of the mind containing "religious beliefs" is more or less permissible, even respectable. But such beliefs are regarded as private concerns, whereas science is concerned with public and universal realities. Science now functions in society rather as the Church did in the Middle Ages. It is heresy to doubt that science is the guardian of the most essential and well-established truths.

Space, Matter, Time, Force, Energy

We suggested in the first chapter that the most powerful reason for the emergence of the "detached observer" lies in actual experience. We wake in the morning and seem to find two different realities, the private world of our thoughts, feelings, memories, and intentions "in here," which we experience as completely detached from a world of things "out there." In a similar way we would expect to find definite experiences behind the doctrine of materialism. The gap between the experiences and the doctrine is bridged by concepts; some of the most basic of these we will now examine.

The materialistic worldview is constructed from space, matter (primarily solid bodies having mass), time, and force or energy. The materialist is happiest with a world of solid bodies moving in space and time. Bodies moving relative to one another can be observed and described mathematically. Their motion can be followed by a detached observer who merely records events and has no part in the collisions of particles or changes in their speed or direction. In his *Dialogues Concerning Two New Sciences* (1632), Galileo aimed at giving such a picture in the second science he described. We call it a *kinematic picture of the world,* a world purely "out there," with no human beings and no explanations, merely descriptions.

Without realizing it, however, the materialistic scientist does go beyond mere observation, participating unconsciously in the moving solid bodies. Indeed, it is just such personal involvement that allows us to ascribe to concepts such as mass, force, energy, inertia, and so forth, any meaning at all. Although the scientific establishment has been trying from the beginning to strip these concepts of their anthropomorphic origins, such scientific terms do actually originate in human experiences. The concept of force is derived from our experience of exerting forces and having forces exerted upon us. We know what it feels like to make an effort in order to get a cart moving, to lift a weight, to get any body to move or change its motion. The effort we must make is to a large extent determined by some property of the body which seems closely connected to its weight. There is a difference between stopping a relatively light tennis ball and stopping a heavy brickbat thrown at us. Our unconscious, intuitive sense for the meaning of scientific terms that are "objective" and "out there" arose from *within* us. Our personal experiences lead us to identify, unconsciously, with the objects or particles involved in a collision. Without being aware of it, we actually imagine the forces they exert on each other owing to their speed and what we call their mass.

A kinematic picture of the world with certain human aspects thought back into it we call a *dynamic picture of the world*. The primary concepts that make this transformation possible are force and mass. Closely connected with these two is the concept of energy: we get tired when we make an effort, when we apply forces; when we work in the world, we need energy to resist our tiredness.

Wherever possible, scientists try to replace a dynamic picture with a kinematic one. Consider, for example, the concept of energy: the energy of a moving solid body is connected with its mass, velocity, and position. Having found a mathematical way to express this connection, science limits itself to situations in which neither mass nor energy changes. We speak of the laws of conservation of mass and of energy. Having determined mass and energy at one instant, we can follow the subsequent motion of the body using nothing more than the kinematic concepts of position and velocity in space and time; it is no longer necessary to investigate the forces that cause the changes in position and velocity.

In the preceding paragraphs we described how kinematics replaced dynamics using the example of the laws of conservation of mass and energy. Our description is not the usual one. Ordinarily it is said that the conservation laws have been "discovered." But there is another way to look at the origin and development of classical science. We shall make a case for our description in the next chapter. As we shall make clear, instead of discovering laws, scientists often select situations for discussion that can be simplified to such an extent that they are amenable to treatment by relatively simple mathematics. But now we shall show how the materialistic worldview selected a limited set of perceptions for attention and ignored others. It was this narrowing of what was considered significant that led the new way of doing science to its successes.

The Craftsman and the Scholar

The distinction between merely observing the world of matter and identifying with it, between kinematics and dynamics, is crucial for an understanding of the origins of classical science. These two extremes came together when two ways of life, the scholar's and the craftsman's, met. With the close of the Middle Ages, literate craftsmen appeared who were able to publish some of the secrets of their trades and guilds. An example is *On Pyrotechnics*, published in 1540 by the Italian metalworker Vannoccio Biringuccio. This treatise gives a comprehensive account of the smelting of metals, the casting of cannons and cannon balls, and the making of gunpowder. Men who worked with their hands were beginning to make their skills conscious, to reflect on and describe them in general terms. At the same time, scholars were emerging from their cloisters to become involved in the world of material action. Galileo, a scholarly professor of mathematics at the University of Padua, was beginning to show an intense interest in experiment.

The distinction lives on today, not only in the contrast between kinematics and dynamics, but also in the difference between pure and applied science, between theory and experiment. Gifted theoreticians are not necessarily talented experimenters and vice versa. Yet their interdependence is clear and recognized; each embodies a contrasting mode of learning about the universe, contemplative or active, cerebral or manual. The pure scientist can trace his activity through the universities and cloisters back to the intellectual elite of Greek society, the philosophers, and further back to the Mystery temples and schools of the ancient world. This tradition is well recorded, having been from early times articulate and, at least since Greek times, literate.

The ancestry of the applied scientist disappears in the oral traditions and secrecy of the medieval craft guilds, but we catch curious glimpses from earlier times. In the Old Testament we read that when King Solomon wanted to build his temple, he had to enlist the aid of Hiram. Solomon was the priest-king, the lawgiver, and the theoretician of temple building. He received a revelation of the temple plan, complete with exact dimensions, directly from God. But to realize it, he had to call upon people with "cunning" in working metals and wood, namely, Hiram and his master craftsmen. Throughout history the craft tradition, by its nature, has been concerned with manipulating matter. For thousands of years before the dawn of the scientific age, wood, stone, fibers, and metals had given human beings an understanding of the properties of material substances sufficient for the purpose of very refined practical operations.

The conceptual and mathematical skills at the disposal of the Greeks were entirely adequate for them to have anticipated Galileo and Johannes Kepler by two thousand years or more. But they were not interested in practical applications. From the time of Pythagoras until the end of the Middle Ages, scholars and intellectuals were mainly occupied with other questions. Their attention was directed toward spiritual worlds, since the material world was considered not worthy for free men to work in. That is why slaves were necessary to sustain Greek and Roman culture. The central issue for philosophy was how the human soul might find knowledge of, and a relationship with, the spiritual world. Pythagoras sought this through mathematics and music, Plato, through recollecting the archetypal world that the soul knew before birth. The scholars of the Middle Ages devoted themselves to the reconciliation of individual thought with religious revelation and doctrine.

Scientific materialism was born out of the ability to conceptualize those aspects of the world that craftsmen had known empirically for millennia. Working with solid bodies, which occupied space and were sometimes quite heavy, they knew very well that operating with matter required both time and energy. The elements of materialism we characterized earlier with the abstract words *space, matter, time, force,* and *energy* were the concrete content of everyday experience for the craft worker. So when Galileo began to conceptualize some of these "concrete abstractions" by framing them mathematically, he had at hand a variety of craft instruments, some of them of his own design: rulers for measuring space, scales for weighing matter, and clocks for measuring time. The fundamental work of the physical sciences during the fifteenth and sixteenth centuries was to penetrate conceptually and mathematically the phenomena of space, matter, and energy. Galileo's last book, *Dialogues Concerning Two New Sciences* (1638), was a direct result of that work. The first science he discusses is an aspect of what is now called materials science, the behavior of matter under stress as it is deformed until it breaks. Galileo's treatment of the subject was based on his experience among the artisans of Venice. The second science was, as mentioned earlier, kinematics.

Let us now consider our own concrete experience of the basic elements of materialistic reality. Although space, time, matter, energy, and mass may sound very abstract, they are known, even to the most abstracted scholar, simply through living in a physical body. From birth onward, our lives include a continuous education in elementary applied physics. Within a few weeks of birth, babies spend most of their waking hours manipulating physical objects, including their own physical bodies. They acquire first-hand experience of solid objects in three-dimensional space. A wooden block has a greater mass than balls made of wool, and there is a striking difference between them when the laws of momentum are explored. Sitting, standing up, climbing trees, and playing on seesaws all bestow upon the growing child an extensive empirical knowledge of the laws of leverage and basic mechanics; these are mastered in practice long before we can understand them conceptually. (Jean Piaget, the Swiss psychologist, is particularly known for his pioneering study on the emergence of fundamental concepts in children.)

The Relation of Materialism to Sense Experience

The experience just described is possible only because we have certain senses that make us aware of conditions in our own body. Two such senses are touch and balance. Definite nerves in the skin mediate the sense of touch, while three semicircular canals at right angles to one another in the ear constitute the organs for our sense of balance. A third widely recognized sense is often called the kinesthetic sense. It allows us to be aware of the positions and motions of parts of our own bodies. We know, for example, how our fingers move even with our hands "hidden" behind our backs. This sense is mediated by organs located in the tendons that link muscles to the skeleton. We would like to describe a fourth sense, the existence of which was pointed out by Rudolf Steiner. Again, it is easiest to recognize in a small child who reacts strongly to hunger, thirst, and other conditions of the body. This is the sense that enables us to be aware of our bodily well-being, or lack of same, in a general way. We shall call it the "somatic" sense.

In spite of the fact that the sense of touch merely tells us that pressure is being exerted on the skin, it can also tell us something about our surroundings. The educator A. C. Harwood described how his daughter, when shown a pocket watch she was not allowed to touch, said, "I want to see it; I want to see it," and tried to reach for it with her hands. When it was pointed out to her that she could already see it, she said, "But I want to see it with my hands." That is, she wanted to "be in touch" with the watch, by feeling its surface and by viewing it from different perspectives according to her own intent. In other words, she wanted to be involved with the watch, to be*hold* it, rather than to merely look at it.

In contrast to touch, it may at first seem that the other three senses—namely, balance, the kinesthetic sense, and the somatic sense—apply only to the body. By describing these senses in more detail, we shall show, however, that the ideas of space, matter, time, force, and energy are closely connected with and are ultimately derived from our experience of all four "body senses."

The Sense of Touch

Let us now examine more closely the experience of touch. The nerves enabling us to sense the things we touch are located mainly in the skin, with the greatest concentrations in sensitive areas such as fingertips and lips. To begin with, touch informs me that I have a skin, a surface that defines me as a physical body; I get to know myself as a topological entity. At this point there is no awareness that I have volume or mass or that there is a three-dimensional space existing beyond my own surface.

It is very important to realize that the sense of touch functions only when something else is also touching the toucher. Something must impinge upon my skin, even if it is only another part of my own body, as when I touch two fingertips together. Awareness of my own surface is kindled when it meets another surface. I become aware of both as surfaces because they come into contact but do not interpenetrate. Together they *define separateness.* Hence, the sense of touch gives an experience that, when conceptualized, tells us about the phenomenon of separateness in the world. Touch speaks to me immediately and directly of a reality "out there," distinct from "my" reality. The sensation of touch engenders the awareness of a realm of otherness and hence of my own separateness. I become aware of myself as a separate entity by touching surfaces that are not "me."

We can learn something from a comparison of the sense of touch with the sense of warmth and cold, which also uses organs located in the skin. There is a famous experiment often cited to show the superiority of thermometers to our sense of temperature. The left hand is placed in a bowl of hot water, the right hand in a bowl of cold water. After a few minutes both hands are placed in a bowl of lukewarm water. At first the tepid water feels cold to the left hand and warm to the right hand. Soon, however, both hands report the same tepid temperature. This experiment shows that the sense of warmth is dependent upon our own relationship to the environment. There is a constant exchange of warmth between the body and its surroundings that makes scientific detachment difficult, if not impossible.

We would like to mention in passing that the usual conclusions drawn from this demonstration are quite superficial. The same experiment repeated with thermometers does not show how hopelessly subjective human hands are compared with scientific instruments. In the last stage, when the thermometers are placed into the lukewarm water, they behave in a fashion very similar to human hands: something different happens to each. In one a column of mercury shrinks; in the other it lengthens. The opposite movements end only when the thermometers, like human hands, have adjusted and both register the same temperature. The only advantage of the thermometer is its scale, which makes it possible to link the positions of a mercury column to numbers.

The results of these "thought experiments" are difficult to express with precision because our language is involved with the perceptions of all our senses. The effort to describe one sense that has been artificially isolated would, for precision, call for the invention of an artificial language. Nevertheless, we hope the point of our exercise is clear: the materialistic outlook includes qualities directly related to touch but not, at least not directly, to warmth. The fact that the feeling of warmth is always based on a dynamic relationship in which we gain or lose heat makes it problematic for the materialistic outlook of the detached observer. Since touching immediately establishes separateness, it does not present such a dilemma. In touching, I constantly reestablish my own detachment. In feeling temperature, I experience an aspect of my physical being that is related to a world in which I am an active participant, not just an onlooker.

The Somatic Sense

Next we consider the sense that brings awareness of the general physiological state of the organism: the "somatic sense." When healthy, we have a dim feeling of well-being that extends throughout our body but is mainly centered in the trunk. We feel the air filling a space in our chest as we inhale, and we feel this space contracting as we exhale. If we eat too much, we feel the fullness of a volume in our abdomen. When not well, we may even feel the position of organs that hurt. Our body image includes not only a surface but also a volume, contained by the skin, occupying its own portion of space. All the sensations of my body contents, when taken together, provide me with an intuition or a direct apprehension of what is meant by the words *volume, bulk,* or *extension.* We are able to understand this fundamental property of solid bodies moving in space only because we ourselves live in a body with extension.

The somatic sense also provides a feeling of mass or weight. We are not usually aware of the mass or weight of our own bodies. Only when ill or when recovering from a recent illness or when tired, do we experience our limbs as "heavy." Yet when we move or lift external bodies, it is the somatic sense that tells us what the effort is costing. If I put a shoulder to a car to get it moving, my effort, experienced by the somatic sense, is commensurate with the mass of the car. When I am hit and thereby stop a moving ball, the pain is a measure of the mass and speed of the external body.

The somatic sense and the sense of touch provide us with the two intuitive experiences necessary to conceptualize one of the essential ingredients of the materialistic outlook: the notion of a material body (whether a planet, a billiard ball, or a speck of dust). Such material bodies are defined by a surface and have mass in some measure. The materialistic outlook sees the universe as made up of such entities. Yet the origin of this world picture is not to be found in observation of the surrounding world, the world "out there," as is commonly assumed, but rather in our experience of our own world, "in here." We know mass and volume through participation in the processes inside our bodies and by our interaction with other bodies. We know the boundaries of our own bodies and of bodies outside us through the sense of touch.

In experiments to test possible reactions of being in space, astronauts were deprived of various sense perceptions, including the somatic sense and the sense of touch. Such sensory deprivation experiences often led to bizarre and alarming disorders of the body image. Some subjects felt their limbs floating away from their bodies or one leg reaching across the room to terminate in a giant foot. Experiments of this type point out how important our senses are for sustaining our normal relationship to the material world, notably to our own bodies.

The Kinesthetic Sense

The kinesthetic sense gives me a direct apprehension of the movements I can make by virtue of having musculature and a skeleton. Through this sense I become aware of my body, not just as a volume with mass enclosed in a skin but also as a body in movement. I learn that my extension in space is differentiated and that my body has a mobile *form*. Suspended motionless in a warm bath, I feel merely comfortable. To realize clearly that I have toes, I must twiddle them. Other movements make me aware of having arms, legs, a neck, a spine, and so on.

Harwood's daughter (see page 23) said she wanted to see her father's watch by touching it. But to be in a fully dynamic relationship with the watch, she would have had to grasp it. In grasping something, we make use of our sense of touch (to feel its otherness), somatic sense (to feel its weightiness), and kinesthetic sense (to feel its shape). When we grasp a thought we mean that we are in a concrete relationship to it, as if the thought were a material object. After all, speaking etymologically, to comprehend means to understand by grasping.

The sense of movement is important for the development of our concept of space; as with the somatic sense, it is self-centered. Through movement, I come to know my own movement space, but not yet the space in which other bodies can move. I know only my own somatic territory. Geometrically, I would have to represent it with polar coordinates, radiating from my own center of awareness, extending to the limits of the movements of my arms and legs. The way in which this sense enables us to be aware of outer movement will be discussed later, when we examine the action of the eyes.

The Sense of Balance

This sense joins the sense of touch in bringing awareness of the surrounding world. Touch tells me that other surfaces exist. Balance tells me that other *forces* exist. Just as recognition of my skin and some other surface is inextricably coupled through the experience of touching, so is the realization that there are forces in space coupled with the experience of balancing my body. Balance is activated by gravity, the force that tends to cause us to fall down. To stand upright we must exert ourselves to overcome gravity and maintain our balance. It is something we learn to do as children. Through the sense of touch I become aware of the solidity of the ground that supports me; through the somatic sense I am aware of the effort needed to stand upright. The movements required to stand up are conveyed by the kinesthetic sense. But it is the sense of balance that enables me to orient my body in space.

It is significant that the sense organ of balance consists of three semicircular canals in the ear arranged at right angles to one another. Working together, these canals make it possible for us not only to orient ourselves in three dimensions but also to perceive and think through the concept of a three-dimensional space that is "public"—that is, a space where forces and bodies other than ourselves can exist and move. Our awareness of such a space grew out of our need to constantly balance ourselves against the "outside force" of gravity at work in this space.

In infants, the senses of movement and balance awaken and become active from the head downward. A baby can balance its head on its shoulders before being able to stand upright. A baby sits before walking. The first steps of the toddler are often accompanied by a broad smile: the first triumph of the practical physicist, the craftsman, in the physical world. Having become a master manipulator of his or her own physical body, the child is then ready to begin more extensive explorations of the surrounding physical world. Children's skills in manipulating their own portion of the physical world, their body, are still far ahead of their capacity to manipulate the surrounding world; and their ability to conceptualize these skills into the abstract ideas of mass, movement, space, and energy will not awaken for some years. For now the applied physicist is at work, more or less unconsciously, slowly extending his or her experiments into the surrounding world. The scholar, however, is still asleep.

So we may sum up: The four modes of sense perception that enable us to directly perceive our own bodies are also the source for the essential ingredients of our materialistic picture of the world. This world contains no color, smell, sound, or warmth, but only movements of objects in space. The sense of touch allows me to say I have a surface. The somatic sense allows me to say I am a body with volume and mass. The sense of movement allows me to say I am a moving body with a mobile form. The sense of balance allows me to say I am a body moving in a space shared with other moving bodies.

The Body Reaches Out: Eyes

Let us now consider the complex mode of sense perception called seeing. Sight tends to dominate our language and our ways of imagining the activity of science. The "detached observer" is someone who is looking at the world—we do not speak of a detached *scenter* or *taster.* Although a strong stimulus to any of our senses could awaken us from sleep, we generally associate the process with the opening of our eyes when we begin to perceive our surroundings as a scene. This scene appears to us to be a public three-dimensional space in which moveable solid objects are located. Because it is so easy to believe that the materialistic outlook is based on seeing and not, as we have been arguing, on the "body-centered" senses, we must now examine the sense of sight with particular care.

We generally think of the eye as a kind of camera. But it is also a kind of limb, swivelled by muscles in the eye socket. Not only do we receive images from the world, but we also use our eyes as we would a limb, to "reach out" and investigate our surroundings. That this is so is indicated by the way in which human beings adapt to blindness, using arms and fingers for "seeing." There are many accounts of blind people who, upon first gaining sight through laser surgery, are still unable to see an object such as a tree even though they are looking directly at it. Such newly sighted individuals must first touch the tree and put their arms around it in order to actually see it. By touching it they are able to associate the set of relationships that form their concept *tree* with their newly gained visual capability. Only as the concept is augmented to incorporate visual aspects are they actually able to see the tree.

The blind are deprived of three important components of vision: shades of light and dark, color, and distance. The last mentioned, distance, is especially significant for the perception of form, which can otherwise be made up for by the sense of touch. The "horizon" shrinks to the limits of an outstretched limb or white stick. Nevertheless, hearing contributes much to our experience of depth and can replace, although without the precision, much of what is lost from the spatial aspect of vision. In sum, the only modes of sense experience of which a blind person is completely deprived are color and shades of light and dark.

The eye, when acting as a limb, is closely connected with the body-centered senses. Indeed, it serves as a kind of extension for them. When the eye is focused on an object, very fine scanning movements cause the image to move back and forth across the retina, an area of light-sensitive skin within the eyeball. Experiments that allow an image to be projected onto the retina and fixed in place have shown that the observer soon becomes blind; the image can no longer be seen. The illumination of the light-sensitive rods and cones must constantly be changing to make sight possible. If there is no change, the rods and cones soon cease to signal anything. This is true in an analogous way for the sense of touch. We are usually unaware of our clothes touching our skin until we shift position. We rub or stroke the texture of a surface, to "sense" it. Similarly, the eye jiggles the retinal image across the retina to achieve a kind of refined "touching."

The roles played by movement and balance in seeing are also well established. Just as a blind man wishing to apprehend the shape of an object moves his hands over it, so too, in seeing a shape, we do much more than simply look at it. We actually feel our way around the form with our eyes. Techniques have been developed that reveal the scanning movements involved. These movements are quite distinct and much larger in scale than the tiny jiggling movements used by the eye to "touch."

The function of the kinesthetic sense is much more difficult to understand; it seems so obvious that we observe movements "out there." Actually, the situation is much more complex. There are two ways to see movement in the surrounding world. The first is perception of systematic change of the retinal image. If we fixate a point on the horizon and then a bird flies across the field of vision, we see that the bird is moving. This is equivalent to the "movement" we would sense if a pencil is drawn along the skin of our hand. The movement is inferred from a connected series of touch experiences.

The second way of seeing movement uses the kinesthetic sense proper. This sense is in play whenever we move our eyes while keeping them focused on a moving object. In this case we see a moving object against a steady background despite the fact that both the image of the moving object and the image of the background are moving across the retina. Since all of the images are moving, it cannot be the motion across the retina that gives us the experience of movement against a steady background. It is the kinesthetic sense unconsciously at work in the muscles of our eyes that allows us to perceive the movements of our "eyeball limbs." Seeing movement is actually a very complex act of data processing: directed movements of the muscles in the eyes are combined with movements in the rest of the body and then compared with the changes in the retinal image. We see change immediately, but we see movement in the surroundings only because of our (largely unconscious) knowledge of our own bodily movements, especially the movements of our eyeballs.

If movement in the world is not something that we simply observe but are able to perceive only because of the sensations on the skin of the retina—"reading," so to speak, the messages from the musculature of our own bodies, including the eyeballs—then the same must also be true for other apparently familiar experiences of the world "out there." A well-functioning sense of balance is also active in the sense of sight. Look at a scene, then tilt your head abruptly. For a brief moment it will appear that the world out there is rotating. When your head comes to rest, it seems the world comes to rest too. Even if your head comes to rest tilted at an angle to the horizon, the world will still appear right side up despite its apparent rotation. Here again we do not simply "see" what is happening on the retina. Our perception of what is happening in the surrounding world is augmented by our sense of balance, which informs us of our own changing orientation to the vertical.

The fact that we use the word "surrounding" points to a world containing more than just movement and orientation. Our somatic sensations working together with the sense of movement convey to us a sense of volume of our bodies and thereby enable us to experience a "surrounding space" that has extension, volume, and depth.

Binocular vision is another aspect of seeing that is far more complex than we normally realize. The world seen through one eye lacks real depth. As is well known, we "see" depth by comparing two different retinal images. We also change the shape of the lenses of our eyes, by muscular effort, to bring into focus scenes at different distances. Here again, the eyes are working as limbs. Something similar to this occurs when a blind man, for example, explores depth and distance with movements of his limbs: the direct experience of bulk or extension in space is most vivid when we feel around an object and become aware of the distance between our hands. Such an apprehension for bulk is, of course, also mediated in part by the sense of movement. Yet an awareness of the volume of our own bodies as a basis of comparison (always in the background) seems to flow into all experience of volume. An illustration of this phenomenon is the odd feeling of walking behind an apparently solid tree on a stage set and discovering it to be only a surface. This example shows that we project into our surroundings a presumption of volume, bulk, solidity, and mass. These qualities are imagined into the world based upon largely unconscious concepts given us by senses located in our own bodies.

Thus we see that the eye is not only a camera, passively observing the world out there, it is also at work as a limb, reaching out into the surroundings. Our awareness of what this limb experiences is derived, as with other limbs, from the body-centered senses: touch, movement, balance, and the somatic sense. What the eyes convey through their camera-like function—namely, shades of light and dark and color—is of no importance for the materialistic worldview.

Earlier we noted (on page 18) the tendency of scientists to replace dynamic formulations of mechanics with kinematic ones; that is, to replace descriptions that include forces with ones purely in terms of observations. But to recognize that visual perception of objects moving in space *is* an act of participation in the world is to realize that there is no such thing as a mere observation. Consequently, the program of replacing dynamics with kinematics, while it is perhaps valid for utilitarian reasons and even for reasons of a conceptual nature, is nevertheless futile with regard to gaining a description independent of human involvement.

Galileo: Scholar and Craftsman

We have described scientific materialism as the offspring of two kinds of human activity: the work of the scholar and that of the craftsman. The first developed confident manipulation of thought, the second, manipulation of matter. But until the emergence of science in the fifteenth century, scholars had not paid much attention to matter, while craftsmen had yet to penetrate their know-how with clear concepts.

A critical aspect of what then happened is made visible in Galileo's *Assayer:*

Now I say that whenever I conceive of any material or corporeal substance, I immediately feel the need to think of it as bounded, as having this or that shape; as being large or small in relation to other things, and in some specific place at any given time; as being in motion or at rest; as touching or not touching some other body; as being one in number or few or many. From these conditions I cannot separate such a substance by any stretch of my imagination. But that it must be white or red, bitter or sweet, noisy or silent, or of sweet or foul odor, my mind does not feel compelled to bring in as necessary accompaniments. Without the senses as our guides, reason or imagination unaided would probably never arrive at qualities like these. Hence I think that tastes, odors, colors and so on are no more than mere names so far as the objects in which we place them are concerned, and that they reside only in the consciousness.... To excite in us tastes, odors and sounds I believe that nothing is required in external bodies except shapes, numbers and slow or rapid movements. [Drake 1957]

Thus, at the beginning of classical science Galileo limited his attention to a specific set of qualities: size, shape, quantity, and motion. Having given a few examples of how such qualities could produce personal reactions having nothing to do with the external, he tries to be more explicit about the cause of our experience of heat:

Those materials which produce heat in us and make us feel warmth, which are known by the general name of "fire," would then be a multitude of minute particles having certain shapes and moving with certain velocities. Meeting with our bodies they penetrate by means of their extreme subtlety, and their touch as felt by us when they pass through our substance is the sensation we call "heat." This is pleasant or unpleasant according to the greater or smaller speed of these particles as they go pricking and penetrating. [Drake 1957]

Galileo begins by building a picture of the "world outside" made up of imaginary solid bodies, the motion of which can be followed by kinematics and dynamics. He was not the only one to attempt such an explanation. In the second book of his *Novum Organum* (1620), Francis Bacon described the nature of heat in a very similar way. At the end of the seventeenth century the distinction between so-called primary qualities—for example, size, shape, number, and motion—and secondary qualities—such as taste, smell, sound, and color—was consolidated by John Locke in his *Essay Concerning Human Understanding*. Locke also maintained that the qualities of objects in the outer world produce ideas in our mind by sending out particles that interact with the human organism:

If then external objects be not united to our minds when they produce ideas therein, and yet we perceive these original qualities in such of them as singly fall under our senses, it is evident that some motion must be thence continued by our nerves, or animal spirits, by some parts of our bodies, to the brains or the seat of sensation, there to produce in our minds the particular ideas we have of them. And since the extension, figure, number, and motion of bodies of an observable bigness, may be perceived at a distance by sight, it is evident some singly imperceptible bodies must come from them to the eyes, and thereby convey to the brain some motion; which produces these ideals which we have of them in us. [Locke 1689]

This way of thinking was in the air in the seventeenth and early eighteenth centuries, and constituted "corpuscular philosophy."

Why then did science choose the body senses as a basis for conceptualizing the material world? The answer is usually advanced today that primary qualities are measurable, while secondary ones are not. However, it is striking that none of the corpuscular philosophers ever gave any reason for thinking as they did, except to mention that they felt compelled to do so or that it was evidently so. Apparently this way of thinking was intrinsic to the soul condition that developed naturally from the fifteenth century onward. Science emerged as part of a profound and revolutionary search for individual independence and freedom. The Reformation and the Renaissance are imbued with this mood in social life, the arts, religion, and in the worldwide voyages of exploration. In all these spheres, freedom presupposes that individuals can find certainty within, that they can, to some extent, control their surroundings and achieve their own insights. In prescientific cultures, certainty came from without, from hierarchical authorities, whether spiritual or secular. The conviction that individuals can and must find certainty for themselves, through a personal search for insight, was revolutionary, even heretical. Yet they did not have to search in a vacuum. They took hold of two threads of experience, the scholarly and the craft traditions, and wove them together. In this way, two old paths to certainty were transmuted into one new way.

The scholarly tradition included mathematics, which developed in large measure because of astronomy and the study of the heavens. For Pythagoras, mathematical thought embodied spiritual truths in an abstract form. Throughout the Middle Ages there was a similar preoccupation with the conceptualization of religious experience using Greek philosophical ideas. This feeling that pure thought, especially mathematical thought, was a reflection of spiritual truths, persisted in the early development of science. Copernicus and even Galileo, while using mathematics with ever increasing skill and confidence, nevertheless held to the conviction that the movements of the planets must be circular, since the circle is the form that embodies the perfection of the heavenly worlds.

Meanwhile, men from the craft traditions were beginning to use mathematics for their work. Leonardo da Vinci, the great artist-craftsman who was deeply concerned with "bodies" of all kinds, wrote: "There is no certainty in science where one of the mathematical sciences cannot be applied." Not long after, in the early sixteenth century, Italian engineer Niccolò Tartaglia regarded mathematics simply as a tool for terrestrial operations and published translations of Euclid's geometry and Archimedes' mechanics; he wrote: "The purpose of the geometrical student is always to make things that he can construct in material to the best of his ability."

When mathematics was abstracted from the heavens, so to speak, and began to be used as a means of illuminating the laws at work in matter, it joined with another kind of certainty: the confidence of the craftsman's know-how. But this confidence belongs, in a sense, to every human being. We all start life acquiring the know-how to manipulate our own physical body. When we have learned to walk, we have mastered, unconsciously, that portion of the physical world which supports us throughout life. From this mastery we derive both independence and confidence for our further explorations of the world.

Classical science was born when human beings began to experience themselves as isolated, largely independent of an alien "world out there." This condition arose between the fourteenth and seventeenth centuries. The philosophical and mathematical way of thinking of the scholars met and united with the "way of knowing" of the body senses on which the expertise of the craftsmen had largely been based. This meeting and union occurred in the world "in here." At the same time the world "out there" was being "explained" by an imaginary world of corpuscles. But these corpuscles were merely an externalization of the newly created "world in here." Measuring was introduced to establish a bridge between the mathematics of the scholar and the practical world of the craftsman. For classical scientists, measurement became the foundation of their confidence that their mathematics was dealing with the solid "world out there."

However, the model for even the most scientifically advanced measurement is the measurement of length using some kind of linear scale. When measuring length, the human observer determines a matchup between scale divisions and marks on the object to be measured. Thus, whoever measures uses only the most primitive of body senses. Using the eye as a limb, the direction of view is determined by some mark—for example, the end of the table to be measured—and the sense of movement in the eye is used to determine the scale division of the ruler nearest to the mark. If we want to measure qualities such as temperature, where this procedure is not possible, we have temperature produce changes in lengths of a liquid column or changes in electrical voltages or changes in the pressure of a gas, all of which can be measured directly or indirectly by scale or pointer readings.

Thus, the observer's activity when measuring is even more restricted than in any other aspect of classical science. At the same time, the actual change in the quality that produced the effect we are measuring is usually far removed from our scale or pointer readings. The measurement that produces the numbers needed to establish mathematical relationships is not fundamentally different from the other activities in classical science: Using the simplest body senses possible, we look at phenomena (meter readings, and so on), which give us food for mathematics, even though the phenomena actually observed are often only tenuously connected with what we are trying to understand. Measuring is, therefore, no guarantee that we have established a relationship between the two worlds, the one "in here" and the one "out there." This is only emphasized by modern measurements in which the observer is replaced wherever possible by electronic devices; the connections between the actual events that move the measuring instruments and the qualities we purport to be measuring are increasingly theoretical.

In the next chapter we shall show how classical science developed into modern science. The very new modes of thinking required by modern science make it possible for all the faculties of the human being to be involved in the development of science. Only such total involvement can guarantee that we have bridged the gap between the world "in here" and the world "out there."

3 . Changing Relations to Physical Reality

Having described the psychological and physiological origins of classical science, we shall now trace it historically, paying special attention to its evolution into modern science at the turn of the century. With classical scientists confining themselves to the use of four body senses, it is not surprising that the content of what actually has been observed has become increasingly restricted with the passage of time. Concurrently, the power of mathematics has been increasing. Observation and thinking have separated. Modern scientists have learned to think in ways that contradict ordinary experience. For example, according to modern theories solid bodies change shape and size when moving; also, events that are observed as being simultaneous by one person are not simultaneous for another. While early classical scientists sought to fathom God's thoughts when he created the universe, modern scientists doubt whether science leads to any truth at all. They wonder whether they are not limited to constructing "models" (the word "model" will be

CHANGING RELATIONS TO PHYSICAL REALITY   *43*

defined later) useful for controlling limited parts of nature. We shall attempt to demonstrate that the separation of observation from thinking and the use of mathematics in general are achievements of permanent value. We believe them to represent the single most significant step in the development of human consciousness since the Middle Ages. Our story again begins with Galileo.

The Origins of Terrestrial and Celestial Mechanics

Galileo was exceptionally versatile; he was the epitome of a Renaissance man. An accomplished musician and writer, he chose not to write in Latin but in the vernacular, using his native Italian with proficiency, charm, and wit. Those who became the objects of his often biting irony were hardly ever skilled enough as writers to retaliate in kind, a fact that accounts, in part, for Galileo's many implacable enemies. Because he was both a charming artist and an innovative thinker, he gained access to those in power. A valued servant of the Venetian government and of the dukes of Tuscany, he was also for many years a welcome visitor to the papal court in Rome. Only with the greatest reluctance did the Church finally decide to discipline him. This polished courtier also moved freely among artisans in the arsenals and shipyards of Venice, and his scientific work owed much to what he learned from artisans. A skilled craftsman himself, he fashioned with his own hands telescopes and geometrical instruments of his own design. In his scientific work Galileo was both an inventive experimenter and a penetrating theoretician. We shall see how he combined the experience of the craftsman with the thinking of the scholar through a description of his investigations in mechanics.

Some of the reasons he came into conflict with the Church will also become apparent.

There is a well-known story about the way Galileo is supposed to have made one of his major discoveries. Sitting in the cathedral at Pisa, he noticed the lamps swinging in front of the altar. Using his pulse to time them, he found the length of time required for the swing of each lamp to be independent of the extent of the sweep. The time for one swing seemed to depend only on the length of the suspension. This was a surprising discovery: one might have expected a pendulum to take longer for a sweep two feet wide than for a sweep of one foot. Galileo found, as near as he could tell, that the two times were the same. His later experimentation with pendulums not only confirmed the constancy of the time of the swing but also revealed that a pendulum, when arriving at the end of its sweep, very nearly reaches the same height from which it started. This is so even if the length of suspension is shortened during the swing. In the following diagram, a pendulum starting at *A* swings to *B*, where *AB* is very nearly a horizontal line. If a peg is fixed at *P,* so that the suspension is effectively shortened in midswing, the pendulum swings to *C,* where *AC* is again very nearly a horizontal

line. Galileo surmised that in the ideal case, with no air resistance or friction, the pendulum, once started, would go on swinging indefinitely from *A* to *B* and back again to *A,* or from *A* to *C* and back again to *A.*

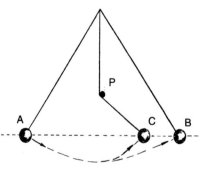

The last thought may appear obvious and simple to us now. This was not so in Galileo's time, when thinking about the sense world was much more bound up with perception than it is now. Air resistance, friction, and similar forces were experienced as part and parcel of the world and could not simply be thought away. The works of Aristotle and innumerable commentaries on them (the standard textbooks of physics at the time) contained, for example, many proofs to show that a vacuum cannot exist, that nature abhors a vacuum. The picture of reality came from the experience of those working in the crafts, who may have tried to reduce friction to make their work easier but never imagined it could be eliminated completely. The technological know-how of the time included an instinctive appreciation of the world as it is with all its complexities, including friction, resistance, ropes that stretch, and bodies that deform. Moreover, the cause of anything that happened in the world was imagined in a manner similar to the way a craftsman might have caused it. An effort always had to be made to bring about a change in the surroundings. Hence, if no one could be identified who brought about the change, it was natural to assume that some other agency actively working in a similar fashion was responsible. At that time, for example, the planets were pictured as being moved by otherworldly intelligences.

Unchanging perfection, on the other hand, belonged to quite a different world, the world of Plato's perfect, eternal ideas, a world familiar to the scholar. Mathematics, according to Plato, lay somewhere between the world of perfect, immutable ideas and the sense world, where change holds sway. Aristotle emphasized that the mathematical laws that he applied to the motion of the planets were only there for calculating observed paths; the spheres he postulated were not necessarily real. His geometrical constructions had, he felt, fulfilled their purpose when they had predicted a conjunction between Jupiter and Mars in the constellation Leo on a certain night. The construction was a good one if, on looking in the direction of Leo on the night in question, Mars and Jupiter were in fact observed very close to each other. The actual causes of the motion of the planets were hierarchically arranged forces that began with the prime mover at the periphery of the universe. The prime mover, at least, if not the planetary orbs, had to be endowed with soul to bring about the motion of the planets. In the Middle Ages the planets were moved by the souls of the intelligences, identified by some as the Christian hierarchies, that is, the angels, archangels, and others, who carried out the will of God. These hierarchies were considered the divine model for the hierarchies of the Church, which, in turn, carried out the will of God on Earth.

Galileo broke radically with the Aristotelian tradition when he imagined a pendulum swinging in a vacuum without friction, following exactly the mathematical laws used for constructing its path. Moreover, he insisted that the mathematical laws discovered by Copernicus were actual realities. Copernicus himself had described them as an alternative to the Ptolemaic constructions, which had in their turn replaced those of Eudoxus used by Aristotle. He did not publicly claim any more reality for his circles and epicycles, with the Sun at the center, than for those of Ptolemy, with the Earth at their center. The Church had no objection to a new mathematical model and suggested to Galileo that he follow the example of Copernicus. But Galileo insisted that the Sun was at the center in *reality*. This claim upset the whole structure of the hierarchies surrounding the Earth and implicitly undermined the authority of the Church, which was modeled on that structure. Church fathers were afraid Galileo's new ideas would endanger the stable fabric of society, a fabric already weakened by the Reformation. In the eyes of the Church no crime was committed by using Copernicus's heliocentric system as a mathematical hypothesis. What was deeply disturbing, if not heretical, was Galileo's insistence that a mathematical hypothesis worked out by a scholar could and did describe accurately the reality created by the Divine Craftsman.

Galileo's experiments with falling bodies illustrate another important aspect of the new thinking. Since free-falling bodies descend too fast to be timed accurately, he had the brilliant idea of using spheres rolling down inclined planes instead. He suspected that the cause of the downward motion and the mathematical laws governing it would be the same in both cases. Here we have another example of the type of thinking mentioned earlier: despite all real and obvious differences, Galileo surmised that the governing laws would be the same for the descent of objects in free fall and along inclined planes. Experimenting with spheres rolling down inclined planes, he verified his expectations regarding falling bodies: when falling freely in a vacuum they would accelerate uniformly (that is, increase velocity by the same amount every second) and the rate of acceleration would not depend upon the weight of the body.

The work with inclined planes was combined with his study of the pendulum to produce another very important idea: bodies left to themselves would continue moving indefinitely if there were no friction or air resistance.

It is intriguing to see how he made this idea clear to others. He imagined a sphere *S* (see diagram) rolling down the plane *AB* and then rolling up one of the planes *BC*, *BD*, *BE*. Following the clue of the pendulum's motion, Galileo assumed that the sphere would reach the points *F*, *G*, *H* at the height at which it started. To make this assumption, one must not only think away friction and air resistance, one must also neglect the impact of the sphere on the second plane at *B*. After thinking about the problem in this extremely abstract way, Galileo asked what would happen if the second plane were level, as is *BK*. This question led easily to the idea that the sphere would go on rolling forever and foreshadowed the concept of inertia.

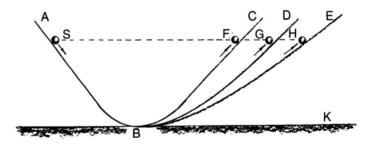

Galileo went on to ask what would happen if *BK* were a table, *K* being its edge. The sphere would then follow a parabolic trajectory to the ground as the result of having two independent motions: one never ending and horizontal combined with one uniformly accelerated and vertical. This was also verified by experiment.

While Galileo investigated the motion of heavy bodies near Earth using a combination of physical and thought experiments with comparatively simple mathematics, Kepler produced a completely new picture of the motion of the planets by applying much more complicated mathematics to Tycho Brahe's excellent observations of the motions of the planets, particularly those of the planet Mars. It is interesting that Kepler was motivated in his herculean mathematical labors by the search for a Pythagorean harmony among the planets, in fact, by a search for the harmony of the spheres. Kepler's kinematical laws, the laws for which he is now famous, are well hidden in his books; for him they were auxiliary discoveries. Since these are the laws later used by Newton for constructing his dynamic "System of the World," we shall remind the reader of them:

1. A planet moves in an ellipse with the Sun as one of its foci.
2. The line joining the planet to the Sun sweeps out equal areas in equal times.
3. The cube of the semimajor axis of the ellipse is proportional to the square of the period of revolution of the planet.

Just as Galileo describes the paths of the projectiles near the Earth by mathematically specifying how their velocities change, so Kepler defines mathematically the path of each planet, specifying how its velocity changes, and, in the third law, provides a mathematical relationship between the orbits of all the planets belonging to the same system. These laws are kinematical in that they only describe motion without alluding to forces causing them.

We can now take up the work of Isaac Newton. He defined mathematically the notions of mass and force, relating them to the acceleration of moving bodies. He made it possible to calculate the effects of such forces as friction and air resistance so that the actual, not just theoretical, trajectories of projectiles could be calculated. In Newton's picture, forces were exerted by bodies impinging on each other or pushing and pulling each other through ropes, shafts, gears, and so on. These forces were imagined much like those exerted by human beings and animals. Where no perceptible living or inanimate force-producing agency could be identified, yet bodies in motion continued to accelerate, some other force had to be postulated: "Universal Gravitation." This is the force that we experience as the weight of bodies and that propelled the proverbial apple onto Newton's head. However, it was supposed to act between any two material bodies. For instance, gravity was pictured as acting between the Sun and the planets and between the planets themselves. It was difficult to understand how inert objects could exert forces on each other across vast, interplanetary distances with no perceptible connection, and Newton was accused of introducing occult agencies into nature. Nevertheless, he developed simple mathematical laws for gravitation, enabling him to show that gravity could both keep planets moving according to Kepler's laws and make bodies near the Earth move as Galileo described. In this way Newton unified terrestrial and celestial mechanics.

Newton's scheme was immensely successful. The telescopes perfected by the astronomers of the eighteenth and nineteenth centuries made possible astronomical discoveries that fitted perfectly into the mathematical-mechanical picture. Galileo and Kepler used mathematics simply to describe the motion of bodies in terms of positions, paths, velocities, and accelerations. Newton's inclusion of force into this picture completed the penetration of body-sense experience by the thought of the scholar.

The Lonely Self

How does a human being on Earth experience the universe? Individuals are no longer protectively surrounded by divinity as they were in the medieval universe. Humans now see themselves racing through space on a small speck of matter, the Earth, which is prevented by only a tenuous attachment to the Sun from losing its way into empty space. Human beings can no longer look outside for guidance. They must find security and guidance from within. Following the development of religion and philosophy, we see that humanity was being prepared for this experience from the fifteenth century onward. Jan Hus, Martin Luther, Zwingli, and others had found their own individual connections to God independently of the Church. Protestants were learning to rely on their consciences and their own interpretations of the Bible. They felt they no longer needed the mediation or the protection of the Church's hierarchies to reach God. The inner life of the human being was increasingly prepared to rely on itself, while the immediate vicinity, so to speak, around each person was emptied of the Divine. George Fox discovered a living "Inner Light" while the outer light became dead and mechanical. God appeared inside the human soul or was relegated to an abstract heaven very far away.

However, the inner light of the personality was not always kindled by Divine Light. Descartes bore witness to the way in which a person can feel cut off from the world and full of doubt. With thoughts similar to those expressed by Galileo in *The Assayer,* he had no confidence in the pictures presented by the senses. Although at the start his thought seemed to give some certainty, he then mused, "What if there were an evil deceiver active in my soul who arranged my thoughts so as to lead me astray?" Descartes seemed to experience that thoughts came into his mind from somewhere unknown, just as the senses conjure up colors, sounds, smells, and tastes out of an unknown world "out there." Anything could exist in that world outside his consciousness, not only a good God but also an evil deceiver. He asked whether there was anything inside his private world, the "world in here," about which he could be certain. He described how he suddenly found such an experience: He was certain of the inner activity of his doubting. His famous saying "I think, therefore I am" should really read "I doubt, therefore I am." Descartes found a firm foundation for cognition in his experience of inner activity, an activity he realized took place entirely within himself.

Both Descartes and Newton used mostly mathematics to construct their pictures of the "world out there." We find that the early practitioners of classical science were isolated individuals with firm confidence in their own mathematical thinking. They also believed firmly in a mechanical world of inanimate matter composed of moving solid bodies or vortices outside themselves. The origin of the "corpuscular philosophy" espoused by seventeenth- and eighteenth-century "natural philosophers" is now clear. Although they would not deny their experiences of colors, sounds, and all the other secondary qualities, nevertheless, for these scientists solid bodies moving in space were preeminently real because such bodies could be dealt with reliably using their thinking. That is why Galileo pondered how moving particles could cause the sensation of heat. Newton applied very similar thinking to light and expressed the results in one of the queries attached to his *Optics*: "Are not the rays of light very small bodies emitted from shining substances?" In many ways they and their contemporaries were responsible for populating the whole of the "world out there" with their imagined mechanisms. They imagined how particles would have to behave, what properties they would need, in order to produce the sensations of heat and light. Further developed and refined, corpuscular philosophy became the kinetic theory of heat and the atomic theory of chemistry in the nineteenth century. According to this theory, one would agree with another of the suggestions Newton placed at the end of his *Optics*:

> It seems probable to me, that God in the beginning formed matter in solid, massy, hard, impenetrable, moveable particles, of such sizes and figures, and with such other properties, and in such proportion to space, as most conduced to the end for which he formed them; even so very hard, as never to wear or break into pieces.

Nineteenth-century chemists were convinced that atoms were neither created nor destroyed in any chemical reaction; this fact is expressed in the law of conservation of matter. They were also convinced that atoms of one element never changed into atoms of another.

We have seen that a great change in the way human beings experience reality occurred in the centuries between the Middle Ages and the seventeenth century. While medieval humanity looked into the world to understand itself, seventeenth-century humanity looked into itself to understand the world. The individual became isolated from the world. In the imagination of the scientist, the outer world changed from a living, sprouting, warm, and colorful home into a bowling alley for dead, solid, small particles of varying shapes, masses, and sizes. This was the only view that could be described by mathematics and therefore experienced with the self-evident certainty of the thinking mind. Hence, Galileo was confident that the reality of his experience was self-evident. As a consequence, new technology was discovered that changed the outer world not only in imagination but also in reality.

The Rise of Technology and the Concept of Energy

Technology has, of course, existed since the time of the Pharaohs. We can admire the skill of the goldsmiths, enamelers, and glassworkers as well as the power of the pyramid builders. Improvements in the trades were certainly made from time to time. However, the rate of technological change since Galileo has been so great that modern technology cannot be compared to anything that existed previously. Why did the isolation of the individual from the environment bring about such a dramatic spurt in technological development?

We find the answer to this question if we compare the activity of the craftsman with that of the "natural philosopher" of the seventeenth century. The craftsman is intimately connected with his work. He may experience while hammering how a change in direction of the blows makes the work easier, and he might invent a new form of support for the work. While assembling a structure, he might see how an additional member could increase the strength. New inventions and improvements came about because the craftsman was dealing directly with his work. Contemplating the piece while in bed at night, he imagined how the working conditions or the product could be improved.

New science practitioners worked quite differently. Having learned to derive general principles and to picture idealized situations that never occur in reality, they were able to manipulate these principles and pictures in the privacy of their isolated minds where there were no constraints to inhibit changes. They were much freer than the craftsman to imagine new possibilities and new arrangements of well-known forces. Although an invention can be constructed relatively easily in the mind, anyone who has tried it knows how long it usually takes to make it work in practice. Nevertheless, the ability of the human mind to work theoretically on problems opened up new and radically different methods of bringing about change in the world.

The machinery of the early industrial revolution, of the seventeenth and eighteenth centuries, driven by water and later by steam, was still designed and improved by craftsmen. However, in the nineteenth century, scientific principles were increasingly applied in technology. The method of idealization was used very fruitfully, for instance, by Sadi Carnot and his successors. Carnot imagined an ideal heat engine that could no more be realized in practice than could Galileo's frictionless inclined planes. Nevertheless, such an ideal engine provided an important design criterion. Furthermore, thinking about such ideal machines led to the development of new concepts. Perhaps the most important was the concept of energy, originally conceived in the effort to understand mechanical processes. Later it was used to describe how heat produced mechanical effects in steam engines and, conversely, how mechanical motion produced heat when opposed by friction. Gradually the somewhat elusive concept of energy, which could appear in the guises of heat, motion, light, or electricity, entered the scientific world-view. The rather complicated mathematical treatment of energy necessary for the design of heat engines and for understanding the new science of thermodynamics could be understood only by experts. Nevertheless, energy, made indestructible by the law of conservation of energy, entered the popular nineteenth-century picture of the world. In this world immutable atoms combined and separated, exchanging a limited and constant supply of energy in the process. It was a universe in which the future resulted from the present following the necessity of entirely mechanical laws. For the educated person of that time, this was how the world really was.

Electricity Challenges Mechanical Thinking

Newton's universe contained a dubious element—the force of gravity. Because no physical agent could be found for its action, gravity was neither imaginable nor directly perceptible. In the course of the seventeenth and eighteenth centuries, two other forces with very similar properties became increasingly familiar: electricity and magnetism. By the end of the eighteenth century, enough was known for them to enter the scientific world picture, which they revolutionized in the course of the next century. They also gave rise to new mathematical concepts not as obviously anthropomorphic as were the concepts of force, energy, and mass. The existence of electricity and magnetism was surmised in a way similar to the discovery of gravitation. Rubbed amber will set small pieces of straw or paper in motion without material linkage, while the iron ore magnetite does the same with iron bodies. Rubbed amber, however, does not move iron, while magnetite does not move straw or wool. There must be two separate agencies capable of exerting forces that can produce the observed accelerations in inert bodies without actually touching them.

Electricity and magnetism work in a realm of the world in which we are not at home with our senses. In the sense-perceptible world these agents produce forces, light and heat effects, and on occasion violent contraction of our muscles. However, we have no sense that can tell us directly whether a piece of iron is magnetized, whether a glass rod is electrified, or whether a wire carries an electric current. Scientists were thrown back on their imaginations and on analogies taken from the sense world when investigating these agents. In the seventeenth and eighteenth centuries there was much talk of electric and magnetic "effluvia," extremely tenuous kinds of vapors emitted and absorbed by electrified and magnetized bodies when they acted on their surroundings. These analogies did not lead to much progress in scientific understanding.

Progress started when it was postulated that electric charges and magnetic poles exert electric and magnetic forces on each other at a distance (that is, without material linkage) just as material bodies exert gravitational forces on each other. It was possible to establish for these forces mathematical laws having the same form as the law of gravitation. The only difference was that electric and magnetic forces would attract or repel according to the nature of the charges and poles, while gravitational forces always attracted.

The notion of electrified and magnetized bodies acting on each other at a distance was considered by many to be a serious flaw. Such criticism, already expressed concerning gravity, was based on the conviction that science had no place for "occult" existences requiring no perceivable means of action. The forces produced by electric charges and magnetic poles as well as by massive bodies seemed to lead to such an "occult" life. These criticisms were eliminated by the introduction of a new agent in the concept of a field of force. Michael Faraday first conceived of such a field of force in a form useful to science. He was helped in his conception by a mechanical analogy. He knew how a force is transmitted through an elastic medium, through the shaft of a carriage, for instance. Inside the material of the shaft there are stresses and strains while the pull is being applied, and the shaft increases slightly in length and decreases in diameter. Picturing such stresses and strains in empty space, Faraday imagined that an electrified or magnetized body modified the surrounding space, establishing a field of force in it, just as the pull establishes a field of stresses within a shaft. Far from eliminating "occult agents," Faraday introduced new ones: fields of force penetrating space, unobservable to our senses, but very real in their effects. Space was no longer just an empty container. Indifferent to its material content, it became potentially the carrier of forces. Einstein went further than Faraday, making space itself the carrier of gravitational fields. For him, space became active in its own right.

Because fields of force could be described mathematically in far greater detail than action at a distance, Faraday's picture proved much more fertile than Newton's. Using the mathematical apparatus developed in fluid mechanics, James Maxwell then worked out a mathematical theory for Faraday's field of force. He predicted that disturbances in the electric and magnetic fields would propagate in waves in just the same way as disturbances in an elastic medium. If an elastic medium, such as air, is set vibrating at some point, by the blowing of a flutist, for example, a sound wave travels through the air from the flute to the ear of the listener. Similarly, an electrical or magnetic disturbance starts a wave in empty space. After these electromagnetic waves were identified experimentally by Heinrich Hertz, they solved a problem that had appeared a few decades earlier. It had been very difficult to accommodate light within Newton's mechanical worldview. Close examination of shadows had revealed that edges never became perfectly sharp; parallel to the edges there always appeared narrow dark and light stripes. This phenomenon had not attracted much attention until the beginning of the nineteenth century. At that time it was discovered that a series of dark and light stripes (interference or diffraction patterns) are produced when two or more illuminations originating from the same source are superimposed. It was difficult to see how such stripes could be produced by Newton's explanation of light as a stream of particles. Many of these small-scale light and dark phenomena bore a remarkable resemblance to standing waves on the surface of a pond. Although they could be accounted for if light was pictured as a train of waves, no material medium could be visualized for carrying these waves. Compared with ordinary materials, all media proposed for carrying these waves had impossibly paradoxical properties.

   This is where Maxwell came in, using his equations to calculate the expected velocity of electromagnetic waves. Since this turned out to be the same as the measured velocity of light, it was assumed that light was made up of electromagnetic waves. Hence it was unnecessary to find a material medium for carrying light waves; a new medium was postulated, the luminiferous ether, which needed electrical and magnetic but no material properties. Maxwell's mathematics applied to Faraday's discovery led to the recognition of a hitherto unknown entity in nature: electromagnetic waves. The wave theory of light could now be completed. Electromagnetic waves of very high frequencies were assumed to affect the eye, producing the sensation of sight. Electromagnetic waves of much lower frequencies—those found by Hertz—were soon used for sending signals without wire from England to Newfoundland.

Our entry into the realm of electricity and magnetism, in which our senses are deficient, was made possible through analogy and mathematics. No longer could scientists observe and then perform experiments in order to interpret observations conceptually. They used analogy and mathematics to surmise the nature of events under specified sets of conditions. Experiments served to test whether predictions were actually fulfilled. If the test was positive, it was further assumed that the surmise corresponded to some reality in the electric and magnetic realms. However, scientists were conscious of their thoughts only in the form of analogy—for example, "a charged *particle*," "a *stream* of electricity," "moving under electric *pressure*," and so on. Gradually the analogies were given the status of reality; by force of habit the previously "occult" acquired the status of physical reality. While we know that *some* of the aspects of electricity and magnetism have mathematical and functional similarities to stress and strain, fluid flow, particle motion, and so forth, and that these mechanical analogues enable us to control those aspects of electricity and magnetism, we actually have no idea whether there are other intrinsic aspects of this realm of which we know nothing. We usually know the two realms compared by analogy, but when finding analogies for electricity and magnetism we know only one of them.

The understanding of electricity and magnetism gained through employing mechanical analogies was then reflected back on the mechanical picture of the universe, modifying it significantly. The world picture of classical physics at the end of the nineteenth century contained three different entities. First, there was *matter*, which consisted of ninety-two different kinds of atoms. Neither created nor destroyed, atoms kept all their properties indefinitely. Second, there were *electromagnetic waves* of different frequencies. Certain frequency ranges were imagined as sense-perceptible light and heat. Finally, there was *energy*. Whether appearing as mechanical or electromagnetic energy, the total amount in the universe is fixed and definite.

To come to this nineteenth-century view, human beings relied increasingly on mathematics and imaginative faculties to create inner pictures that might be accurate representations of an outer reality. The ability to think in a mathematical fashion and to create imaginative pictures was developed in the "world in here." That is why today we feel such confidence in our mathematical models when triumphs of science seem to prove that they have something to do with the "world out there." The human ability to think and imagine independently of sense appearances joined with an increasing facility with mathematics to make the birth and further development of classical science possible. Beginning with Galileo's ideal representations of mechanics and continuing with Maxwell's conception of the dynamics of electricity and magnetism and beyond, the human mind's facility with images free from sense perception has been increasing even as classical physics was being superseded by modern science with its quantum and relativity theories. We turn next to that modern science.

The Enigma of Quantum Reality

The picture of a world of three-dimensional space, empty except for an immutable amount of energy apportioned between matter and electromagnetic radiation in ever-changing distributions, began to fall apart at the turn of the twentieth century. The initial discomfiture came from two sources. On the one hand, the mathematics supporting physics was inadequate to describe the exchange of energy between atoms and electromagnetic waves during emission and absorption processes. For example, following the mathematics of classical science, the hot coals of a fire should glow blue rather than the familiar red of our experience. Here, no new phenomena are involved, only a failure of theory. On the other hand, entirely new phenomena entered the world; one type of atom was discovered to change into another type, with energy apparently produced out of nothing. This was the completely unexpected experimental discovery of radioactivity. The immutability of matter and energy, usually expressed in the form of so-called conservation laws, was put into jeopardy. Furthermore, the radioactive rays were difficult to categorize either wholly as particles or as waves. Gamma rays, for example, penetrated matter very easily and were therefore difficult to think of as particles. Yet they initially showed very few properties characteristic of electromagnetic waves.

At the turn of the century Max Planck solved the puzzle of the color of hot coals by introducing discontinuities, called quanta, into the light-emitting process. Five years later Albert Einstein did something similar for the photoelectric effect. In the photoelectric effect, light is absorbed by matter instead of being emitted; certain metals lose negative charge when illuminated. This process became the basis of many familiar automatic devices activated by the interruption of a light beam. In order to gain a proper mathematical description of this effect, Einstein hypothesized, as did Planck, that the light was quantized. The light was treated not in the usual way, as a continuous wave, but instead as a succession of particles that bombarded the illuminated metal to "dislodge" the electrical charge.

The blurring of the absolute distinction between waves and particles, a distinction fundamental to classical science, had—and still has—far-reaching implications for understanding the nature of physical reality. Within quantum science it cannot be said that a wave is a wave or a particle a particle. Under some conditions a particular entity will behave as a wave, under others as a particle. This so-called wave-particle duality presents a paradox insoluble to ordinary thinking about physical reality. With this paradox we pay for having presumed to solve the paradox of action at a distance.

Einstein's deep sense of the harmony and unity of nature was greatly disturbed by this paradox. He illustrated the problem vividly by conceiving a situation in which light impinges on a semi-reflecting mirror—that is, a mirror that allows some light to be transmitted through it while at the same time reflecting some of it. If we place photographic film behind the mirror to detect any light passing through and another sheet of film in front to detect the reflected light, we think that any given photon must be recorded on only one of the two photographic plates. (A photon is the name given to a quantum of light, which Einstein pictured to be a particle.) The photon is either reflected from the mirror or transmitted through it. We can think of only one or the other possibility, not both of them. However, replacing the photographic plates with completely reflecting mirrors produces the previously mentioned interference phenomena, which could be created only by light waves being reflected from both mirrors at the same time. Einstein emphasized that in the first case light is either transmitted through or reflected by the semi-reflecting mirror, while in the second case it is both reflected and transmitted. Yet only the detecting equipment has changed. The basic apparatus producing the phenomenon is unchanged. We must think of the phenomenon in ways that appear mutually exclusive. Many of the differences between the occult quantum world of the subatomic and our "ordinary" world can be grasped through Einstein's example.

We see that it is ultimately not possible to picture subatomic entities as "things" or "objects" in the usual sense. Mental pictures based upon human sense experience are apparently not always appropriate when extended beyond the bounds of that experience. In the example given, the difficulties arise because we are asked to picture objects and processes that do not occur anywhere in the realm of human sense experience.

In Einstein's example, particle-like subatomic events are governed by probability mathematics. Whether or not a given photon will be reflected or transmitted at the mirror is completely unknown. However, some percentage of any given stream of photons, depending on the particular mirror, will be recorded on each photographic plate. Every photon has a definite probability of being either reflected or transmitted. This result has far-reaching consequences, for it replaces the usual cause-effect relationships of classical science with those that are predictable according to chance. It is this aspect of quantum mechanics that inspired Einstein's famous remark, "God does not play dice."

A further aspect of such experiments appears to be this: the detecting apparatus seems to determine the phenomenon observed. The use of photographic film as a light detector "actualizes" the particle aspect of light, while the use of mirrors "actualizes" the wave aspect. Thinking of light in this fashion raises a question: How does the light "know" whether it is being detected with photographic film or being actualized as a wave with mirrors, and then behave accordingly? Or is it the experimenter who decides which aspect of reality will be observed, by determining the design of the detecting apparatus? This train of thought leads to the question of whether it still can be maintained that the scientific observer is separate from the observed. Since the time of Descartes this separation has provided the basis for claiming that science as a way of knowing is objective. Do scientists participate in the phenomenon observed? Do they take part in it by actually producing a reality that accords with the chosen experimental setup?

Finally, and perhaps most importantly, quantum mechanical phenomena ask us to join together in our thinking mutually exclusive aspects of the same reality, for example, the opposites of wave and particle, continuity and discreteness, causality and chance.

Since Einstein proposed the example of the wave-particle duality at the beginning of this century, quantum mechanics has had extraordinary success in explaining and predicting the observed behavior of matter. Nevertheless, to this day quantum theory remains utterly inexplicable using the mental pictures that served classical physics. For this reason, it challenges us to develop a thinking not bound to the world of empirical experience.

Relativity Theory Also Challenges Ordinary Thinking

Unlike quantum mechanics, which grew out of the failure of classical theories of physics to account for ordinarily observed results, relativity theory had its seed in Einstein's experience of an aesthetic flaw in the classical electromagnetic theory developed by Maxwell. Einstein saw that the flaw could be removed by a fundamental rethinking of the classical treatment of space and time.

In order to get the flavor of relativity, imagine a train moving at a constant speed past a station. A juggler in the train and one on the platform would have to cope with exactly the same laws of mechanics. However, the balls of the juggler on the train would have different velocities than would the balls of the juggler on the platform, since they would have the additional velocity imparted by the train. This situation is similar to that of Galileo's imagined sphere that, after rolling off a table, would have two velocities—one horizontal and one vertical—that combine to produce a parabolic trajectory.

Most of the laws of physics observed in the train would be the same as those observed on the platform. Only the velocity of the train would have to be added by an observer on the platform in order to follow events in the train. This would apply also to sound emitted by a flute in the train. For an observer in the train, the sound would travel with the same velocity in all directions; for the platform observer the sound moving in the same direction as the train would travel faster than the sound moving in the opposite direction.

To eliminate the worrisome aesthetic flaw, Einstein assumed that what has just been described is true for everything except light and all electromagnetic waves. Light emitted by a bulb in the train would spread out with the same velocity in all directions for every observer, whether in the train or on the platform. Einstein seems to have realized that this assumption had to be made on theoretical grounds. Others, having different expectations, had tried to show experimentally that light waves in the luminiferous ether behaved similarly to sound waves in the air. They attempted to detect variations in the speed of light relative to an observer moving through the ether in which light waves were assumed to be propagated. Such experiments had always failed to detect any differences. Apparently the velocity of light is the same for all observers, however they are moving; that is, unlike the movements of physical bodies in the universe as we perceive it, the speed of light is not relative to any physical object. Einstein's assumption could also have been put forward as an experimental result. Again we see that electromagnetic waves do not fit in with the ordinary thinking of classical science.

It is important to bear in mind that Einstein discovered this anomalous behavior of light through thinking and not experimentally. Rethinking how the same events could appear differently to different observers, he found it necessary to start with a new assumption. This is how he arrived at new ways of thinking about the fundamental properties of space, time, and measurements. Some of the results produced by his theory seemed paradoxical in the light of classical physics. For instance, events simultaneous for one observer would not necessarily be simultaneous for others, and the length of an object would appear differently to different observers. However, these effects become significant only when the relative speeds between objects and observers approach that of light in a vacuum. The speed of light is not only independent of the velocity of the observer but is also the maximum speed for signals and for physical bodies. If we calculate the movements of ordinary bodies moving at "everyday" speeds using classical mechanics and then using relativity theory, the differences are so small as to be undetectable by our measuring instruments. Only particles produced naturally by radioactive substances and artificially in particle accelerators move fast enough for these differences to be detectable. Whenever the difference is significant, relativity mechanics yields results corresponding to actual measurements, while classical mechanics contradicts the experiment. Relativity mechanics applies to all possible velocities, that is, to all velocities less than the velocity of light in a vacuum, while Newtonian, or classical, mechanics is a perfectly adequate approximation for ordinary velocities.

There is another important feature distinguishing classical from relativity mechanics. According to the latter, the acceleration of a given body by a given force depends not only on the body and the force but also on the speed. The faster a body is moving, the more difficult is further acceleration. According to classical physics, acceleration depends only on force and mass, which measures a body's constant inertia. In relativity theory, the inertia of a body, along with the mass that measures it, are not constant but actually increase with velocity. Speaking loosely one can say that "energy has mass." Mathematical analysis predicts the famous equation $E = mc^2$, the equivalence of mass and energy, which is the basis for utilizing so-called "atomic energy."

We want to stress the fact that whenever we are concerned with ultrasmall dimensions, as in quantum mechanics, or ultralarge velocities, as in relativity theory, the only guide to thinking is mathematics. All the concepts come out of mathematics. We are led to new worlds only insofar as we can grasp them with mathematics, which also enables us to manipulate these new worlds. Every attempt to think about these worlds with ordinary mental pictures has failed.

Models and the Creation of Scientific Knowledge

Let us briefly retrace the path we have followed in order to better understand the present situation of science. How have scientists discovered the laws of nature in their mathematical form?

First of all, scientists made idealized mental pictures of the phenomena to be understood. Theoretical mechanics was born when heavy, pointlike particles, perfectly rigid bodies sliding on frictionless planes, ideally circular wheels turning on absolutely smooth axles being pulled by weightless ropes, and so on, became the objects of mathematical thinking. These were models directly perceptible to the mind representing human experience "out there." The mathematics was then applied to increasingly nonideal situations, such as friction and deformation, and the weights of the agents pulling or pushing were gradually introduced into the idealized situations as well. The practical solutions were built up from solutions to many smaller problems, each one involving some different aspect of mechanics. The simplest results were purely kinematic. The introduction of mass and force led to dynamics.

Gravity, electricity, and magnetism required the introduction of the concept of imperceptible fields of force. The mathematics for this new field was, to start with, developed by analogy to elasticity and fluid flow. However, the mathematics of fields soon established itself as a discipline independent of the analogies that brought it to birth. The imperceptible (occult or supersensible) fields became respectable citizens of the scientific world. Similarly, energy, a chameleon-like disembodied entity that could appear in many different guises, was accepted as a bona fide entity, of which, at the beginning of time, God had created a definite amount. Energy could be transmitted from one place to another by moving masses, by waves in elastic media, or by fields of force.

Until the advent of the atomic model of matter, scientists had developed mathematical ideas in an almost instinctive interplay between observation and thought. This was not true of the next model, which "explained" the differences between solids, liquids, and gases in terms of the motion of atoms carrying energy, otherwise called heat. Atoms were regarded as imperceptibly small versions of ordinary solid particles following the usual laws of mechanics. For classical physicists and chemists, they were the entities that really underlay the phenomenal world and were discovered in the same way fields had been discovered: mathematically in imagination.

The mathematical models devoid of pictorial content that are typical of modern science resulted from attempts to fit the concepts of atoms and waves to the discoveries made at the end of the nineteenth century that led to quantum theory. Although atoms and waves lost, in this theory, their physical, commonsensical qualities, they still seemed useful in discovering new mathematics. Our mathematics has guided us into realms of the world in which the concepts of mechanics with which we started are no longer applicable. As long as the pictures of wave and particle are regarded only as analogies, just as the elastic forces were analogies for fields of force, they are useful. The danger lies in our becoming secretly and unconsciously convinced of the reality of these pictures despite paying lip service to their model nature. The models then prevent us from taking the next necessary step to recognition of the quantum and relativistic worlds for what they are: completely new and previously occult realms of experience in which, to begin with, we can find our way only with mathematics as a guide.

In this situation we can take courage from what Max Planck wrote in his scientific autobiography:

> My original decision to devote myself to science was a direct result of the discovery which has never ceased to fill me with enthusiasm since my early youth—the comprehension of the far-from-obvious fact that the laws of human reasoning coincide with the laws governing the sequence of impressions we receive from the world about us; that, therefore, pure reasoning can enable humanity to gain an insight into the mechanism of the latter.

And from Einstein's exclamation "I want to know how God created this world.... I want to know his thoughts."

Following these originators of modern scientific thought, we shall in the next chapters continue the scientific quest. However, we shall attempt to employ *all* our faculties in an interplay between the senses and thought. Our guide in developing new ideas, including mathematical ones, will be the historical development of mechanics out of body-sense experience.

4. Conscious Participation

Modern people regard themselves as having recently awakened from a dreamlike mythological consciousness that persisted through the Middle Ages. Myths are like dreams; while living in them we do not question their logic. Yet once we awake, such logic is usually rejected as unsuitable for gaining understanding of the outer world. Being awake means being confronted by experience, which we seek to understand through our thinking. This thinking has actually already begun when we see anything as a specific "thing." Our thinking activity provides the concepts and mental pictures to match the percepts coming from the world around us. Because this happens, to begin with, before we are even conscious of trying to understand the world, we must, as waking human beings, also be critical of our own mental activity: we must be prepared to question whether the mental pictures that accompany outer experiences are appropriate. And when we examine outer experience we must always select *one* aspect from a manifold of *many* possibilities. Only when we remain conscious of all these possibilities are we truly awake. A scientific relationship with the physical world can be thought of as a state of equilibrium in which the investigator must balance focused attention with an awareness of the whole within which the subject under investigation is found. Maintaining this equilibrium can prevent scientists from falling asleep and forgetting the processes and experiences that make knowledge possible in the first place. From this point of view, and bearing in mind the conclusion of chapter three, we recognize the danger that models may become myths on which the mind dwells. Ancient myths are divorced from sense experience. In a similar manner, modern scientific models are removed from the original perceptions that inspired the thoughts upon which these same models were formed.

In the following pages we give examples of how to "meet phenomena scientifically" while remaining in the state of "scientific equilibrium" just described. The examples we give lead to a new understanding of the wave-particle enigma of modern physics and show it to be merely an artifact of model-oriented science. (For a historical, philosophical, and linguistic discussion of conscious and unconscious participation see Barfield [1988].)

A Thunderstorm and Acoustics

As a first example we consider a thunderstorm. From the many different phenomena of such a storm, concepts for the science of acoustics can be developed. To begin with, we see the threatening blackness of the clouds and feel the peculiar atmosphere of tension. Ominous rumblings can be heard in the distance. Then come the first gusts of wind turning leaves over. The first heavy drops of rain splash on the ground, and a flash of lightning announces a deluge.

Rather than directing our thinking toward a description of the storm, we could, of course, focus on its onset as narrated in the weather report or as it is portrayed on a television weather map. Alternatively, we might follow the rapid drop of the barometer. We might remember the sultry heat earlier in the day, so different from the usual freshness of the morning air, and the brassy sun seeming too near for comfort. Or, we might direct our attention to the psychological effects of the storm, both on human beings and animals.

Given these many possibilities, we must choose which aspect of the thunderstorm we wish to attend to. In this instance we concern ourselves with the audible and visible phenomena of thunder and lightning. The storm we are considering began with a rumbling in the distance, which was followed by the first flash of lightning. Other storms are foreshadowed by silent sheet lightning stretching across and illuminating the distant horizon. Watching the spectacle as it nears us, we see the bright figures of lightning flashes and become aware of their increasing extent. At the same time, the thunder becomes louder. In its rumblings we begin to distinguish individual sound formations. After an initial clap the heavens seem to resound as if they were gigantic vaults. Thunder is perceived as a sound image, just as are melodies.

In the train of thought just pursued, description evolved into reflections on those concepts that seemed to fit the experience. Our interest in the qualities perceived naturally awakens thoughts. Realizing that sound images can be seen as figures extended in the dimension of time, we go on to compare them with the two-dimensional images imprinted in our field of vision, which are like outlines in light, lacking depth.

When storms are fully under way, the sequence of visible lightning and audible thunder becomes quite definite. There is a regularity in the way thunder follows lightning. This is not the case when lightning follows thunder. As the storm approaches, the interval between lightning and subsequent thunder becomes shorter; when the storm is overhead and lightning strikes nearby, hardly any time passes between them. We surmise that lightning and the immediately following thunder belong together. They are related, while thunder and any lightning that may follow immediately are not. We begin to see lightning and thunder as different aspects of a *single* phenomenon that has a spatial extension grasped through the phenomenon's existence in time. Sounds are heard later the farther away they are generated. This principle is a key to acoustics, where the concept of the speed of sound connects spatial and temporal aspects of sound.

Scientific Thinking Leads to General Concepts

These considerations may seem somewhat capricious. We do not usually combine dramatic experience of nature with thoughts about the fields of perception gained through our sense organization. It is more common to think about sense experiences later on, after the experience itself. This is the way scientists truly live with a subject. After first meeting an astonishing phenomenon they try to remember the scene and are all the more attentive when they get a chance to witness it or a similar phenomenon again. Giving thought to the circumstances, they then become aware of concepts that order the circumstances rationally. Here they may find aspects of the phenomenon to be identical or similar to other phenomena. They are then led to test with experiments their understanding of these conceptual relationships.

The sound of thunder reminds us of echoes we have heard elsewhere. Hence, the same concepts used to explain echoes serve us here. Just as we learned to judge our distance from a cliff by the time required for it to reflect our call, so we learn to judge the distance of the visible lightning discharges by the time elapsed before we hear the associated thunderclap.

But the mere concept of a speed of sound in air will not suffice to found a science of acoustics. There are further questions: What of the quality of sound, of its loudness or its pitch? The "sharpness" of a clap of thunder reveals a storm's proximity; a deep "growling" signifies great distance. A clap may be very loud, while growling thunder is noticed only when we and our surroundings are very quiet.

Thinking about such phenomena can lead into new realms. With an echo, the concept of the "speed of sound" is a purely abstract construction. It arises in analogy to the usual concept of speed as distance covered by a physical object in time. Even though sound is not a body, why not imagine sound traveling through air anyway? This is done despite the fact that we neither see nor hear sound moving. Nevertheless, the model of sound traveling through air is a powerful picture used to compare audible experiences with visible ones in time and space. Once we have decided to use this model, we begin to watch for phenomena in which movement is really taking place. Approaching and moving past a playing brass band, we hear the pitch of the music change, just as the pitch of a siren on a fire engine changes as it speeds by. Even the blowing of wind can mold sound images, as we can hear when the volume of the peal of bells changes with a gust; it truly seems as if sound is carried by the wind.

Our thinking leads us further, to other concepts essential to acoustics, among them, the diminished loudness of sound as it spreads through space, frequency as applied to pitch, and the diminished loudness of higher-pitched sound propagating in air considered as a consequence of the effect of viscosity. When we are told that sound travels in the form of longitudinal waves of compressed and expanded air, then we should realize that this model, too, is the result of scientists living with questions arising from sense experience.

The Thunderstorm Again

We began our description of a thunderstorm from the point of view of an observer experiencing the storm vividly yet without at first having ready-made explanations. We saw how scientific curiosity could lead to general concepts, which, in turn, make other phenomena meaningful to us. In studying nature we gradually become aware of journeying in a landscape of seemingly endless variety. Countless paths, whose destinations are beyond our sight, branch off and entice us into new realms. We may even forget the question that first caught our interest. It often happens that we are then satisfied with a grasp of the main principles; in this case of acoustics, interest in the particular thunderstorm recedes into the background. In fact, the question could be asked, Why start with a thunderstorm? Why not begin with an experiment in which the speed of sound, its frequency, and its volume are measured electronically? Isn't the thunderstorm itself actually lost in scientific work anyway? Is what we have been considering of any importance for understanding lightning? It seems we might have been better off going to a laboratory for high-voltage discharges, where we might have been led on an expedition into the realm of plasma physics.

Our approach did give us insight into the nature of perceptual experience. We found ourselves comparing two-dimensional visual images with sound images, which unfold in the linear dimension of time. We came to realize that our spatial grasp of the approaching thunderstorm was given to us by neither our visual nor our auditory experience. Actually, a comparison created by our *thinking* was necessary in order for us to grasp its depth dimension. The effort of thinking merged the appearances so that we could become aware of the storm as an entity. This is how we began to "get in touch" with the storm.

The experience of lightning is so enigmatic because we seem to be witnessing the entry of a phenomenon into the physical world. Something appears where before there was nothing; an event is born into space. We feel we are witnessing an event on the verge of physical existence. We are startled not only by its entering the world completely without prior notice but also by its brevity. Our "getting in touch with it" is obviously retrospective!

Lightning can be understood as an archetypal event. Visually we experience a "striking" image, while in the ensuing thunder we experience the necessary consequences in time and space. More lasting consequences occur when lightning strikes a tree. In creating pictures of the process, our thinking makes the thunderstorm meaningful as a phase in the life of the landscape.

It seems strange to modern human beings to find the experience of nature interwoven with the process of gaining scientific understanding. It appears that the objective and the subjective are being confused. Only the discovery of general laws and the exact description of events are generally accepted as scientific. However, when we abstract general law from the circumstances of actual individual experiences, we are ignoring parts of reality that are, nevertheless, valid aspects of any scientific endeavor. The scientist tends to replace the actual experience of events with imaginations of modeled events in order to preserve the fiction of a detached observer. These models are then often applied to experimental situations devised to accommodate the models. When the models seem to be validated by results from such an artificial environment, the question must be asked: Have we discovered something about nature or about our cleverness in designing environments to match models? In this chapter we are attempting to demonstrate that scientific results can also be achieved by an investigator who remains conscious of those aspects of human experience that inspired inquiry in the first place and of the faculties used to gain scientific understanding.

The Two Roots of Vision

As Aristotle pointed out, a minimal distance is necessary for distinct vision. An object that is so close to the eye that it is practically touching it is nearly invisible. If we try to view one of our fingers while it brushes against our eyelashes, we become aware of a dark, extremely blurred image. No distinct form can be seen because the lens cannot focus on a body practically touching it. And, incidentally, if daylight is to illuminate a scene, there must be space between object and eye. Since vision relies essentially on relationships in space, it invites understanding in geometrical terms. For an image to be distinct, its outlines must be distinguishable as boundaries between areas of different color or brightness. These qualities have nothing to do with distance or focusing. The blue sky cannot be brought into focus. Color and brightness are not of a geometrical nature. They are qualities perceptible to vision alone. One could even argue that the spatial context of vision is incidental, the essence of vision lying elsewhere. For the remainder of this chapter we will be occupied with the two roots of vision: the one spatial and the other pertaining to color and brightness. Gradually we will move from one to the other and see that the so-called wave-particle paradox is a consequence of not making this distinction.

Looking at a Lake

Standing at the edge of a lake, we can choose to direct our attention to two different views: the surroundings of the water or the water itself. The images we see around the lake are those of objects that can be touched as well as seen, while those in the water can only be seen. Usually, when we view an object we also know where it is located and what it will feel like. We go to it confidently and succeed in our first attempt to touch it. Our expectations concerning the hardness or softness, roughness or smoothness of the surface are seldom disappointed.

The situation is not so simple when we look at the water. The blue we see may be either the blue of the reflected sky or the blue of the clear water itself. It is usually easy to distinguish between the two by looking at the sky and the water's surface in turn. But we can also tell the difference by looking at the lake alone, because the image of the sky on the water is modified by every ripple on the surface. The blue of the water also shows a characteristic variation—dark at the center of the lake where the water is deepest and growing increasingly lighter until the pebbles at the bottom are visible close to shore. We shall first investigate the reflections and then turn to the phenomena we see when looking into the water.

Looking into Water—Reflections as Space Creators

An undisturbed water surface is necessary for clear reflections. In fact, it is the disturbances of reflections that draw our attention to the ripples. We do not usually see ripples directly—that is, as moving crests and troughs; we see constantly disturbed reflections. This becomes clear when the sky is gray and featureless. Here we see ripples only near the shore as they disturb the outlines of reflected images of trees and bushes; ripples are not visible where only the bright, undifferentiated sky is reflected or the dark mass of vegetation.

Let us now look at reflected images in more detail. It is easiest to start with our own image. Stepping right to the edge of the water, bending forward and looking down into the water, we can distinguish a familiar face (at least in its reflected image) directly beneath us looking up. It is small compared with our feet, one of which can be made to block out the image of the face—even though, in actuality, a foot is narrower than a face.

When we look at someone standing across from us at the edge of the lake, the image in the water is always connected with the flesh-and-blood figure above it. As we walk along the shore, the figure of flesh and blood and its reflection stay united. When viewed up close, the reflection seems smaller and dimmer than the figure of flesh and blood. However, when we bend down and our eyes draw near the level of the water, the two figures approach equality in size and brightness. Viewed at water level, there appears to be almost exact symmetry. The apparent changes in size are the same as those caused by changes in perspective. What is farther away seems to be smaller. Was the head of our own image smaller than our feet because it was farther away? As long as we are standing upright, looking at someone else, the reflection is farther from our eyes than the figure of flesh and blood. Are reflection and flesh-and-blood figure equidistant when we bend down to the water's surface?

These questions tempt us to measure the depth of the reflected images from the water's surface. If we try to use a measuring stick, a number of difficulties arise. When we dip the stick into the water, we probably find that the water near the shore is not deep enough for the stick to reach the head of the image. This gives us the idea that we should try the measurement farther out in a boat or, perhaps, in the laboratory, where conditions more amenable to measurement can be arranged. However, another look at the measuring stick as we push it into the water makes us hesitate. We note that the divisions in the water seem smaller than those not yet immersed; it is as if the calibration lines were lifted toward the water's surface and compressed. The end of the stick in the water is apparently not moving as fast as we are pushing it down! Inadvertently we are already looking at an object inside the water rather than at reflections. However, we see not only that part of the stick that is in the water, we see also the reflection of the upper part of the stick not yet immersed. The markings in the reflection are, within perspective, the same as those of the measuring stick. Accordingly, the reflected image might be measured with the reflection of the measuring stick and not with the immersed stick. We therefore ask the person at the edge of the lake to hold a long measuring stick vertically with the zero mark at water level. When we then look at the figure with the measuring rod, we find that the reflected image of the object appears to reach as far below the water's surface as the object is above it.

If we really want to be scientific about our activity, we should stop at this point and question our reasoning. Of course, we could have anticipated this result, for we had already decided upon it the moment we took the reflected measuring stick to be the measure. When did we really begin to grasp the concept of symmetry between reflected space and ordinary space? This was certainly during that phase of our studies when we observed how perspective changes when we view reflected images. We recognized then that the same laws that are familiar to us in ordinary space apply also to reflected space.

We are now ready to describe the phenomenon of reflection geometrically. Reflection in the water creates a visual space below the surface in which objects are visible but are not tangible. For every object above the surface there is one below, apparently as far from the surface as the one above. The laws of perspective in this reflected space are the same as those in the space containing tangible bodies.

An elegant demonstration of this can be set up in the laboratory using a glass surface as a mirror instead of water. A thin glass plate is supported horizontally with a cup set on it. An identical cup is held under the plate with its base in contact with the glass. In suitable lighting it is possible to move the bottom cup, which is visible through the glass, so that one sees it fit exactly into the reflected image of the top cup. This coincidence of cup and image perseveres under all viewing angles.

From these experiences we can now formulate the laws of reflection more generally. If we imagine an observer confronted with a plane mirror surface, we can say that there exists a space on the "back side" of the reflecting surface that we shall call the *reflected image space*. The space on the "observer's side" we shall call the *tangible body space*. For every point in the tangible body space, there exists a corresponding point in the reflected image space. Corresponding points are equidistant from the mirror plane. The laws of perspective are the same for the two spaces.

The tangible body and reflected image spaces are only visually symmetric. Objects in the tangible body space are touchable as well as visible, while objects in the reflected image space are only visible. The symmetry of the situation can also be described in this way: the observer sees the reflected image exactly as the reflected image of the observer would see the tangible body image. Views from one space to the other are identical.

Earlier in this chapter we suggested that a scientific relationship with the physical world can be understood as a state of equilibrium in which the investigator balances a focus of attention on one aspect with an awareness of the whole from which it is drawn. It is just this sort of equilibrium that we have been practicing. By using our "body senses" in association with our own movements to watch for changes in the images of the directly seen world and the reflected one, we have gained a mathematical law (that of mirror sym-metry) of the physics of reflection. It may be difficult for the reader to recognize that what we have been doing is truly scientific, but that is because contemporary human beings are mesmerized by the expectation that scientific description be impersonal. The physics of reflection is ordinarily taught in terms of light rays that elastically bounce off plane surfaces. But light rays are here merely hypothetical entities used solely to support the bias of impersonal scientific description.

Before setting up any laboratory demonstration of the law of mirror symmetry as it applies to reflection, it was first necessary to grasp the appropriateness of the concept of mirror space through the experience of reflection phenomena in nature. Without this recognition we would never have thought of the demonstration with the glass surface and identical cups. Once experienced, however, the demonstration is eloquent and compelling without having to resort to hypothetical entities with hypothetical properties (such as the elastic bouncing of "light rays" from plane surfaces).

Perhaps we should also mention another aspect of mirror images that makes them feel strange: Why is it so difficult to do things while watching one's activity only in the mirror? Somehow the view impedes us in our movements, giving us bad advice in a mischievous way. (Try to tie the knot in your shoelace while you look at your own hands at work in a mirror.) Even if we know the law of mirror-image space intellectually, we are not yet accustomed to its implications with respect to real life. Mirror symmetrical forms are by no means identical!

Looking into Water—Visible and Tangible Objects No Longer Coincide

Looking at the measuring stick in the previous section, we realized that the shape and size of objects appear different when we see them under water. In addition, various color effects can be noticed. We consider the geometrical aspects first.

Imagine a water-filled trough, such as a fish tank, with a horizontal base. If we want to retrieve a coin lying on the bottom of the tank, we must roll up our sleeves farther than expected if we are to keep them dry. Just as with the calibrations on the measuring stick, the coin appears to be "lifted," or closer to the surface than it is to the touch. Visible and tangible objects no longer coincide. When we walk around the tank, the bottom appears to move; wherever we stand it seems to slope downward toward us. Thus, for each tangible object there are apparently a number of visual ones. The position of objects appears to change with the position of the observer. But as long as the observer's eyes are kept level at the same height above the surface, a measuring stick placed vertically within the water will remain vertical and the image of any object will be suspended directly above where the object can be touched.

Other experiments show that the image-lifting effect depends on the respective media in which object and observer are situated. If, for instance, the object is embedded in a block of glass, it will seem nearer to the observer than an object in an equal depth of water. In both cases, of course, the observer is situated in the air outside.

The image, or visual space under water for tangible objects in water, can be described geometrically for any observer. Assume your eyes are perpendicular to the water's surface. We now have to consider two different spaces below the surface of the water: touch space and sight space. For every object in sight space there is a corresponding object below it in touch space. The distance from the visible object to the water's surface above it will be less than the distance from the tangible object to the water's surface. Furthermore, the ratio of these two distances will be the same for all pairs of corresponding visual and tangible objects. (Those readers familiar with physics will recognize the inverse of this ratio as the refractive index of the media in which observer and object are situated.) If we continue along these lines we will discover that this is true for all angles of observation.

We have now arrived at a version of the basic law of refraction attributed to Willebrord Snell (1580–1626). This version is based on the phenomenon of images of immersed objects "floating up" or being "lifted." Obviously, this situation is stranger than the one we encountered in viewing a reflection. Nevertheless, in order to study it we use similar methods. Standing up and then crouching down, we become aware of movements in the image we are investigating that our ordinary perspective would not have led us to expect. Such an experience is an encounter with water through our body senses.

We can again be on the lookout for other situations in which we might have a chance to make this encounter more conscious. Standing on the banks of a mountain stream, we may notice the water rising and falling regularly, while the stones at the edge appear, alternately, to be submerged more deeply and then almost to touch the surface. As water flows toward the shore, the image of the stones seems to rise and then sink down again as the water recedes. If we really concentrate we can gain the impression that the water is raising the ground it periodically engulfs. Such observations can keep us aware of how the introduction of a denser optical medium modifies our visual experience. Indeed, the perceived changes are exactly the same as would result from the application of a physical force with our hands—that is, from moving the stones closer.

Looking back to our study of reflections, we can clearly see the steps involved. We paid little heed to the water itself. In peering through the surface, however, looking inside, we became involved with the water. We went from reflection to refraction and the experience became stronger. Nevertheless, we were able to restrict our attention to the location and shape of visible images. Of course, the images are visible by virtue of being light and dark and by the coloring they assume.

Looking into Water—Color Aspects

Now let us change our focus and consider colors seen in the lake. We already noticed that the blue of the water changes with its depth. Although they are not nearly as obvious, we may notice other colors when we look at the bottom of the lake and at the rocks and pebbles. Close observation reveals that the edges of objects at the bottom are sometimes blurred and fringed with narrow bands of color. The fringes become more pronounced as the edges appear more raised. Although the colors may be brilliant, especially in bright sunlight, they are easily overlooked because the fringes are so narrow. Once they are noticed, they appear like narrow openings into a new, magical world of color.

Imagine we are looking at a submerged white tile leaning against the side of a large tank of water. We view the tile from the opposite side against a dark background. As we bend down to bring our eyes near the surface, the image of the tile will rise while shrinking in its vertical extension. Its upper edge will blur, turning into a blue fringe from which a violet haze radiates up into the dark above it. The lower edge will turn into a red fringe, over which a yellow haze darkens the adjacent white of the tile above it. The two basic fringes and hazes develop simultaneously as the image rises. A dark object on a white background would develop the same colors, but with the locations reversed.

If the tile is short enough in height, the haze from below will eventually impinge on the fringe above it. Their colors will react: yellow and blue producing green, magenta forming through the reaction of violet with red. The six colors produced are always the same: violet, cyan (or light blue), green, yellow, red, and magenta. These six colors can be arranged in a circle (rather than in a band). While the color with which we start this circular arrangement is arbitrary, the sequence of colors is not; it is a product of direct color experience. Intermediate shades can easily be pictured leading from one color to another. For example, between violet and cyan we can picture indigo, ultramarine, and many shades of blue, but not green; between yellow and red there are all the oranges, but not violet. Moreover, wherever we start, the end color of the series is a neighbor of the first. Between the magenta and violet in the series cited, there are various shades of pink that are more red or more blue respectively, the nearer they are to the magenta or to the violet. These observations are consistent with arranging the colors in a circle rather than in a series.

On our excursion into the realm of color via looking into a lake, we departed from the spatial aspect of experience. Colors are discerned only with the sense of sight. It is also through this sense that brightness and darkness are apprehended. In looking into the water or through a glass prism, colors appear at the expense of distinct contours in vision. But it is just these contours that give our body senses access to the seen world, thus making it measurable in terms of angles and space. Apparently, when viewing color through a transparent medium we are somehow "removed from space." How does this happen? The same process that lifts visible images also apparently modifies the boundaries of adjacent contrasting areas in vision. Colors appear to be created by the raising effect water has on the images of submerged touchable objects. In other words, the whole process seems to remove the perception of color from the experience of clearly outlined physical bodies. However, as science is usually practiced, the criterion for reality is based on just this experience of bodies. Nevertheless, people who actually work with color find themselves in a realm where relationships are determined by the laws of color (the color circle, for example) rather than any abstract spatial models.

It is significant that "lawful relations" in the realm of color are best discovered through the processes that give rise to the colors in the first place, and not through manipulations that treat the colors as already existing objects for our perception. Unlike laws of physical bodies, color relationships are inseparable from the conditions under which colors arise; they are, so to speak, laws of becoming. In a very general sense, we could compare color processes to those of chemistry. At least this is true if we cease imagining chemical processes as rearrangements in the way very little marbles are stuck together—that is, if we remain with our actual perceptions and refrain from imagining a model of atoms thought to be more real. We may then notice that changes in color can be just as important in the experience and practice of chemistry as the "bodily" aspects, such as weight, which are portrayed by the atomic picture.

Although we left tactile reality, we nevertheless stayed within the bounds of logically formulated mathematical relations. In the color circle, such relations are represented by geometrical forms used symbolically. In the sense we realized at the end of the previous chapter, they represent a model with no underlying perceptual content. They are purely mathematical, but nevertheless qualitative means of discovering relationships.

In Search of Real Color

Imagine you are gazing vacantly at a sheet of paper on which your red pencil is lying. If you lift the pencil after ten or fifteen seconds, a shimmering bar of bluish green will remain as an afterimage. If a box of crayons is at hand, you could produce afterimages in sequence: light blue bringing forth orange; violet, greenish yellow; magenta, green; and vice versa. (Bright lighting is not required for these appearances.)

There is another phenomenon in which colors appear that are oppositely situated in a color circle. It is easily observed toward sunset in a snow-covered landscape. The snow has the colors of the setting sun, yellow to pink. The colors of the tree shadows vary from violet to green. At each instant the colors of the snow and the adjacent shadows are opposite in the same color circle. Pairs of colors, as they are produced in afterimages and in the colored shadows just described, are called physiological complementaries. The process of producing afterimages is called successive contrast, while colored shadows are produced by simultaneous contrast.

These contrast phenomena are always with us. For instance, grayish surfaces are always tinged with the color that is complementary to the dominant background color. In the case of a seascape this dominant background is blue. A dominant background makes it possible for a small, unobtrusively colored area—a pillow on a sofa for example—to change its appearance according to the color of its surroundings. Because color is so strongly affected by illumination, it is wise to view fabrics and clothing by daylight before deciding on a purchase. Colored illumination can produce very surprising results. Two pieces of fabric may look alike in incandescent light but dissimilar in fluorescent light. Moreover, fabric may appear very different under illumination from various light sources that seem to generate very similar colors.

What happens when we look at the colored fringes mentioned in the last section with colored illumination? They are also modified by the color of the illumination. With yellow illumination, the violet will tend to disappear, becoming increasingly difficult to distinguish from a dark background, while the yellow haze also disappears, becoming increasingly difficult to distinguish from the white of the tile.

It is clear that there is no definite answer to the question, What is the color of this surface really? In fact, the question makes no sense. *Color is not something that exists independently of its surroundings.* The chemical nature of the surface, that is, the pigments it contains, is a very important determining factor. The physical properties of the surface, such as rough or smooth texture, also influence its appearance. Another factor is the illumination. What is usually forgotten is the human sense organ itself. Our sense of color seems to depend on the totality of the scene perceived. As we have observed, the color of a "beige" cushion varies with illumination as well as with the surroundings. The great German poet Goethe probably first noted that the total color experience tends to be harmonious, meaning that pronounced hues are balanced by their complementary color. Here, if one could imagine all the colors of a natural scene mixed, the result would be a neutral gray shade. This is taken into account when developing color photographic prints. The light to which the print paper is exposed is passed through three colored filters of variable density. In this way, color can be added to those produced by the negative. This is done in order that the "average color" of the print be neutral gray. However, if the technicians get it wrong, the eye will do its best to put the mistake right.

As we saw in chapter two, the direct experience of warmth depends on a "constant give-and-take between the body and its surroundings." The experience conveyed is based on the interaction between the sense organ and what it perceives. The sense of color acts in a very similar way. What it "perceives" in one part of the field of view depends on its interaction (frequently an unobserved interaction) with other parts. There is, however, an important difference between the action of the two senses. The perception of warmth requires an exchange between the sense and the surroundings. The perception of color depends on changes in the scene, the field of vision itself.

Geometrical Representations of Nonspatial Qualities

We have lingered in the realm of color in order to show a few of the manifold ways in which color percepts are related to a whole. The appearance of colored fringes, afterimages, and colored shadows leads us to associate pairs of colors. The simplest representation of the "whole" that includes the phenomena in which complementary colors arise is the *color circle*.

Obviously, the human eye is very much involved in all the phenomena described. In one way or another, it is an essential element in every situation where color effects are considered. Of course, a light source is also required. Nevertheless, it *is* possible to study aspects of color phenomena without an explicit study of the physiology of the eye or of the physics of emission and absorption. Of course, certain effects may point to the role of the eye. If, for example, different individuals cannot agree on what is perceived, then it would be necessary to consider the various forms of color blindness. At some point it might also be appropriate to compare the effects of natural and artificial illuminations. Using a sodium vapor lamp we would no longer see colors otherwise visible in daylight. Such perception might then stimulate our interest in the spectra of gases and spectroscopy. In such a study it is the visible spectrum, that is, the pattern dark, red, green, violet, dark, that is taken to be the most fitting representation, for it orders emitted radiation between red and violet on a linear scale that can readily be used as a gauge for energy levels.

In the representations described, a geometrical form (circle or line) symbolizes the totality that takes into account all possible manifestations of the quality under investigation (colors of a natural scene or colors arising from spectral emissions).

Relationships in the realm of color can be clearly understood with concepts permitting mathematical representation. (The system of color measurement established by the *Commission Internationale de l'Eclairage*, or CIE, is the accepted standard.) No one expects such mathematical descriptions of color relationships, however, to be explanations in the form of descriptions of underlying mechanisms, as, for example, when atoms are used as explanations of macroscopic effects. In fact, in the case of mechanics no one expects such explanations either. Could it not be that *explanations in terms of underlying mechanisms are not really required anywhere in physics?* (In atomic and subatomic physics, principles are found that can be formulated mathematically. These are concepts, such as the Pauli exclusion principle and the Heisenberg uncertainty relations, needing no underlying mechanisms to explain them. New realms are found. They are not a substitute, however, for the experience of the previously known realm.)

Independent Physical Principles Cooperate

As we saw in chapter three, Galileo went a step beyond Aristotle in thinking of acceleration and motion independent of the process of friction. Although they work together in our everyday experience of mechanics, as described by Aristotle, they need not do so under all conditions. Thus, all objects that fall in a vacuum accelerate identically. In contrast, objects falling in a viscous medium tend to travel at a constant speed determined by their shape, weight, and the fluid character of the medium.

Obviously, both phenomena take place under conditions in which "weight" can be observed; both are forms of vertical downward movement in the direction of gravity. Since we are well accustomed to situations of varying friction, it is easy for us to follow Galileo's thought when he distinguishes between these principles. He grasped that they are governed by independent laws, each expressing idealized relationships of different conceptual content.

In the field of optics, scientists were less eager to separate principles. We are accustomed to relating our bodily senses to bodies. It is easy to become irritated by light's lack of bodily attributes when studying optics. That "lack" has made it even more difficult to intuit a distinction just as important as that between acceleration caused by gravity and the effects friction has on motion. We have in mind the distinction between wave optics and quantum mechanics, the two independent aspects of light cooperating in every optical phenomenon. When this is understood, the wave-particle duality is no longer paradoxical. This is the question with which we end this chapter.

We often use a camera instead of the eye, replacing the retina with a photographic emulsion and the eye's lens with the camera's. Manufactured in a chemical plant, the photographic emulsion must be returned to a chemical laboratory for processing. The lens is a product of industry, where special shapes are ground and polished to standards of utmost precision. Similarly, the camera itself is a product of fine mechanical workmanship and electronic materials manufacturing.

Here we have two realms, the fields of photochemistry and mathematical optics. Although both are necessary to photography, they remain distinct; there is no melting together. For a scientist to become proficient in either, long years of study in different university departments, along with practical experience in totally unlike fields, are required.

When these fields cooperate, photographic images such as color slides, prints, and posters can be produced that represent a view the eye might have seen directly. In the eye itself the retina cooperates with the rest of the organ. In a similar way, in physics we speak of "generalized coordinates," which are independent variables that describe the condition of a system. For example, the pressure and temperature of a body can be varied independently of

CONSCIOUS PARTICIPATION 97

each other, although the state of the body depends on them both. Such "cooperation of independent realms" is *the* essential trait of the *physical* world—that is, the inorganic world. In the following sections, we shall consider the two independent, but cooperating fields of photochemistry and mathematical optics in order to see what relationships are intended when speaking of waves of light, on the one hand, and of quanta of light, on the other. To what realms do these concepts belong?

A Visit to the Realm of Imaging

A camera is suitably focused if its lens projects a distinct image onto the plane of the film. If we could become ants and wander around on the image plane, moving from one area of color to another, we would not have a view of the whole of the image. All we could observe would be the lens, which would look like a round window of opaque material. Its apparent size would be determined by the diaphragm's setting and distance from the image plane. Wherever an ant might be located, the lens would appear to be of uniform color and brightness. If the ant then crawled across the image plane into a different region of color and "looked up," it would find that the lens now appeared to be a different color. Between the two regions the ant would gradually cross a border that would always appear slightly blurred. Taking into account that adjacent areas in the image correspond to adjacent fields in the scene, we understand that the lens is connecting areas on the image plane with fields in the scene. If, for example, colored bulbs of an electric sign are in the scene, then an area on the film in the image plane will be "directly connected" with those bulbs. The lens bridges the gulf between film and scene by bringing some part of the film into a one-to-one relationship with some part of the scene. We can say that the distance between scene and film has, in a sense, been virtually cancelled.

What principles govern the phenomena of imaging? They can best be learned by considering the precision of an image and how it is enhanced. Even with a camera optimally focused and having a lens of ideal quality, edges of adjacent areas on the image will be somewhat blurred. We might suspect this could be remedied by focusing the camera more exactly. But even at optimum focusing there is still some blur. We usually expect clearer pictures to result from a smaller diaphragm opening because of the increased depth of field. So we are surprised to see the blur growing broader as the diaphragm is closed. Actually, the most distinct image is formed when the diaphragm is wide open! In this case a uniform area in the image corresponds to one in the scene with the greatest precision.

To understand this, physicists had to realize that an area *A* in the image is uniformly illuminated by the *entire area* of the lens even though area *A* corresponds only to the area *B* in the scene. This principle can be understood with the help of the accompanying diagram. All paths from *A* to *B* via the lens are understood to have something in common. This "something" is called the "optical distance" from *A* to *B*.

A simple imaging lens is of convex form. Although the connection along a straight path from *A* to *B* through the middle of the lens is the most direct, it must pass through the thickest layer of glass. In contrast, the path from *A* to *B* passing through the edge of the lens seems to be a detour but passes through the least thickness of glass. The concept of optical distance considers distances through the glass of the lens to be longer than those through air. In fact, "optical distances" are weighted according to the refractive index (a measure of the amount of "lifting" of images encountered when we looked into water) of the transparent material used to make a lens. Now the direct path traverses the thick center of the lens, while the path through the edge passes only through a thin section of glass. Thus the two light paths can have equal "optical distance" even though the spatial distances differ.

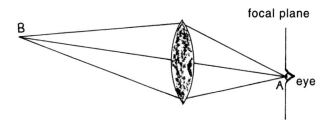

The basic principle is that *optical connections through spatial separation rely on paths of uniform optical distance.* As the ant moves from one place to the next, it will gradually sever its ties to the previous source of illumination and establish contact with a new one. Outside its previous position in the focal plane there is no connection to the previous source. In other words, at the ant's new location, paths of unlike optical distance connected with the original source would be blocked. The criterion of equal optical distance will become more and more stringent the wider the lens is opened, because there will be more paths through the lens whose lengths must be equal. (Compare the center path to the other paths in the diagram.) The best criterion would tell us precisely how much inhomogeneity in optical length can be tolerated before paths become obstructed and a blur results at the edge of an illuminated region. This criterion is given as a fraction of what is called the wavelength of light. Every color has a characteristic value.

Wavelength, a number, gives us a gauge for dimension in optical instruments. In the model for light, waves are pictured as traveling from *B* to *A*, being focused by the lens. In the development of modern physics it became clear that the amplitude of a "wave" was not a quantity that could be "perceived" directly. In fact, the "wave" itself is not a physical entity. All the same, it is a very powerful mathematical tool! On our visit to the realm of imaging we have encountered a field where mathematical reasoning provides a sound basis for understanding.

A Visit to the Realm of Chemical Action at a Distance

At dawn the Sun's brightness illuminates the landscape, and the colors of nature appear. Light can be thought of as the agent through which the Sun and the landscape cooperate. What is more, our own eyes take part in this union, giving us access to the visible world.

Although the Sun's illumination may seem to change without leaving its mark on nature, actually it does mold nature's appearance through the course of the year. Vegetation sprouts and grows in spring and summer. Fields are harvested. We ourselves may experience a severe sunburn after exposure in higher altitudes or at the seashore. Or, more subtly, we may experience the development of afterimages in our eyes. In the photographic process images are fixed. They are turned into patterns made of physical dyes. In all of these processes the meeting between illuminant and an illuminated object leads to temporary or enduring modifications. This is the field of photochemistry.

Photochemical effects may reveal an illuminant in several ways. There is, for example, a relationship between the cause of an afterimage and its visible effect, the afterimage itself. Photographic processing has been refined to perfection in order to render color prints nearly identical in color to the scene viewed by the camera. Adequate exposure of film can be achieved with different settings of the diaphragm if the different intensities are then compensated for with shorter or longer exposures. Within certain limits this is true. With respect to *quantity*, the film's degree of exposure to a given scene results from the size of the cone of light with which the lens illuminates the film multiplied by the length of time the shutter is open. This relationship is similar, though not identical, to the way water runs from a tap. The more one opens the tap, the greater the flow of water per second and the less time it takes to fill a bucket. Therefore, we are close to using the mental picture of a stream of water for a model of the intensity of illumination. It is insufficient, however, to characterize illumination only by its intensity; its *quality*—that is, its potential to direct a photochemical process in the direction of a specific color—must also be specified in some way. A model for this might be a "colored stream of water."

This model was unacceptable to physicists. With no perceptual qualities in the space between an illuminant and an illuminated object, they must have felt that a stream of visible quality was an unrealistic model. So they transformed the stream into an "invisible state" still imagined as being able to carry color, that is, a quality otherwise perceptible only to our sense of sight. This "invisible state" was then said to be a quantity of energy, or, more precisely, a distribution of quantities of energy. Thus a quantity of quantities was to be imagined flowing through space. The mental picture used to explain the relationship between illuminant and illumined object became this: quanta of energy are exchanged in a density appropriate to the actual intensity of light or color. This mental picture seemed to receive support when it was observed that electricity was emitted from an illuminated photocell. (We here refer to the photoelectric effect, whose role in the development of quantum mechanics was discussed in chapter three.) Violet illumination led to a higher electrical potential than did blue; blue illumination led to a higher electrical potential than did yellow. Hence, the color quality of light could be transformed into an electrical potential. Since electrical potential is measurable, it is possible to relate a measurement to illumination. However, this measurement is associated only with a mental model (quanta of optical energy moving from illuminant to illuminated body), which pictures a relationship accessible to thought alone. There is no way for us to observe the progress of an optical quantum from one body to another. The sole purpose of the concept of optical quanta is to "permit" effects on an illuminated body to be caused by an illuminant. The illuminant and the illuminated body must be specific materials with particular characteristics. They cannot be imagined, they must physically exist. In contrast to the overwhelmingly mathematical nature of imaging, chemical action at a distance is intimately related to materials.

In the 1920s, physicists realized that two different models for optical phenomena, arising from work in two different contexts, had been found. It was not possible to imagine these models simply as different aspects of the same physical-spatial entity. Furthermore, the physicists came to the conclusion that both principles worked in their respective realms: waves in optical imaging and quanta in the absorption and emission of energy from matter. They discovered that either a "wave nature" or a "quantum nature" could be revealed in any given experiment and that it was not possible to reveal both at the same time. The surroundings of a radiating body, not the body itself, govern its relationship to other bodies. These boundary conditions "channel," so to speak, the illuminating effect along paths. The mathematics that express the laws of illumination can be derived from the model of "waves of light" (although other ways of deriving them are also possible).

On the other hand, the appropriate concept for emission and absorption processes is that of the quantization of energy. Quantization relates solely to bodies of specific chemical and specific thermal states. Unlike the laws of illumination, these quantum laws are not concerned with the spatial surroundings of the bodies. The appropriate model for this situation is that of energy states and their transitions.

The two realms we are here concerned with (illumination, and absorption and emission connected by illumination) are conceptually and phenomenally independent. The two realms became entangled, however, when physicists searched for a picture derived from the physical body experience of mechanics. They defined an elementary particle, called a photon, which was then taken to represent the quantum of energy exchangeable between bodies. As a particle, however, it implies bodylike qualities going far beyond those of an exchange of energy. A single pellet of lead shot is not only exchanged between the gun and the target; it is also transported through space. In the same way, the photon is imagined to be transported from one body to another. This formulation is, however, completely hypothetical and totally unnecessary. Worse, it is misleading, because it leads to paradoxes that seem to imply physics cannot be thought. Earlier we described Einstein's "thought experiment" (see page 63) in which the appearance of *particle-like* results or *wavelike* results depends on the nature of the recording apparatus (mirrors or photographic emulsions) and not on the source of illumination. In other words, when it is designed to record wavelike phenomena, our apparatus shows interference patterns. And when it is designed to discover particle-like phenomena, our apparatus records individual spots. Apparently, in situations such as these we see what we set out to see. But, then, we may ask, What is light itself? This question is paradoxical because it is formulated within a context that presupposes light to be a thing that moves through space. Such a thing cannot be reasonably imagined as being both continuous and discrete. Since the phenomena themselves, interference patterns and spots on photographic emulsions, cannot be faulted, it appears that it is the way we think about the phenomena that is faulty.

The reader will have realized by now that the problem lies in imagining light as if it were a thing possessing attributes like those of actual objects. But since light cannot, in fact, be seen, the conception of a light particle (photon) is merely a pseudo-phenomenon. The paradox of the wave-particle duality results from a conceptual failure in which the two now familiar independent realms of imaging and chemical action at a distance have been inappropriately bound together through the artifice of imagining light to be object-like and thus concrete and familiar. Instead, we can realize that when the mirrors are in place our concern is with imaging. The resulting pattern is then fully understood in terms of the geometry of the mirrors and mathematics of waves. Nothing else is required!

When, on the other hand, photographic emulsions replace the mirrors, the scientific question becomes one of chemical action at the illuminated emulsion through a distance. Here understanding is achieved by means of the concept of the amount of energy required to transform the film. As is usual when we are involved with material, in this case the emulsion, understanding is gained in terms of quantities of energy, whether quantized or not.

The failure of thinking suggested by quantum mechanical paradoxes lies in the misplaced attempt to understand phenomena in terms of pseudo-phenomenal things imagined to actually bring about effects. Instead, the method of conscious participation described in this chapter seeks to find conceptual relationships between conditions and phenomena. An abstract pseudo-phenomenal realm is not inserted as a barrier between human thinking and human experience of the actual phenomenal world.

Nineteenth-century science tried to unite the whole body of natural science under a single aspect: mechanics. Twentieth-century physics has shown that this plan is, in principle, infeasible. Even inside the limited field of optics we must follow up at least two different approaches that lead us into two distinct realms; each one is valid. The twentieth century is teaching us more than that: nature and humanity are becoming more and more involved in crises that are the result of our applying a "scientific" self-assurance appropriate only to one field: classical mechanics. We must learn to give up building all science on the basis of its success in the single realm of mechanics.

5. Science Coming of Age

In the first chapter of this book we raised several questions regarding the apparent inability of science to incorporate within itself a view of being human that is true to experience. In an age in which science and technology so pervade Western culture, there is an almost irresistible urge to identify what is real only with those elements out of which the world of physics has been built. But human beings have been banished, so to speak, from this world. Consequently they increasingly experience themselves as onlookers rather than as participants in it. In fact, as we have pointed out, as scientists we cultivate the habit of mind of the passive observer. No wonder human beings living in a technical age are afflicted with existential dilemmas of alienation and anxiety regarding the world, even as they gain increasing power and control over it.

All this is a direct consequence of the well-known fact that science limits itself to those aspects of the world that are measurable. The reason for this limitation is usually given as science's need to be objective. And, in fact, it is true—and powerfully so—that increasingly accurate measurement has served as a corrective in the development of scientific ideas. As erroneous theories are discovered, they can be either corrected or rejected. In addition, more accurate measurement has been a prod toward uncovering deeper layers of reality. Although there have been many false steps, the test of measurement has assured that the general trend of science has been—within the limits of reductionism—toward increasing knowledge. Because of this success, we tend to equate what is real with what is objective and what is objective with what is measurable.

Ignored in all this is the role of the human being in gaining objective knowledge. This view of knowledge implies that the knowing human subject should not and does not intrude in the objective world "being known." The human senses are taken as receptors of stimuli and human thinking as the independent creator of concepts.

Ironically, science both appeals to the data of the senses and simultaneously rejects them as being unreliable. In the first place, sense data are measured. Only sense experience amenable to measurement is therefore incorporated into science. That which is not measurable, that which is in essence qualitative, is taken to be mere subjective sensation. Measurable qualities are endowed with an objective reality presumed to be independent of the senses. However, we have shown that knowledge of measurables is as inextricably bound to the senses as is seeing color. In fact, the measurable qualities are based on what are, in a way, the most personally directed of the senses. They are the ones that tell us about our own bodies. Based on what we know of the world through our senses, we can see that *choosing to limit science only to those experiences that are measurable is a wholly arbitrary choice within the framework of the nature of sense experience.*

We are not, of course, claiming that there were not good reasons for limiting science to only the measurable aspects of reality. We have discussed in detail how limiting science to the measurable gave it a certainty already inherent in the experience of mathematics, and we could not deny that the subsequent history of physics bears out the wisdom of this choice. However, we now find ourselves in a situation where the same science that provided the basis for individual freedom by liberating human beings from the need for external authority has also banished human beings from the reality of its knowledge. But without self-knowledge, the possibility of freedom is made increasingly meaningless.

Given the extremity of this situation, it is essential to reexamine the scientific endeavor, bearing in mind that all human knowing, without exception, is founded on human faculties. Therefore, any limits we place on knowing—scientific or otherwise—presuppose a knowledge of these faculties. From this point of view the requirement that science be concerned only with measurable sense experience invites reexamination.

Mathematical Physics: Exercise for the Development of Sense-free Thinking

The success of mathematical physics has been dramatic, profound, and undeniable. Beginning with Galileo in the seventeenth century and culminating three generations later in the work of Newton, mathematical physics was developed in order to describe the motion of bodies. As described in earlier chapters, mathematically analyzed elements were at first objects of actual experience; although idealized, they were directly observable parts of the phenomenal world. In the eighteenth century, for the first time, machines could be designed and manipulated in thought before they were actually built out of materials. This was made possible by the formulation of idealized general physical laws and was responsible for the subsequent rapid rise in technology.

Technology's early success led to the conviction that all processes in nature were mechanical. Mechanisms were assumed to be at work everywhere in nature, "behind" all phenomena. The physicist imagined microscopic mechanisms as being responsible for the appearance of what was actually observed in the phenomenal macroscopic world. Such thought models, being mechanical, could be analyzed mathematically. Even the phenomena of electricity at first yielded to this procedure. We described how Faraday imagined a field of force based on the analogy of an elastic space. Maxwell then mathematized Faraday's notion of a field using the analogy of a flowing fluid. The value of imagined mechanisms as vehicles for the relationships between phenomena was clearly demonstrated.

Early in the twentieth century, physicists introduced a profound change in this procedure. In order to describe and explain certain phenomena, they found it necessary to imagine models with elements that behaved in ways that had no counterpart at all in the world of phenomena. That is, the mechanism was not only invisible but also consisted of elements that behaved like nothing in the world as it is actually experienced. For example, electrons were imagined as jumping from one orbit to another instantaneously under the action of a quantum of energy while crossing a region in which the probability of their existence is zero.

This is not how an ordinary charged particle behaves. Also, an ordinary orbiting charged particle emits electromagnetic waves continuously, thereby gradually losing energy and spiraling down to its center of attraction rather than remaining in a fixed orbit. In addition, a quantum, or finite amount of energy that can be transferred instantaneously, does not exist in the world of sense-perceptible particles and waves. The quantum of energy was arbitrarily "thought up" to make the mathematics "work out" according to experiment. Thus, the thought pictures no longer conformed to sense-perceptible reality.

This emancipation from sense perception is similar to what happened in mathematics at the beginning of the nineteenth century. At that time, geometries appeared in which parallel lines meet or in which there are no parallel lines at all. The angle sum of triangles in some of these geometries depended on their area. Algebras were constructed in which the almost obvious laws of numbers, for instance that 3 x 4 is equal to 4 x 3, did not apply.

In examining both nineteenth-century mathematics and twentieth-century physics, we see that we are only gradually becoming conscious of what we are actually doing in scientific research—and, for that matter, in any branch of learning. It becomes clear that we have learned to use concepts and ideas, on the one hand, and observations, on the other, independently of each other. Ideas can and do arise that are linked to each other without reference to observation.

Presumably there are ideas to fit all observations. Scientific research consists in finding these ideas. If they did not exist, science would be a futile undertaking. In contrast, however, it is true that not all ideas have sense-perceptible counterparts. (There are, for instance, ideas of justice for which such counterparts have yet to be created.) Mathematics is a discipline in which ideas are often developed that are closely linked to sense perception (albeit only those of the body senses), ideas such as addition and subtraction in arithmetic or length and angle in geometry. Nevertheless, upon examining these concepts more closely, mathematicians realized that they are special instances of much wider ideas. In this way mathematicians were led from the sense perceptible to mathematical structures that were not necessarily connected to observation. In some cases relevant observations were found later. For instance, Georg Riemann developed a non-Euclidean geometry in the nineteenth century that turned out to be just what was needed by Einstein to create a general mechanics applicable to all bodies, even those moving very fast. Such bodies were discovered—or produced—in the twentieth century.

If ideas and observations are initially independent of each other, the question arises as to how we can tell when an idea fits an observation. While the observations are measurements and the ideas are mathematical, relating the two is comparatively easy. When we say that Euclidean geometry fits measurements on the Earth, we mean something along the following lines. Suppose that in a survey we lay out a triangle and measure two of its sides and the angle between them to the accuracy achievable with the usual surveying instruments. Then we insert the measured values into a formula that is part of the structure of Euclidean geometry, and we calculate the length of the third side. When we measure the third side, we obtain a value agreeing with the one calculated, again to the accuracy obtainable with the usual surveying instruments. If we had used a formula belonging to another geometry, there might have been a discrepancy between the measured and calculated lengths of the third side. We would then have said that Euclidean geometry applies and the new geometry does not apply to ordinary measurements on Earth. Scientists are fond of mathematics and measurements just because it is relatively easy, by simply comparing numbers, to establish whether the mathematics fits the observations.

The freeing of thinking from sense constraints in modern science often led to a reversal of the sequence of events customary to the classical science that preceded it. Rather than trying to explain already observed phenomena, thought experiments were carried out in the theater of the mind in order to *discover* phenomena. (This is the counterpart in modern science to classical science's building of machines in the mind.) Then, to verify theory, empirical observations were carried out to search for the new phenomena predicted mathematically. In this process much of the submicroscopic world of the quantum and the megascopic world of relativity theory was constructed. (By naming different worlds we merely mean that different conditions and principles exist for manipulating objects. In particular, we do not mean to imply a system of worlds, especially when pictured spatially. The terms submicroscopic, macroscopic, and megascopic are used only to refer to the fact that the measures involved in these worlds are of vastly different orders of magnitude. Only the macroscopic is known through sense experience.)

It was largely unnoticed that a wholly new way of thinking, one could say a new human faculty, came into use in gaining a foothold in these new worlds. We refer here to the ability to sustain thinking unsupported by sense experience or mental pictures based on such experience. As was the case at the inception of classical science, the grounds for confidence in this endeavor were provided by experience with the mathematics of the previous centuries. The "pure" mathematics employed in the worlds of twentieth-century physics was gained through a way of thinking new in the evolution of the human mind. A new faculty for unfolding thought forms in a consistent step-by-step fashion entirely independent of sensory input was at work. Since the conceptual content of the new physics was directed at what was ultimately measurable, bodily-spatial aspects of reality were revealed in these new worlds. Within these limits, modern physics was a playground for the development and experience of a human capacity for thinking unsupported by sense experience.

Let us now return to the phenomenological science described in the last chapter. We will try to show how ideas can lead us from observation to observation, helping us integrate phenomena into connected, intelligible totalities. Where appropriate, our thinking can now reveal mathematical laws without the invention of underlying mechanisms.

From Nature to Knowledge

In the last chapter we saw how observations of reflections can lead us to a mathematical description. The relationship between tangible object space (where sight and touch coincide) and a purely visual space (created by reflection) was described as a simple geometrical transformation: to every point in one space there corresponds a point in the other, with the two points located on a line perpendicular to and equidistant from the mirror plane. The geometrical description led us to perform a simple experiment using identical cups, the result of which was as predicted by the mathematics. Note, however, that the geometrical transformation is reciprocal, while the "real" phenomenon is not. In reality, a space in which sight and touch agree must exist before the reflected space can arise.

When looking into the water itself a "lifting" effect was noted. More accurately, to every touchable object in the water there corresponded a visible object closer to the water's surface whose position depended upon the observer's location. The tangible object was not visible, and the visible object was not touchable. We again found a geometrical law, one that relates the touch space of the tangible with the sight space of the visible objects.

Thus, the observations made by sight and touch are linked by purely geometrical law. *No use is made of the concept of "light rays."* Provided light rays are regarded merely as auxiliary concepts and not as something real, there is no harm in using them together with the well-known laws of reflection and refraction. In fact, using the ray model of light in some calculations often saves time and energy. However, the purely mathematical description, while being very general and elegant, leaves us free. For instance, it accommodates a wave model as well as the ray model.

Inspired by peering into the dark portions of a lake, the portions unobscured by reflections, we showed in the previous chapter how the beginnings of a conceptual grasp of color can be gained through relatively simple observations. Relationships of sequence and complementarity were expressed through the use of a color circle's geometrical formalism. It is characteristic of such relationships that they lack quantitative measure. For one thing, colors are not specified exactly. According to the reductionist view, this is a consequence of the subjectivity of color. Color is not "real" in its own right. The laws concerned with the subjective perception of nature are, in the reductionist view, considered laws of psychology rather than physics. It is asserted that the objective reality of visual phenomena lies instead in understanding the nature and properties of light.

Physicists are not accustomed to making a distinction between color and light. They often naïvely think that color appearances are a straightforward consequence of the wavelengths of the illuminating and reflected light. The actual discrimination of color, however, involves an intricate complex of factors that has steadfastly defied mechanistic explanation and measurement.

The realm of color has a structure that is qualitatively mathematical. Relationships between hues can, as we have seen, be represented geometrically by a color circle. Hue cannot, however, be modeled by entities existing in space, such as waves or particles. The fact that physicists have been unable to imagine a spatial equivalent of color is the basis for their rejection of color as a real element of the physical world.

The Objectivist Worldview

In our naïve everyday experience we assume that the world as a coherent totality—including objects and their spatial relationships—is simply given to us through sense perception. We are quite unaware of our inner participation in apprehending the world. This commonly held, naïve assumption is the starting point for the considerations that ultimately lead to the objectivist worldview.

These considerations begin when critical inquiry is made into *how* this world is conveyed to our consciousness. Various aspects of the world are perceived in different ways. We can touch the trunk of a tree, for example. It offers resistance. We can push against it with all our strength; we can clasp its solid, round form; we can even climb it. Its reality, experienced directly through our own body, cannot be doubted. But what about its color? We perceive it at a distance. How is this possible? There must, we presume, be some *thing* that transmits the color from the tree's leaves and trunk to our eyes.

Color is thought to arise in human consciousness as a response to electromagnetic radiation that is pictured as energy waves moving through space. These waves, which we endow with the reality of physical objects, are thought to produce colored images of varying brightness in human observers and are therefore given the name "light." Since, however, in this view color is not present until the human being responds to this stimulus, the tree itself *cannot properly be said to be a particular color.*

In its examination of how human beings perceive the "given" world, habitual Western thought uncritically accepts bodily-spatial attributes as the objective reality. It is not possible, however, to account for the independent existence of the so-called secondary qualities within this "objective" bodily-spatial world.

Let us return to the objectivist view of the tree. According to this conception, the tree absorbs and reflects light in its own characteristic way. Such absorption and emission processes do not require color for their description, neither does the description of light radiation itself. Accordingly, color concepts must be introduced in order to describe the *experience of seeing* and not to describe what is, in the objectivist view, presumed to actually be there independent of seeing. The conclusion is inescapable that an unobserved tree is devoid of color. But how do we mentally picture an unobserved tree? Could a colorless tree be anything other than invisible?

Many readers will have recognized this conundrum as a visual version of the familiar problem of whether or not there is a sound in the forest if a tree falls with no one present to hear it. This problem usually presupposes that objective disturbances in the air act as stimuli to the ear, which are heard within human consciousness as sound. People are often impatient with such a discussion. It seems to be quibbling casuistry to make a distinction between the conditions that act as an acoustical stimulus and the sound actually heard. Nevertheless, we must insist on the distinction. A so-called acoustic pressure wave consists of contractions and expansions of air. Quite literally it requires nothing acoustic in its complete description, just as light waves require nothing visual in their description. Pressure waves are completely bodily-spatial in nature. The only acoustic aspect about pressure waves is that they are able to stimulate sound—but only if an observer is present to actually note the disturbance with ear and brain and mind!

If we inquire into how we conceive a given spatial world of discrete, solid objects within the objectivist conception, we cannot logically continue to picture such a reality to be anything other than silent, devoid of color, and neither hot nor cold. We cannot even picture it as dark. Birds do not sing, unless by singing we mean that they emit sound-less song. Their feathers are neither vibrant nor dull of hue. There is no fragrance emanating from the flowers in the field in which they grow.

The conclusion is that within the objectivist conception, nature as we experience it cannot exist as a reality in an external world that is independent of human observers. According to the objectivist view, the only qualities that remain are the bodily-spatial ones, the ones that are tangible. An object such as a tree (or, alternatively, the atoms of which it is thought to be composed), the portion of electromagnetic radiation through which the visual presence of the tree is made known, and the pressure waves associated with the rustling of its leaves all boast of spatial extent as a distinguishing characteristic. This is not true, for example, of the greenness of the leaves or of the rustling itself. It is no accident, of course, that all this dovetails neatly with the fact that physical science has concerned itself solely with what is measurable and therefore spatial. Indeed, this limitation, together with the domination of the body senses, is primarily responsible for the contemporary view that reality consists only of things in space, completely independent of those beings who know of their existence.

In a way we have come full circle. Not only is a smile made grotesque by science and robbed of its human meaning (chapter one), but also *nature itself* is made meaningless when we limit reality to what is measurable and, therefore, spatial in character and experienced only through the body senses.

The Nature of the Physical World

Let us return to the naïve view of human experience from which the considerations leading to scientific objectivism take their start. Upon closer examination we realize that this common, everyday experience of reality is not simply given through sense perception but that it is already the *result* of our active, though largely unconscious inner participation. Everyday experience is by no means independent of our consciousness but is rather more or less permeated by it. The question cannot therefore be the one that, as we have just seen, inevitably leads to objectivism: "How is this world conveyed to our consciousness?" Inasmuch as what we naïvely presume to be the given world is, in fact, the end result of a cognitive process, the question to pose is: "How is our knowledge of the world constituted?"

In chapter two we began to answer this question by investigating the role played by our senses in acquiring knowledge of the world. We saw how the sense of touch helps us define separateness, how our somatic sense gives us the sensation of weight, how our senses of movement and balance are essential to our experience of space and so on. In a similar way, our sense of sight communicates shades of dark, light, and color, and our sense of hearing conveys sound. In and of themselves, however, these various senses impart nothing more than disparate sensations.

Examination of the process of cognition itself reveals that our knowledge of a tree, for example, arises as we establish meaningful relationships between diverse sensory perceptions through our *concept* of a tree. The sound we hear becomes meaningful as the "rustling of its leaves." The colors we see, the shapes we perceive, the resistance we feel all take on meaning in relation to this concept. The tree as we know it is the result of the active integration of various sense perceptions into a coherent conceptual-perceptual whole. Our knowledge of reality arises through the marriage of sense and thought. Sense perceptions alone, devoid of any conceptual relatedness, communicate neither objects nor spatial relationships. Henri Bortoft has described pure perception, an experience we can begin to approach only by willfully withdrawing all cognitive activity from perception, as a "state of awareness without meaning" [Bortoft 1996]. And yet without sense perception we could have no knowledge of the world.

We have shown (in chapter two) that the bodily-spatial world of physics is no less grounded in sense experience than are colors, sounds, tastes, smells, and so on. Surface, volume, mass, movement, and space derive their compelling character from the participation of our body senses: the touch, somatic, movement, and balance senses. Yet there is no reason to attribute reality to the volume, mass, and shape of the tree but to deny reality to its color and sound. Both aspects are known the same way. Without exception, all perceptual contents of the physical world, as we naïvely experience it, are mental conclusions derived from interpreting sense experience. Science's goal of knowledge, described from the point of view of passive observers cognizing a world from which they are separated, is not tenable. Specifically, the habitual objectivist view of reality described in the previous section is impossible. Yet this idea persists as the model for the human researcher's knowing witness to physical reality.

Lurking behind the idea of objective knowledge of a world separate from our own existence is our experience as cognizing beings that knowledge of the world is attainable. The edifice of science is strong evidence for such a conviction. But as we know, such knowledge has been limited to knowing bodily-spatial objects experienced as having an independent existence. This alone is usually called objective knowledge.

We perceive our own bodies, brains included, in the same way we perceive objects external to ourselves. Although the physical sense organs of human bodies—eyes, skin, nose, and so on—are required for perception, they cannot be said to perceive. It is the mind, making use of them, that perceives. The gulf bridged by cognition is not between our personal material bodies and external objects. It is the divide between the knowing mind and what is perceived, wherever it may be located. It is difficult to accept this idea because we customarily identify our own *selves* with our personal material bodies. Such an identification has its source within the body-sense bias of contemporary science, with its materialism, reductionism, and mechanism. This is also the reason for locating thinking within a material brain instead of a real, but nonmaterial mind. In having to re-cognize and give content to the mind as a reality and not just as an epiphenomenon of the material brain, we are brought back to that half of the Cartesian dichotomy, *res cogitans*, which has been ignored in favor of its material counterpart, *res extensa*. The intellectual realization that mind is just as real as material objects is not, of course, the same thing as the inward experience of it. Lip service alone will not free us from habitual materialism.

It is now apparent that the elements of the bodily-spatial world to which physics limits its consideration are objectively no more real—or less real—than the nonspatial sense percepts of which human beings are also aware. Or, to put it another way, color and sound are just as real as are physical form and weight. They deserve to be taken just as seriously. In the historical development of science, the inner experience of the certainty of knowing (associated with bodily-spatial perceptual world contents) has been confused and exclusively identified with the experience of the reality of physical objects. Our experience of certainty is based on the impression that measurement somehow removes an object from its dependence on the knowing human mind.

When, for example, an approaching baseball does not appear to the batter to grow larger, it is taken as evidence of the subjectivity of the human sense organization. We have the naïve confidence that the size and location of an object, such as a baseball, can be measured and that such a measurement is independent of our own selves. It may be that such a measurement can be carried out for the baseball, although it is no simple matter when it is moving! To understand the situation correctly, we must appreciate the difference between observing a directly oncoming object with one eye or with two. Moving a finger toward your nose and observing it with only one eye, you will see it increase in size as you would expect from the laws of perspective. Viewed with both eyes, however, the size of the finger does not change. In the first case, the finger is seen two dimensionally in perspective, as if it were a changing painting. In the second case, however, the finger is seen three dimensionally through the muscular cooperation of both eyes, each eye seeing a slightly different view. The latter case is the situation with the baseball. Attention is on the object itself rather than on the scene. The situation is similar to the problem experienced when the location of the refracted image of an object does not coincide with the location of its tangible perception (or, where we feel it to be). We simply bring thinking to bear, along with whatever sense perceptions are available, so as to order the situation in thought. Reality is this ordered understanding. In this way scientific knowledge is subject to constant elaboration and revision. Thus, reality becomes increasingly well known.

In the previous chapter we pointed to the inconsistency involved in asking such questions as "What is color really?" The implication is that color is something other than what it appears to be. The "something other" is presumed to be bodily-spatial in nature and is pictured to exist—wrongly as we have shown—independently of the questioner. We showed that science can be carried out without resort to bodily-spatial assumptions concerning the nature of reality. Instead, our only assumption was that physical reality consists of sense phenomena ordered by concepts appropriate to the phenomena. This bringing together of concepts and sense-perceptible manifestations *is* physical reality. It is the business of science to bring them together. In this we agree with Rudolf Steiner, who suggested that the split we experience between what comes to us through thinking and what comes to us through our senses is a consequence of the human organism [Steiner 1988]. The split is not an imperfection of the human being, but instead the basis for our freedom. A baby must first distinguish between itself and its surroundings before being able to use the word *I*. Our sense of being an independent individual can arise only through separation from the world. This separation is given through our unique constitution. The split between inner and outer experience forces us to work with pictures in our consciousness. Those pictures, being *only* pictures, do not have the coercive power of external reality. Hence we are free to distinguish and combine them as we wish without, initially at least, doing any harm. The scientific work of thinking with pictures educates us and helps us evolve new faculties. Cognition in the true sense is more than gaining information; it is an active participation in the world through which we develop new capacities.

While human beings experience the world in the form of a split between inner and outer, the world itself is whole. We are exposed to the whole of the world via the separate functions of thinking and of sensing. Thinking and sensing are, so to speak, our "paths" to the world. Being different ways, they are also the source of the split in our experience. The task of cognition is to heal that which has been split. We do this by reuniting concepts with their percepts. When a phenomenon is made whole in this way we no longer have questions concerning it. We know it in reality.

We maintain that a methodology of science free of assumptions, as outlined in the previous chapter, is adequate to apprehend physical reality in its completeness. This method is not limited to bodily-spatial elements, but the results of such methodology will be measurable when used on phenomena appropriate to measurement. However, since the methodology is not limited to such phenomena, it is capable of incorporating the fullness of nature into scientific understanding. Furthermore, the methodology is not limited to the physical world. It could, for example, be utilized to understand inner experience and thus to develop a phenomena-based psychology. We consider next how biology might be incorporated into a scientific worldview.

Biology As a Science of Life

One reason mythical renderings of natural phenomena seem quaint to us now is that personal, animate interventions are employed to explain inanimate, mechanical processes. Not until a clear distinction between living organisms and inanimate objects was made by the ancient Greeks was the genesis of science possible. It is surely one of history's ironies that the wresting of the concept of the inanimate from a world previously experienced as wholly animate has led dangerously close to the world's being conceived as totally inanimate. Within the conceptions of contemporary biology there is no place for life. In the now familiar pattern, biology treats life as an epiphenomenon of ultimate realities that are bodily-spatial, reduced, and mechanistic. The current focus on genetic-molecular entities exemplifies this trend. They enable us to explain functions of organisms in terms of mechanisms. This way of thinking is so successful that biological processes can be manipulated and controlled in a very impressive fashion. In the process, however, the wholeness of the organism is lost. Since the very concept of organism implies totality, without wholeness "organism" is an empty concept. Once this fact is recognized, we can begin to employ "living wholeness" as a rigorous concept within science.

In ordinary experience, unburdened by scientific expectations, it is not difficult to recognize the presence of a living existence. Living matter grows, unlike crystals, which increase in size only through the addition of material to their surfaces—but not by growing. We regard growth as expressive of an inner self-organizing formative principle. Plant leaves in various stages of development are not difficult to arrange into the temporal sequence in which they appeared. Such arrangements allow us to see each leaf as an expression of a single living entity—a wall lettuce, as shown in the accompanying figure, or perhaps a thistle. Even missing leaves can be imaginatively supplied, whether to fill in gaps left by uncollected leaves of the plant or even to obtain leaf forms that had not yet appeared materially in the plant. This is accomplished through the flexible imaginative grasp of a totality already known in the form of an intuition, not through building up leaf shapes by adding together reduced elements.

In other words, the concept "inner self-organizing formative principle" is that which allows us to see a particular leaf as an expression of a potential for continuously evolving forms, that is, to see it as being alive rather than as a static picture or a member of a sequence of forms. It is only within this mobile conception of continuous change that the leaf developments pictured are to be understood. It is this concept that allows us to distinguish the leaf of an artificial plant from that of a living one, even if we have to touch the leaves in order to distinguish which concept is appropriate, that of a living plant or that of an object of artifice.

Recognizing the futility of trying to derive organic forms from reduced elements, some biologists have postulated the existence of a "field of form." This has led a number of biologists to employ the mathematics of chaos and complexity in an attempt to gain a theory of form as an emergent property of organisms viewed as complex dynamic systems (rather than arrangements of smaller components). Somewhat analogous to the physicist's field of force, but much more dynamic, biological fields of form are conceived as self-organizing totalities that superintend the transformation of organic matter into evolving shapes of living material bodies. The biologist Brian Goodwin, for example, has

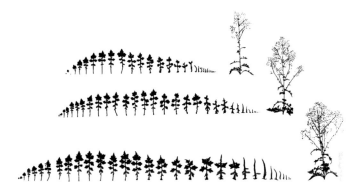

ventured to understand the discrete steps of evolution evident in the increasingly complex forms of vertebrate limb
structure (from phalange through metatarsals to tarsal) or
in giant green unicellular algae (from whorls arrayed on a
stem to a cap). In Goodwin's approach, particular forms
emerge out of complex dynamic interactions between individual states of the field and distinct, but growing shapes of
the organism. Form and field tend to reinforce each other
in stable (but dynamic) relationships that serve to generate
the conditions for the further appearance of new forms as
the organism grows [Goodwin 1994].

   In a rather different approach, both mathematically and
conceptually, Lawrence Edwards used projective geometry
to construct families of curves and surfaces that exhibit
striking similarities to the forms of flower buds, seed
cones, and even beating hearts [Edwards 1982]. The forms
arise from the simplest movements of points, lines, and
planes in space. In principle, no measurements are necessary to make the constructions. Thus, organic forms can
be seen to arise out of the qualitative properties of the simplest elements of geometry. Measurables appear, in
Edward's work, only with the finished organic form. They
do not regulate it.

It is not our purpose here to discuss theories of biological form in detail or to judge their adequacy for explaining the phenomena. We only wish to point out that if and when a forming principle that embraces a living organism in its entirety is apprehended, such a principle will be *just as much a part of the reality of the organism* as its physical parts. Bearing in mind that it is an illusion to expect to know real entities independent of thinking, we would like once again to stress that, for us as cognizing human beings, the reality of a natural object consists of the totality of the entity's impressions, both the concepts we see through the window of thought and the percepts seen through the window of the senses.

It is our conviction that any endeavor resting exclusively on mathematical formalism will not be entirely adequate to grasp the intrinsic nature of biological forming entities. This conviction rests on the realization that to perceive an entity such as a plant as living, it is necessary to be able to actually see its form within a context of continuous development and not as a discrete sequence of finished shapes. In other words, *life* is always within a context of *becoming*. It is the thought of continuous becoming that allows us to distinguish between living and nonliving material form. It is this concept married to its corresponding sense basis that constitutes the reality of life.

Nevertheless, purely formal mathematical methods such as Goodwin's do guard against the danger of imaginative vagueness. Formal mathematics here plays its historic scientific role of providing a ground of certainty to support further development of human thought. However, it is possible to let go of the scaffolding of formal mathematics in favor of a more inward participation in the growth process while remaining conceptually rigorous and retaining an objective corrective to possible conceptual errors.

Jochen Bockemühl has made some very promising beginnings in this direction [Bockemühl 1981]. He has shown that the "flexible picturing" through which we recognize that a sequence of leaf forms belongs to a single plant, or through which we recognize an anomaly where a caterpillar has eaten a piece from a leaf, is also able to explain the relationship of the plant to the environment in which it grows. The individual plant expresses not only its type but also, through its leaf formation, the soil, water, air, light, and warmth conditions within which it grew. For example, an observer who knows a type through imaginative faculties enhanced to "flexible picturing" is able to recognize, in the "outspokenness" of its leaf forms, that an individual plant has grown in conditions of strong light. The three wall lettuces shown on the right of the previous figure were grown in direct sunlight while those on the left were grown in the shade, the upper plants having been seeded earlier than the lower ones. The leaves of the plants grown in sunlight are distinguished from the leaves of the shade plants by a high degree of sharply edged, fine segmentation. The individuation of the leaves of the wall lettuces grown in the sunlight is also expressed by distinctive coloring. Yellow intrudes on the green of their leaves, which are distinctively tinged with borders of different shades of red. In contrast, the leaves of the shade-grown plants are a uniform green.

Bockemühl refers to the essence of light as an agent that "brings to appearance." Such a concept of light, together with a precise understanding of "living wholeness" of leaves attainable for any given species through flexible picturing, could be considered proper elements of a new biology. This is especially so since this concept is completely consistent with what we have deduced concerning the nature of light in a purely physical, nonbiological, context. (In physics, light also "brings to appearance," but in the sense of our usual visual understanding.)

From the materialistic standpoint it might appear that imagination used for direct participation with nature rather than for gaining an intermediary mathematical model is fraught with the danger of vagueness and subjectivity following from the qualitative and individual nature of imaginativeness. This type of objection, however, begs the question. As we have already seen, the entire world of phenomena is an "image" known through the participation of human mental activity. Overcoming the danger of vagueness and subjectivity is a matter of our willingness to be conscious of the relationship between our imagination and the phenomenal world and to act accordingly. The authenticity of our mental pictures can be verified through experiment. As we have seen, plants grown under different environmental conditions can be compared with the pictures created by our thinking.

So far we have considered how the holistic entity "plant type" is rendered intelligible through its leaf development and how that entity is acted upon by the environment. As Bockemühl points out, knowledge on this level is not sufficient for an understanding of the continuity preserved through a deeper metamorphosis. Spatial description alone is of little help in understanding the transition from leaves to flowers. Furthermore, since environmental conditions do not affect essential flower characteristics, they are also of no aid. What is needed here, according to Bockemühl, is an intuitive discernment of the "inner gesture," the essential quality that informs the totality of leaf transformations and especially the appearance of the flower.

In previous chapters we developed a way of "doing science" without abstract physical models. In keeping with that discussion, the science of biology, liberated from physics, can also be seen in a very different light. We are free to search for concepts appropriate to and taken from the realm of biology. Such an undertaking requires observation guided by intuitive thinking, together with concrete imaginative participation in individual biological phenomena. In this way we are able to recognize plants as alive. The reality of the plant is, literally, the whole that consists of its sensible manifestation in space united with the imaginative concept of continuous becoming. Thus, we formulate a concept that actualizes our perception of the plant as living. In addition, we can find an appropriate concept for the essential quality, or "inner gesture," which manifests in every aspect of the plant but expresses itself most strongly in its blossom. Remembering "the smile" we met at the beginning of this book, we can now see clearly the nature of the problem that arose when we tried to describe a smile scientifically. The human essence of the smile was lost because the science used was limited to methods of description appropriate only to physical reality and, moreover, to a reality only bodily-spatial in character.

We believe our study has shown that there is nothing inherent in the nature of science that would limit it to concepts and methods drawn from the physical world alone. Just as biology must be appropriately based on truly biological considerations, so, too, we would expect a legitimate psychology to rest on concepts appropriate to the human realm. Recognizing that the boundaries historically placed upon such a program were unwarranted, we can now discover hope.

Holism

Modern natural science has, of course, evolved from a genuine search for truth. Its pioneers strove to transcend the subjective view of the world conveyed to them through their senses. Impressed by the intersubjective nature of mathematics, they evolved in due course the reductionistic method we have today. It has become natural to equate scientific understanding with successful reductionistic explanation. Beyond mere satisfaction for the intellect, such explanations have given rise to novel technologies through which practically all realms of nature can be manipulated. This power of manipulation is cited as the strongest proof of the reductionistic doctrine.

On the other hand, the growing problems of contemporary civilization have led to a call for holism. By taking the whole to be the sum of its parts, the reductionistic method has been leading humanity into chaos. Perhaps an objective science that takes the world apart only to reassemble it with the aid of ever larger computers does not lead to a rational view of the world after all?

In this book we have suggested that human beings need not fear the subjective nature of their senses. We have proposed that different realms be understood with concepts appropriate to their phenomena. Now the question might be asked, In doing this will we not get innumerable "sciences" according to the distinctiveness of the experience of each individual? Will science degenerate into a doubly subjective enterprise based merely on the human faculties of perception and of thought? Were not the examples in chapter four less a description of objects than a narrative about associated perceptions and thoughts, that is, mere subjective personal experiences?

Our answer to these questions involves the acknowledgment of the danger. Of course, human sense organs are self-centered and not always reliable. But denying the reality they convey to us does not solve the problem. Our proposal is that we should develop our faculties of sensing and thinking (including "precise imagination") so as to become increasingly versatile. In this way we can move to a less self-centered, less subjective view of the world.

What is a self-centered view of the world? A comparison with animals helps us here. Any serious attempt to understand a species will take into account their relationship to their surroundings. Animals are very specialized. They have faculties known as the instincts of their species—the beaver can bite through wood, and spiders can spin a thread. Their faculties enable them to create their habitat—the beaver building dams, the spider weaving its net. Animals change from one behavioral mode to another according to their surroundings. Birds form a group to migrate seasonally, and they intermittently shift from singing to searching for food. Animals respond instinctively to the appearance of specific objects in their environment; a mouse, for example, calls forth the cat's desire. Because each species of animal is highly specialized, it can have nothing other than a subjective view of the world. In this sense animals are the specialists who are unable to unite in mutual scientific and cultural striving. Human beings are not specialized to such an extent. At the very least, they can become conscious of any specialization in other human beings (if not of their own).

Looking at the same landscape, a geologist, a real estate agent, and a soldier may see its traits in quite different ways. They apply different concepts that enable them to see the possibilities for different activities. Longtime residents of the area may very well see mining operations, housing developments, or troop movements as detrimental to the life they have been leading there. We all employ concepts gained from experience in our own field of life. However, to the extent that they base their perceptions of possible future action solely on specialized experience, the soldier, geologist, and real estate broker can be said to have surrendered individual judgment for the sake of group egoism. Being self-centered carries the danger of obstructing one's openness to the experience of percepts that may reveal new possibilities for creating the future.

Human specialization in the realm of thought is by no means insurmountable. We can learn from others and thereby increase our versatility as thinkers. It is through this process of listening to each other that we can become aware of our own subjectivity; interest in other people introduces us to new ideas.

Interest in several areas will enhance our understanding of any single realm. Of course, the study of plants leads to a greater understanding of plants, and the observation and study of children will lead to a greater understanding of children. But one's concept of development will be deepened through observation and study of both plants and children. The more experience we have, the greater will be our appreciation for the new realms we encounter. We are more able to form ideas that bring the realms of nature into relation with each other.

Certainly, a truly scientific approach must be appropriate to the object of study. This means that scientists must learn to acquire the faculties appropriate to any object they may seek to understand. The totality of world contents can be understood as the object that requires the ultimate faculties for which we may strive.

Morality and Choice in Science

Human beings are creating a world that is increasingly inhospitable to themselves or anything else alive. The empathetic basis on which we relate to nature is eroded, as is that on which we relate to each other and to our own selves. Our impotence to reverse these trends derives from our unquestioning acceptance of the hypothetical-reductive-mathematical methods of science. We seem to feel that such methods are logically necessary. Reductionists are convinced that objective knowledge can be gained by no other means. However, built into these methods is the unsupported presupposition of a reality that, in its finality, is static, fragmented, and impersonal. Within such a reality there is no place for life or sentient beings.

Even people aware of these difficulties and possessing a healthy sense for life find themselves unable to act in ways that are integrated with their humanity. Professional ecologists, for example, personally relate to nature out of an innate sense for its wholeness. It is usually this awareness that initially drew them to pursue their scientific studies. But "wholeness of life" does not have the status of reality either within the scientific community or in public life. Thus, ecologists cast their investigations in purely economic terms, hoping that monetary values can influence public policy and save nature from destruction. But this approach is wrong on two counts. For ecologists themselves it is self-destructive because of the fundamental personal untruth. Furthermore, it supports the idea that ' economic gain should be the primary motivating factor in our relationship to the natural world and to one another.

We could list innumerable similar examples of people working in ways that increase fragmentation while they themselves inwardly sense that something is fundamentally wrong. Instead, we would like to suggest the reason few people take the risks required to change this situation: deep down they feel that it is scientifically impossible to justify any ultimate reality other than one of impersonal building blocks. Despite its inner longings the modern psyche embraces the contemporary materialistic worldview of science on some level. Perhaps we feel that the price of its abandonment would be the loss of our self-identity. Sadly, it is now clear that the selfhood we would preserve is gradually being permeated by a sense of meaninglessness that is the real price of our continuing to think in the framework of the modern worldview.

In spite of all this, the materialistic worldview is untenable in the face of the evidence. As we have noted, science has occupied itself with only a very proscribed aspect of reality. The usual justification for this limitation is unsustainable once the role played by the body senses in science is understood. The stumbling block to a new scientific worldview—that is, the inability to conceive of an alternate methodology of science, one neither reductionist nor arbitrarily limiting sense experience—we have shown to be surmountable by employing the methods of the previous chapter.

It is a great challenge to someone steeped in customary scientific training to recognize these new methods as scientific. One must come to believe that mathematical rigor of thinking does not automatically require symbolic formalism. For many, this trust seems to entail stepping off the solid ground that supports our thinking and entering into a kind of mental swimming. But only in this way can the investigator gain life, wholeness, and meaning within science.

The form and the spirit of the questions asked specify the nature and contexts of permissible answers. The goal of recovering the reality of nature within scientific description can be achieved only in the context of wholeness. This means that we must search for and investigate the most important aspects of phenomena directly perceptible to us rather than lose ourselves in the pseudophenomena characteristic of the usual reductionistic methods.

We must recognize that choice is possible. Do we wish to involve ourselves with the world of phenomena, with nature as a whole, or do we wish to fathom the microscopic world with its atomic, fragmented character? The two worlds are concurrent and distinct. Either path can be pursued. The path we choose has far-reaching consequences for humanity. It is literally true that we create and are responsible for the reality in which we live. Uniting ourselves with phenomena will tend to unify humanity and bring wholeness to nature. If we choose reductionism, not only nature but society too will be reduced, fragmented. We can no longer use the fiction that science is value-neutral in order to escape our responsibility. The practice of science, the nature of our questions, carries with it, from its very inception, a moral choice and a moral responsibility. The morality of science is not simply a matter of how results are used! Furthermore, since nature and humanity are inseparable, their evolution is also inseparable.

Just as personal isolation and alienation are the inevitable fruits of preoccupation with the microscopic atomic world, so do union and belonging surely follow from scientific concern with phenomena along the lines we have sketched. The first choice required our cultivation of the quality of detachment from phenomena while at the same time calling for passionate participation in the inner activity of cognizing. The second choice calls for actively attending to and participating in phenomena. And just those qualities that enable us to participate in phenomena—selfless interest and involvement in the single, individual, specific other—make for a healthy social life and rich interpersonal relations.

The practice of science yields both outer and inner results. Detachment from phenomena, as cultivated in the past few centuries, has led to our mastery of the material world manifested in machines and structures. It has also given us our sense of individuality and freedom, that is, an inner kind of detachment. Surely we do not want to give up such fruits of science. But just as surely, its price, alienation from the phenomenal world and meaninglessness of life, is unacceptable. Only a science that can conceive of a wholeness in which each part is an expression of the unity of the whole will be able to solve the increasingly difficult problems that face humanity. Furthermore, practicing the intense imaginative participation required of such a science will develop the attitudes and capabilities needed to heal the sicknesses that result from living in a technologically advanced society. We must not lose the freedom and sense of individuality acquired by reductionistic science, but they must be supplemented by the capabilities generated through the holistic approach. Working together, both are required of us if we are to be free and, out of this freedom, to bring love to the world.

Bibliography

BARFIELD, O., *Saving the Appearances: A Study in Idolatry*, 2nd ed., Wesleyan Univ. Press, Middletown, Connecticut (1988).

BOCKEMÜHL, J., *In Partnership with Nature*, Bio-dynamic Literature, Wyoming, R.I. (1981).

BORTOFT, H., *The Wholeness of Nature: Goethe's Way toward a Science of Conscious Participation in Nature*, Lindisfarne Press, Hudson, N.Y. (1996).

DRAKE, S., *Discoveries and Opinions of Galileo*, Doubleday Anchor Books, Garden City, N.Y. (1957).

EDWARDS, L., *The Field of Form*, Floris Books, Edinburgh, Scotland (1982).

GOODWIN, B.C., *How the Leopard Changed Its Spots: The Evolution of Complexity*, Scribner, N. Y. (1994).

LOCKE, J., *An Essay Concerning Human Understanding*, Book II, Chapter VIII, London (1689).

STEINER, R., *The Science of Knowing*, Mercury Press, Spring Valley, N.Y. (1988). See also *Intuitive Thinking as a Spiritual Path: A Philosophy of Freedom*, Anthroposophic Press, Hudson, N.Y. (1995).

Index

scientific description using, 58-
62
for understanding pheno-
menon where senses are
deficient, 17-19
Matter, 13, 35, 102-105
conservation of, 53
materialistic view of, 16-19, 61
Maxwell, James Clerk, 59-60, 66, 109
Meaning, 28
creation of, 77-79, 118
loss of, 11-12, 15, 136
in modern science, 14, 17
Measurement, 40, 106-108, 112, 127
of affection, 1-12
as basis of reality, 113-118, 121
bodily basis of, 38, 40, 89, 111
and connections to actual
events, 68
of emotional state, 1, 3-4
of illumination, 102
of reflection, 82-83, 85-88
Mechanistic view of natural
phenomenon, 56, 121, 125
Mechanics, 95
celestial and terrestrial, 43-50,
111
classical, 68, 70-71, 105
fluid, 58
quantum, 65, 66, 69, 96
relativity, 68
theoretical, 69
Mental pictures, 78, 110, 123, 130
Metaphor, 4
Middle Ages, 13-14, 16, 39, 43, 46,
53, 72
craftsmen and scholars, 19-22
Mind
materialistic view of, 13
mind-body dichotomy, 2, 4-10
scientific discovery within, 6-7,
55, 121
Minerals, 5
Models, 100, 102
dangers of, 42-43, 71, 73, 78-79
mathematical, 45-47, 130
and scientific knowledge creation,
69-71
without counterpart in world of
phenomena, 91, 109

Morality, 8
Morality and choice, in science, 135-
138
Movement
of objects, 39, 42
observation of, 32-34, 95
sense of, 28, 30, 34-35, 119, 120
Myth, 72-73, 124

N
Nature
and human crisis, 10-11, 105, 132-
138
laws of, mathematical form, 69-71,
128
mechanistic view of, 109, 113-118
models of, 42-43
reality of, 124
scientific ideas of, 75-79
Newton, Isaac, 52, 56, 58-59, 108
Optics, 52-53
"System of the World," 49-50

O
Objectification, 4-5, 17-18, 25, 106-
107
Objective knowledge, 107, 115-120,
135, *See also* Detached observer
Objects, *See also* Materialism
compared to beings, 5-7, 13-14,
124-125
qualities of, 22, 42-43, 64, 104-105,
116
reflected, 80-88
in relativity theory, 66-69
Observation
detached, 30, 79, 106, 120, 137
independence from concepts, 111
materialistic bias of, 13-14, 17, 35
relation to observed, 86, 122
separation from experience, 16-19,
30-31, 42, 65, 67-68
and thought, 43, 70
Optics, 87, 95-97
models for, 102-105
Organism, 125
Outer world, *See also* Environment
cooperation in, 97
human role in, 10, 21
inner world and, 27-30

Sense experience,
  contradiction of in science,
    42-43, 64
  materialist view of, 13-14, 22-23,
    107, 120
  relation to consciousness, 9,
    25-26, 71, 72-73, 119
  relation to thought, 6-7, 84, 87,
    119-121
Sense perception, 128
  deficiency of, 51-52
  and electricity, 57-62
  and magnetism, 57-62
  nature of, 30, 115-116, 118-120
  relation to sight, 31-35, 92, 116
  relation to thinking, 45, 61, 73,
    110-113, 121-124
  subjective, 132-133
Sensory deprivation, 27
Slavery, 21
Smell, 120
Smile, 1-3, 12, 29, 131
Snell, Willebrord, 87
Solomon, King, 20
Somatic sense, 23, 26-29, 35, 119-120
Sound images, 74-78, 121
Sound waves, 66-67, 117-118, 120
Space, 29, 30, 119, 120
  forces in, 58
  materialistic view of, 16-19
  "public," compared to "private," 9,
    29, 30-31, 40-41
  in reflection, 82-88, 113-114
  and time, 66
Spirituality, 16, 21, 39
Seiner, Rudolf, 23, 123
Subjectivity, 122, 130-132
Superstition, 6, 13
Symmetry, 83-85

T
Tartaglia, Niccolò, 39
Taste, 120
Technology, 45, 54-56, 109, 132
Temperature, 24-26, 40-41, 96-97,
  117
Thermodynamics, 56
Thinking, 3, 7, 11
  intuitive, 125-131
  mathematical thinking, 61

relation to sense experience,
  6-7, 65, 72, 78, 107
and relativity theory, 66-69
sense-free thinking, 108-113,
  121-124
separation from observation,
  43
Thought
  habituation of, 11, 13-16, 60, 106,
    121
  origins of, 51-52
  relation to sense, 119-120
  separated from observation, 35, 39
Thunderstorm, 73-75, 77-79
Time, materialistic view of, 16-19
Touch, 78, 86, 113-114
  sense of, 14, 22-28, 116, 119-120
  sight as, 30-35
Truth
  in science, 42-43, 132

V
Vacuum, 95
Vision, 14, 23, 30-35, 60, 72, 75, 86,
  89, 113-117, 119
  components of, 31, 79-80
Volume, 120

W
Wakefulness, 9-10, 72-73
Warmth
  emotional, 1-3, 12
  sense of, 24-25, 36-37
Water, reflection in, 80-88, 113-114
Wave-particle paradox, 63-65, 71, 73,
  80, 104-105
Waves
  electromagnetic, 59-60, 62, 66-
    69, 116
  light, 100
  light waves, 103, 114
  measurement of, 100, 112
  wave mechanics, 58-59
Weight, *See also* Mass
  sense of, 119, 121

Z
Zwingli, Huldrych, 51

STEPHEN EDELGLASS was a founding member of SENSRI and its co-director until his death in November 2000. He was a graduate of MIT (BS and MS in mechanical engineering) and the Stevens Institute of Technology (MS, physics, and Ph.D. in metallurgy). Dr. Edelglass was a Professor of mechanical engineering at Cooper Union in New York, Director of Science at the Threefold Educational Foundation in Chestnut Ridge, New York, and a member of the graduate faculty at Sunbridge College in Spring Valley. He was the recipient of a National Science Foundation Faculty Fellowship. He was the author of several books on materials science and philosophy of science and wrote a number of research papers in the areas of materials science, epistemology, and pedagogy. Dr. Edelglass was coauthor of *Being on Earth* and *The Marriage of Sense and Thought*. His later writings and lectures have been published as *The Physics of Human Experience*.

GEORG MAIER directs research into modes of observation and conceptualization of nature at the Forschungslinstitut am Goetheanum in Dornach, Switzerland. Formerly, we was engaged in neutron diffraction research at the Kernforschungsanlage Jülich (KFA) in Germany. Georg Maier is a coauthor of the books *Being on Earth* and *The Marriage of Sense and Thought*.

HANS GEBERT was co-director of the Waldorf Institute of Mercy College in Detroit, Michigan. Before that, he was director of the physics laboratory of the Birmingham Technical University in England.

JOHN DAVY, O.B.E., M.A. (1927-1984), was co-director of Emerson College, Forest Row, England, and had particular responsibility for the foundation year program, a requirement for the Waldorf teacher training. He was also an international lecturer and chairman of the Anthroposophical Society of Great Britain. After studying zoology at Cambridge, he became science editor of the *Observer* in London. He was awarded the O.B.E. (Order of the British Empire) in 1965 by Queen Elizabeth II for his achievements in writing on science.

CPSIA information can be obtained at www.ICGtesting.com
Printed in the USA
BVOW071720011111

275013BV00001B/2/P

Vassilis Alexakis

Ap. J.-C.

Gallimard

Né à Athènes, Vassilis Alexakis a fait des études de journalisme à Lille et s'est installé à Paris en 1968 peu après le coup d'État des colonels grecs. Il a travaillé pour plusieurs journaux français, dont *Le Monde*, et collaboré à France Culture. Son premier roman, écrit en français, a paru en 1974. Depuis le rétablissement de la démocratie dans son pays, il écrit aussi bien en grec qu'en français et a reçu le prix Médicis 1995 pour *La langue maternelle*. Il vit aujourd'hui entre Paris, Athènes et l'île de Tinos en Grèce.

Ap. J.-C. a été récompensé par le Grand Prix du roman de l'Académie française en 2007.

À Dimitris

1

Mardi, 7 mars 2006. L'Église orthodoxe célèbre aujourd'hui la mémoire de Laurent de Mégare, d'Éphraïm et d'Eugène. Je ne connais aucun des trois. Je suppose qu'ils ont vécu à la même époque puisqu'on les célèbre le même jour. Je les imagine au centre d'une arène romaine, en plein midi. Les saints meurent rarement dans leur lit, de vieillesse. Éphraïm, qui se tient au milieu, prend les deux autres par la main pour leur insuffler du courage. Ils ne paraissent pourtant nullement impressionnés par les rugissements des fauves qui sont cantonnés derrière une grille de fer. La plèbe s'impatiente. Les trompettes retentissent. César incline légèrement la tête. La grille s'élève peu à peu dans un long grincement. J'observe le spectacle à travers les fentes d'une porte de bois vermoulue. Les légionnaires ne me prêtent aucune attention en raison de mon jeune âge. Bientôt, je courrai porter les mauvaises nouvelles à la mère d'Éphraïm.

Sur le côté gauche de mon bureau se dresse

une pile de livres consacrés au mont Athos, certains rédigés par des moines, d'autres par des historiens. Ce sont pour la plupart des ouvrages reliés, à couverture rigide, noire ou bleu sombre. Peut-être découvrirai-je en les lisant qui étaient Laurent, Eugène et Éphraïm. Je ne suis pas pressé de le savoir. J'ai déjà jeté un coup d'œil à deux ou trois volumes, mais je n'en ai étudié aucun avec application, comme me l'a demandé ma logeuse, Nausicaa Nicolaïdis.

Elle m'a révélé son intérêt pour la Sainte Montagne un soir, il y a deux semaines de cela. Nous étions assis dans le grand salon qui n'était éclairé que par une lampe de bureau. Je l'avais rapprochée de mon fauteuil afin de mieux voir le texte que je lui lisais. C'était un récit de Constantinos Christomanos, *Le Livre de l'impératrice Élisabeth*, dans une édition de 1929. Je venais d'achever un chapitre et j'étais sur le point de lui souhaiter une bonne nuit.

— Restez encore un moment, je vous prie, a-t-elle dit. J'ai un grand service à vous demander.

Lorsqu'elle s'apprête à dire quelque chose d'important, Mme Nicolaïdis a tendance à baisser la voix. Elle a articulé ces mots de manière presque inaudible, en se penchant vers moi.

— Je voudrais que vous vous renseigniez sur le mont Athos, que vous appreniez tout ce qu'il est possible d'apprendre au sujet des moines et des monastères. Je vous rembourserai les livres dont vous aurez besoin et je vous dédommage-rai de votre peine. J'ai pensé qu'il vous serait relativement facile de faire cette enquête, étant donné que l'histoire de Byzance vous est familière.

En dépit du fait que nous vivons ensemble depuis plus de cinq ans, elle persiste à me vouvoyer. Je ne pense pas qu'elle ait moins de sympathie pour moi que pour Sophia, qui s'occupe du ménage et qu'elle tutoie. Il est probable que le pluriel dont elle m'honore est dû à ma qualité d'étudiant. Mme Nicolaïdis a le plus profond respect pour la culture universitaire.

Je l'ai prévenue que je n'avais suivi que deux cours d'histoire byzantine à l'université, en deuxième et troisième années, et que l'enseignement des textes de cette période ne m'avait pas permis d'apprendre grand-chose, car nous avions consacré le plus clair de notre temps à déchiffrer des manuscrits presque illisibles.

— Je n'ai jamais été vraiment captivé par Byzance, ai-je ajouté. J'ai simplement retenu le climat de terreur qui régnait dans les tribunaux. Les personnes interrogées étaient fouettées sans merci avec des lanières lestées de morceaux de plomb. Des rigoles de sang se formaient sur le sol. Quiconque avait le malheur de bâiller au cours de l'audience encourait le risque d'être exilé sur-le-champ, d'être chassé sans ménagement de la ville... En ce qui concerne le mont Athos, je sais seulement que les premiers mo-

nastères ont été bâtis il y a mille ans, à la fin du
Xe siècle.

Elle a redressé son dos, autant que peut le
faire une femme de son âge, elle s'est appuyée
au dossier de son siège et s'est tue. J'ai regardé
ses doigts fins qui restent étonnamment jeunes
et la belle bague sertie de trois diamants dont
elle ne se sépare jamais. J'étais assez intrigué par
sa demande, car elle n'avait jamais manifesté
jusqu'à ce jour la moindre curiosité pour la vie
monastique. Pas une seule fois nous n'avions
discuté de l'orthodoxie, bien que tous deux ori-
ginaires d'un lieu éminemment saint, l'île de Tinos. Il n'y a pas de recueils racontant la vie des
saints ni de traités des Pères de l'Église dans la
grande bibliothèque du salon où j'emprunte les
livres dont je lui fais la lecture. Il y a cependant
une icône byzantine de saint Dimitris dans sa
chambre à coucher. Je l'ai aperçue l'unique fois
où j'ai pénétré dans cette pièce, pour chasser un
chat qui était passé par la fenêtre. Ma logeuse a
terriblement peur des chats. L'une des tâches
qu'elle m'a confiées consiste à leur jeter des
pierres.

— S'ils prennent l'habitude de fréquenter notre
jardin, nous sommes perdus ! me rappelle-t-elle
régulièrement.

« Il se peut qu'elle prie le soir, avant de s'endormir », ai-je songé. Plusieurs détonations ont
retenti dans la cuisine où Sophia regardait la
télévision. Mme Nicolaïdis a tourné la tête en

14

direction du couloir et, tout de suite après, elle a rompu son silence.

— Les sociétés fermées ont des secrets. J'aimerais que vous les déceliez aussi. Quel genre de personnages les moines athonites sont-ils donc, d'où sortent-ils, quelles sont leurs ressources ? La question est de savoir si vous disposez d'un peu de temps, et si vous avez envie de vous occuper de ce travail.

J'ai pensé lui avouer que je n'avais ni le temps ni l'envie de le faire.

— Je n'ai qu'un seul cours à suivre ce semestre, sur la philosophie présocratique. Mais je dois en même temps rédiger mon mémoire de fin d'études, dont je n'ai pas encore trouvé le sujet.

— Alors n'en parlons plus. Je ne serais guère contente de moi si je réussissais à vous convaincre de prendre une mauvaise décision.

Son amabilité m'a incité à faire preuve d'une prévenance analogue. « Je ne peux tout de même pas lui refuser mon aide. »

— Je veux bien lire quelques livres de plus, lui ai-je assuré. Vous les voulez pour quand, ces renseignements ?

Elle s'est de nouveau rapprochée de moi.

— Le plus rapidement possible ! a-t-elle dit d'une voix enjouée. Ne croyez pas que je sois impatiente. Simplement, à mon âge, il n'est pas prudent de remettre les choses à plus tard.

Avec une vivacité qui ne lui ressemble pas, craignant peut-être que je ne change d'avis, elle a pris dans la poche de sa robe un billet de cinq cents euros flambant neuf et me l'a donné. Le soupçon m'est brusquement venu qu'elle projetait de laisser sa fortune aux moines. « Elle souhaite connaître un peu mieux ses héritiers. »

En passant par la cuisine, j'ai constaté que Sophia ne regardait pas une série télévisée, comme je l'avais cru, mais le journal de la nuit. Elle m'a informé que les Américains avaient encore bombardé l'Irak.

— Ne t'attends pas à hériter quoi que ce soit de Nausicaa, l'ai-je taquinée. Elle va tout léguer au mont Athos !

Elle n'a pas répondu. Aucune plaisanterie ne trouve grâce aux yeux de Sophia, aucune ne l'amuse. Elle porte sur la vie un regard désenchanté. Elle ne retient que ce qui peut alimenter sa sombre humeur. D'une certaine manière, les mauvaises nouvelles la réjouissent davantage que les bonnes. Je suis sorti dans le jardin par la porte de la cuisine. J'habite au fond de la propriété, une petite maison avec cuisine et salle de bains où logeait autrefois le jardinier.

Le lendemain matin, comme je devais absolument descendre dans le centre pour acheter le *Dictionnaire de la philosophie présocratique* de l'Académie d'Athènes, j'ai fait un crochet par une librairie de la rue Zôodochos-Pègè spécialisée dans la littérature religieuse. J'en ai franchi le seuil à contrecœur, comme un enfant que l'on force à se rendre à l'église. De nombreuses couvertures étaient illustrées de reproductions d'icônes byzantines représentant principalement le Christ et la Sainte Vierge. Je n'aurais pas été surpris de trouver, à côté de l'entrée, un candélabre avec des cierges allumés. La vendeuse, une femme aux cheveux gris d'environ quarante ans, avait l'air d'une nonne, peut-être parce qu'elle était vêtue de noir. J'ai cependant changé d'avis à son sujet lorsqu'elle a quitté son poste derrière la caisse. Elle portait d'élégants escarpins à talons hauts. Ses jambes étaient loin d'être laides. « C'est la maîtresse du métropolite de Corinthe », ai-je pensé.

Elle m'a proposé un grand nombre de livres, en commençant par trois albums de photos en noir et blanc. Elle en a ouvert un pour me permettre d'apprécier la qualité des images. J'ai vu plusieurs têtes de mort disposées sur des rayonnages. Chaque crâne portait le nom de son propriétaire ainsi que la date de son décès. Mais elle ne m'a pas laissé contempler longtemps cette photo funeste. Elle a tourné prestement la page et m'a présenté un vieux moine avec un fagot de bois sur le dos, qui cheminait sur un sentier pavé de pierres.

— Les photos en noir et blanc traduisent mieux l'esprit monastique que les photos couleurs, a-t-elle observé.

Sa remarque m'a paru pertinente et je me suis immédiatement senti moins mal à l'aise.

— Savez-vous si la péninsule de l'Athos était habitée dans l'Antiquité ?

— Elle devait l'être car, selon la tradition, lorsque la Sainte Vierge s'y est rendue, elle s'est heurtée à des statues antiques, ce qui l'a profondément choquée.

Je ne lui ai pas demandé de m'expliquer comment la Vierge était arrivée sur la Sainte Montagne. « Sans doute à bord d'une embarcation poussée par des vents orageux », ai-je pensé, car il m'était naturellement impossible d'imaginer qu'elle avait fait le trajet à pied.

J'ai acheté plusieurs livres, parmi lesquels l'album aux têtes de mort, j'ai aussi pris la carte de la librairie, qui s'appelle Le Pantocrator, j'ai dépensé la moitié de l'argent de Nausicaa. Je suis rentré à Kifissia en taxi, je me suis assis à côté du chauffeur. Il m'a demandé quel genre de livres j'avais dans mon sac et je lui en ai montré quelques-uns. Il m'a confié qu'avant son mariage il avait l'habitude de se rendre au mont Athos au moins une fois par an.

— J'ai cessé d'y aller lorsque j'ai rencontré ma femme. Nous avons eu un enfant. Mais je pense souvent à la Sainte Montagne. J'ai croisé là-bas un vieillard qui connaissait la date et l'heure de sa mort. Et, de fait, il s'est endormi au jour et à l'heure qu'il avait prévus.

J'ai été surpris par le sens qu'il attribuait au verbe « s'endormir ». Je savais que les morts reposaient en paix mais pas qu'ils s'endormaient. « Le mont Athos est un lieu où l'on ne meurt pas. »

— J'ai aussi connu un ermite, a-t-il poursuivi, qui habitait une grotte creusée dans la paroi d'une falaise. Il utilisait des cordes pour quitter et regagner son nid. Nous avons déjeuné ensemble un Noël dans la cabane d'un autre moine. Il ne portait pas de chaussures, ses pieds étaient enveloppés dans de vieux tissus qui ont soudain pris feu, car il était assis à côté du brasero. Il ne s'en est pas du tout ému, il a enlevé les chiffons avec un calme absolu. Il n'avait pas la moindre brûlure aux pieds.

« Tous les gens dont je ferai la connaissance dorénavant me raconteront des histoires de moines. » Une minuscule icône de la Vierge, pas plus grande qu'une boîte d'allumettes, était suspendue au rétroviseur et se balançait d'avant en arrière à chaque coup de frein.

— J'ai appris que la Vierge s'était rendue en personne au mont Athos.

— C'est exact… Et c'est d'ailleurs pour cette raison qu'on appelle communément le mont « Jardin de la Vierge ». Il est dédié à la Mère de Dieu.

— Comme l'île de Tinos.

— Ce n'est pas la même chose. À Tinos, la Vierge est célébrée deux fois l'an, à l'Assomption, le 15 août, et le jour de l'Annonciation, le 25 mars, alors qu'au mont Athos elle est fêtée tous les jours.

Il m'a dit qu'il avait lu l'un des livres que je m'étais procurés, je ne me rappelle plus lequel, il m'a conseillé la lecture d'un ouvrage supplémentaire dont j'ai curieusement retenu le titre, *Un soir dans le désert du mont Athos*.

En arrivant à Kifissia j'ai cru de mon devoir de montrer mes acquisitions à Mme Nicolaïdis. J'ai déposé les livres sur la table de la salle à manger, elle était en train de déjeuner, elle les a tâtés l'un après l'autre, a caressé leurs couvertures, les a soupesés comme si elle cherchait à capter quelque chose de leur contenu.

— Ils ont l'air passionnants, a-t-elle tranché en souriant.

Ma logeuse est presque totalement aveugle. Elle prétend qu'elle discerne des ombres, mais je n'en suis pas du tout convaincu. Le fait est qu'elle ne me voit pas lorsque je suis assis en face d'elle, son visage n'est pas exactement tourné dans ma direction. Il y a cinq ans, au dire de Sophia, elle pouvait encore lire les titres des journaux. Il semble qu'elle ait perdu la vue progressivement, que le nombre des choses qu'elle pouvait voir ait peu à peu diminué. C'est en vain qu'elle passe des heures assise devant l'une des fenêtres du salon qui donne sur la rue. Peut-être espère-t-elle qu'elle recouvrera subitement la vue ?

Après avoir examiné les livres, elle m'a dit d'une voix douce :

— Vous allez les étudier avec application, n'est-ce pas ?

Je regarde encore les volumes à couverture rigide. Tout en haut de la pile, j'ai placé le plus mince d'entre eux, un recueil de poèmes écrit en grec par un Péruvien qui vit depuis longtemps sur le mont Athos. Il signe « Syméon, moine-prêtre », mais ce n'est évidemment pas son véritable nom. Voilà encore une chose que je sais : le nom qu'adoptent les moines lorsqu'ils prennent l'habit commence en règle générale par la même lettre que leur nom de baptême. Syméon s'appelait peut-être à l'origine Salvador. Je n'ai jamais vu le mont Athos, pas même en photo. A-t-il plusieurs sommets ou seulement un ?

Sur le côté opposé du bureau m'attend une pile moins haute, composée d'une introduction générale à l'œuvre des présocratiques, du dictionnaire de l'Académie et de quelques essais, dont celui de Kostas Axelos sur Héraclite. Ces ouvrages aussi éveillent en moi une certaine angoisse, car je n'ai pas étudié la philosophie, mais l'histoire antique. Je ne connais pas mieux les présocratiques que les moines du mont Athos. C'est moi qui ai choisi ce cours en profitant de la possibilité que nous offre la fac de découvrir

des matières étrangères à notre domaine. Vezirtzis, le professeur d'histoire qui supervise mes
études de troisième cycle, a été surpris lorsque
je lui ai fait part de ma décision.

— On peut savoir d'où vient ton intérêt pour
les présocratiques ?

Il avait l'air moqueur, mais c'est l'air qu'il a
à peu près tout le temps. Il l'a probablement
adopté à Paris où il a fait son doctorat. J'imagine
que tous les professeurs de la Sorbonne ont
exactement cet air-là.

Je ne lui ai pas parlé de mon père, qui cite à
tout bout de champ l'affirmation de Zénon
d'Élée selon laquelle rien ne bouge, ainsi que la
réaction d'un autre philosophe qui réfuta cette
assertion en se mettant à arpenter les lieux de
long en large. Mon père est un homme sans
grande instruction, il exerce le métier de plom-
bier, il a cependant acquis un certain nombre
de connaissances sur lesquelles il médite inlas-
sablement. L'admiration qu'il porte à l'Antiquité trouve son origine dans cet épisode qui
prouve, selon lui, que les Anciens pensaient
d'une manière absolument libre.

— C'est ma dernière chance d'apprendre
quelque chose de nouveau, ai-je répondu évasi-
vement à Vezirtzis.

Il s'attendait sûrement à ce que je choisisse
son séminaire, consacré à un temple d'Artémis
qui a été découvert récemment en Chalcidique
et qui est resté en activité jusqu'en l'an 300

ap. J.-C., jusqu'au moment où le christianisme est devenu religion d'État. Mais j'en ai un peu assez de l'histoire que j'ai étudiée pendant cinq ans et demi.

— Les pythagoriciens tenaient pour une qualité insigne le fait de savoir écouter.

Je n'ai pas compris pourquoi il me disait cela, j'en ai déduit néanmoins qu'il approuvait mon projet.

Du deuxième étage, où se trouve le département d'histoire et d'archéologie, j'ai fait un bond jusqu'au sixième, qui est réservé à la philosophie, à la pédagogie et à la psychologie. Les cours ont lieu chaque mercredi, assez tard dans la soirée, entre dix-huit et vingt heures, car certains étudiants exercent en parallèle une activité professionnelle. Nous sommes une classe de huit, tous des garçons, alors que les filles sont majoritaires dans les cours de deuxième cycle. Notre professeur, Théano, est une jeune femme aux cheveux courts et aux joues pleines comme celles d'un petit enfant, qui a étudié l'éthique à Glasgow. Elle est enthousiaste et répond toujours de bonne grâce à nos questions. Pour ma part j'évite pour l'instant d'en poser, étant le seul de l'équipe à n'avoir jamais fait de philo auparavant.

Le premier cours m'a quelque peu effrayé. J'ai découvert que les présocratiques formaient un groupe hétéroclite, comprenant des astronomes, des géomètres, des mathématiciens, des physiciens, des naturalistes, des médecins, des poètes, des politicologues. J'ai cependant été ému lorsque Théano nous a révélé de quelle manière Thalès, qui vécut entre le VIIe et le VIe siècle, calcula la hauteur des pyramides : il planta son bâton dans le sable et, au moment précis où l'ombre de celui-ci devint égale à sa longueur, il mesura l'ombre des monuments. Mais je ne peux pas dire que la question qui préoccupe la plupart des présocratiques, déterminer si la nature et l'homme sont nés de l'air, de l'eau, du feu, de la terre ou de la réunion de tous ces éléments, me fascine. J'ai failli piquer un fou rire en apprenant que, selon Empédocle, les êtres humains étaient sortis de terre comme les épinards. La seule chose qui soit sûre est qu'aucun dieu ne les a créés.

— C'est le moment où la pensée humaine découvre ses possibilités, où elle étend à l'infini son champ d'action, a conclu Théano. Cela entraîne une ivresse, une présomption. Les présocratiques pensent qu'ils sont en mesure de tout comprendre, mais ils ont en même temps conscience que le chemin est extrêmement ardu, ce qui explique que nombre d'entre eux affirment qu'ils ne savent rien. Ils cultivent leurs doutes, ils doutent que l'univers ait un commencement, ils doutent qu'il évolue, ils doutent même de son existence.

La fin de son cours m'a fait penser à mon père et je suis sorti plutôt satisfait de la salle. Si je

devais donner un nom aux deux piles placées
devant moi, je nommerais celle de droite « la
colline des doutes » et celle de gauche « le mont
des certitudes ».

À travers la fenêtre qui se trouve entre elles je
vois le jardin. Il est dans un état lamentable,
plein de mauvaises herbes, certaines vertes,
d'autres sèches. Le sentier qui faisait naguère le
tour de la villa n'est plus visible. Les pins se
sont couverts d'un genre de coton qui s'est in-
sinué dans les craquelures de l'écorce, ce qui
n'est certainement pas de bon augure pour eux.
C'est le manque d'entretien qui est cause, à mon
sens, du fait que les citronniers ne donnent plus
de citrons, et que le figuier qui est planté sous la
fenêtre de la cuisine ne produit plus que quelques rares fruits, microscopiques et insipides.
Il n'a pas une seule feuille en cette saison. Les
nœuds de ses branches les font ressembler à des
os. Quel sort réservent donc les moines du
mont Athos aux squelettes de leurs frères disparus ? Il se peut qu'ils les conservent à part, qu'ils
disposent d'un vaste sous-sol bondé de squelettes sans tête.

Le long du mur d'enceinte sont entassés de
vieux madriers à côté d'un baril en fer-blanc retourné dont le fond a été mangé par la rouille.
Un peu plus loin j'aperçois le vélo de Nausicaa,
qui est lui aussi rouillé et auquel il manque une
roue. Elle a continué de s'en servir jusqu'à l'âge
de soixante-dix ans, c'est à vélo qu'elle se dé-

plaçait dans le quartier, qu'elle allait à la banque. Il est de fabrication française, on distingue encore le mot HIRONDELLE sur le garde-boue de la chaîne.

L'image qu'offre la villa n'est pas moins désolante. Le crépi s'est effrité en maints endroits, les persiennes se sont gondolées. Elles restent pour la plupart fermées en permanence. Les chambres sont plongées dans un demi-jour mélancolique. Ce sont des lieux qui n'attendent aucune visite. J'ai proposé à Nausicaa de lui repeindre le salon mais elle a refusé.

— Je ne vous ai pas engagé comme peintre en bâtiment, que je sache ! m'a-t-elle fait observer.

Le parquet grince sous chaque pas en dépit des nombreux tapis qui le couvrent. Mais cela non plus ne dérange pas mon hôtesse.

— Le parquet me permet de suivre vos déplacements, dit-elle. Si un chat venait à entrer ici, je suis sûre que je l'entendrais.

Je dois admettre que les deux colonnes en marbre vert de Tinos qui soutiennent le porche de la porte d'entrée ont résisté au temps. Nausicaa leur rend fréquemment visite, les touche de la paume de sa main, passe quelques instants auprès d'elles. Jamais, en dehors de ces moments, elle ne met le nez dehors. Les colonnes marquent les limites de son territoire. Nous tremblons de peur, Sophia et moi, qu'elle fasse une chute dans l'escalier qui relie le porche au jardin. Nausicaa ne souhaite pas être accompagnée lorsqu'elle fait sa promenade, comme si elle avait des secrets à échanger avec les colonnes.

Je prends ces notes dans un gros cahier pareil à un livre. J'ai écrit sur sa couverture, qui est d'un vert clair, les mots MONT ATHOS en majuscules noires comme sont inscrits les noms des morts sur les crânes. Je ne comptais consigner ici que des informations concernant la communauté athonite, voilà pourtant que je parle de tout et de rien, comme si j'avais l'ambition de composer un texte plus ample et plus personnel. Je ne cherche peut-être qu'à tester mes aptitudes à l'écriture avant de commencer à rédiger mon mémoire. Serais-je sous le charme des livres que je lis à Nausicaa ? Il s'agit de romans, d'essais, de recueils de poèmes. C'est elle qui les choisit, ce sont des œuvres qu'elle a lues dans le temps mais dont elle ne se souvient plus très bien. Je lui ai fait la lecture de *La Tulipe noire* d'Alexandre Dumas, des *Grandes Heures de l'humanité* de Stefan Zweig, des œuvres complètes de Solomos, de l'autobiographie du poète Géorgios Drossinis qui s'intitule *Feuilles éparses de ma vie*, et de bien d'autres encore. Le récit de Christomanos relève lui aussi du genre autobiographique : l'auteur a bel et bien connu Élisabeth lorsqu'il était étudiant à Vienne, à la fin du XIXe siècle. Il

27

lui donnait des cours de grec ancien et tomba éperdument amoureux d'elle. L'impératrice était sublime, si j'en juge par le portrait d'elle qui complète le texte et qui présente une certaine ressemblance avec Romy Schneider qui incarna son personnage à l'écran. Elle y porte un corsage noir et une large collerette de dentelle. Ses cheveux sont tirés en arrière et se terminent en une natte bien fournie qui se perd derrière son épaule droite. C'est exactement de cette façon qu'est coiffée Nausicaa sur la photo accrochée dans le hall, à l'intérieur d'un cadre doré de forme ovale. Les deux femmes ont la même expression rêveuse, le même regard à la fois intense et quelque peu distrait. Nausicaa est, à mon humble avis, encore plus belle. Quel âge peut-elle avoir sur cette image ? Je l'aurais à coup sûr aimée si je l'avais connue à l'époque. Mais je crains fort qu'elle ne m'eût pas accordé plus d'importance que celle à laquelle peuvent prétendre les enfants de plombiers. Peut-être ne m'aurait-elle même pas remarqué. Son père était armateur. Il lui a laissé énormément de terrains et de maisons, à Tinos, mais aussi sur l'île d'Andros où était le siège de sa compagnie. Je tiens tout cela de son avocat qui est du même village que mon père. Je sais également qu'elle avait un frère, qui a disparu sans laisser de traces après avoir renoncé à ses droits à la succession familiale. Cela a dû se produire au milieu des années 50, puisque les parents des deux enfants vivaient encore. Vassilis Nicolaïdis est mort en 58, et sa femme, Argyro, un an plus tard. Nausicaa ne m'a parlé de son frère que lors de notre première entrevue.

— Vous êtes grand ? m'a-t-elle demandé avant même que j'aie eu le temps de m'asseoir.

— Je suis de taille moyenne, ai-je répondu modestement.

— Je faisais un mètre quatre-vingt-cinq à votre âge !

Aujourd'hui encore, malgré le poids des ans, elle demeure plus grande que moi.

— Mon frère était petit.

Elle n'a plus jamais fait allusion à lui. Je n'ai pas eu la curiosité d'ouvrir l'album de photos qui est posé sur une tablette de la bibliothèque. Le peu que je sais du passé de la famille Nicolaïdis me suffit. Je songe quelquefois à la jeune fille de la photo, je la vois s'avancer fièrement, lors du défilé du 25 mars, en tête de la délégation de son école, portant le drapeau grec. La chaussée luit d'humidité. J'ai remarqué qu'il pleuvait toujours la veille de la fête nationale.

Mercredi dernier, j'ai bien failli ne pas aller au cours car il tombait des cordes. L'université était encore plus déserte qu'elle ne l'est d'habitude en fin de journée. Les fréquentes coupures d'électricité que provoque le mauvais temps m'ont dissuadé de prendre l'ascenseur en sortant du cours. Je suis donc descendu par l'escalier. En arrivant au deuxième étage, j'ai vu un homme de haute stature qui arpentait le couloir vide devant la salle d'exposition où sont réunis des moulages de sculptures antiques. Je me suis arrêté un instant car il m'a semblé que je le connaissais. Je ne me trompais pas, c'était Vezirtzis. Il n'a pas eu l'air étonné de me voir, comme s'il se souvenait que j'avais cours à cette heure.

— Tu n'as pas oublié, j'espère, que j'attends toujours le sujet de ton mémoire ?

Juste derrière lui se trouvait la statue d'une femme à demi nue, relevant son sein de la main gauche comme pour le donner à un nourrisson. Elle avait un visage légèrement empâté, mais ses seins, sans être particulièrement gros, étaient de toute beauté. La rencontre inattendue de la Sainte Vierge avec les dieux de l'Antiquité sur le mont Athos m'est revenue à l'esprit. « Elle n'a vu aucune statue. Elle les a imaginées car elle était étourdie par la tempête. » La Vierge m'a cependant aidé à me sortir de mon embarras : j'ai posé à Vezirtzis la même question que j'avais soumise à la libraire du Pantocrator.

— On connaît mal le passé de la Sainte Montagne, a-t-il dit. Athos était, dans la mythologie, un géant qui essaya de tuer Poséidon en lançant sur lui un énorme bloc de pierre. Ce bloc de pierre est le promontoire de l'Athos. Dans l'Antiquité, il s'appelait Aktè et comptait bien sûr un certain nombre d'habitants. Mais je ne pense pas qu'il y ait là matière à écrire cent pages. Aucune fouille n'a jamais été entreprise sur la péninsule, les moines s'y sont opposés, ils continuent de haïr les dieux antiques.

Il a recommencé à faire les cent pas. Ne sachant pas si je devais le suivre ou m'en aller, je suis resté figé au même endroit. « Je dirai à Nausicaa que le mont Athos est un gros caillou. »

— Tu ne veux pas qu'on aille prendre un verre à la cafétéria ?

Nous sommes arrivés juste au moment où Maria éteignait les lumières, elle a quand même accepté de nous servir. Nous lui avons commandé deux whiskys et nous nous sommes assis près d'une fenêtre d'où l'on pouvait voir tout le campus avec, au premier plan, le bâtiment de la faculté de théologie. Les voûtes décoratives qui couronnent cet édifice évoquent vaguement les fenêtres des églises byzantines. Il pleuvait toujours, mais pas avec la même vigueur.

— Une amie qui travaille au ministère de la Culture et qui a reçu récemment la visite d'un moine du mont Athos me racontait que cet homme a été si outré en découvrant la statue d'une divinité dans l'entrée qu'il a essayé de la jeter par terre ! Les huissiers ont eu toutes les peines du monde à le retenir. Avant qu'ils parviennent à le maîtriser, il a quand même réussi à cracher sur le visage de la déesse.

J'ai de nouveau pensé à la Vierge, à son arrivée sur le mont Athos. Dans l'iconographie byzantine, son expression est plutôt affligée. « Elle a dû fondre en larmes en découvrant les statues. »

— Qu'est-ce qu'il cherchait, ce moine, au ministère de la Culture ?

— Il devait avoir quelque chose à demander. Les moines demandent toujours quelque chose et, en règle générale, ils obtiennent gain de cause.

Il me parlait sans cet air condescendant qu'il affecte en cours. Il m'a paru un peu triste. J'en ai déduit qu'un événement malheureux l'avait contraint à réviser la haute idée qu'il se fait de lui-même.

— Certains des monastères du mont Athos ont très probablement été édifiés sur l'emplacement de temples antiques. Garde bien à l'esprit, cependant, que le christianisme a eu du mal à effacer les anciennes pratiques religieuses. Il y a une dizaine d'années, on a trouvé près de Véria, dans une tombe du IVe siècle après Jésus-Christ, la lettre d'une femme qui demandait aux puissances chthoniennes de ramener dans le droit chemin son coureur de mari. La tombe qu'elle a utilisée comme boîte aux lettres appartenait à un homme qui avait été assassiné. Les victimes de mort violente étaient considérées comme des entremetteurs particulièrement efficaces par ceux qui souhaitaient communiquer avec les esprits du monde souterrain. Véria avait été initiée au christianisme quelque quatre cents ans plus tôt par l'apôtre Paul.

Le cours de Théano m'avait trop fatigué pour que je sois en mesure d'en suivre un autre. Vezirtzis s'en est aperçu car il a brusquement mis fin à sa conférence. Il a déplié le carton qu'il faisait tourner entre ses doigts depuis un moment et l'a regardé. Sur les murs, autour de nous, étaient encore placardées les affiches des élections universitaires qui venaient d'être remportées par les étudiants affiliés au parti de droite, la Nouvelle Démocratie. Leur slogan, *Nous pensons librement*, était illustré par la photo d'un dauphin. Le Parti communiste grec avait emprunté une image à *Astérix* qui montrait les Gaulois donnant l'assaut aux Romains. Quant aux gauchistes, ils avaient composé un collage intitulé *Renversons les équilibres* et représentant un éléphant qui, assis à l'extrémité d'un banc, propulsait dans les airs la dame placée à l'autre bout (je n'ai pas compris si cette malheureuse personnifiait la droite ou l'ensemble de la société grecque). J'ai aussi repéré deux affichettes qui proposaient à des prix avantageux des excursions à Mykonos et à Santorin. Vezirtzis a laissé un instant son carton sur la table pour prendre son portefeuille. C'était un ticket de l'autocar interurbain Athènes-Patras. Il n'a pas accepté que je paie mon whisky.

En partant, nous sommes repassés devant l'exposition de moulages.

— Un philosophe présocratique du nom de Clinias, à la question : « Quand devons-nous tomber amoureux ? », répond : « Quand nous voulons souffrir. »

Il ne m'a reparlé que lorsque nous sommes sortis du bâtiment.

— Il existe une étude rédigée par un archéologue allemand sur la Chalcidique, où il est beaucoup question de l'Athos. Tu la trouveras peut-être à la bibliothèque Gennadios. Demande à voir Géorgia, si tu y vas, c'est une amie.

« Il a des amies partout. » Il tenait toujours le ticket de l'autocar à la main. Il s'est dirigé vers le parking et moi vers le terminus des bus. La pluie avait cessé. Je me suis à moitié endormi au cours du trajet. J'ai brusquement ouvert les yeux en croyant que nous étions arrivés, mais ce n'était pas le cas. Je me suis demandé pourquoi Vezirtzis était allé à Patras en autocar et non avec sa voiture.

2

Les moines ne pensent pas, ils prient. Est-ce un métier de solliciter ? C'est en tout cas leur principale occupation. Il leur arrive même de prier la nuit, en particulier lorsque les démons leur rendent visite. Il ne s'agit pas de deux ou trois démons, mais de légions entières. Leur apparence est horrible : ils sont chauves, leur corps est couvert de poils de porc et ils dégagent une odeur pestilentielle. Ils sont susceptibles de vous saisir les organes génitaux avant même que vous vous soyez rendu compte de leur présence. Je suppose qu'ils sont également petits.

La prière la plus simple se réduit à la supplique *Seigneur Jésus-Christ, prends pitié*. Il est souhaitable, du moins aux premiers temps du noviciat, de la répéter continuellement, en retenant autant que possible sa respiration (cinq suppliques au moins doivent intervenir entre deux inspirations). L'avantage de cet exercice est qu'il délivre l'esprit de toute pensée. Dieu n'aime pas la philosophie. « *Il opère sur nos pen-*

sées comme une brise légère », note Joseph l'ancien dans ses lettres. Qu'est-ce qu'il raconte d'autre ? Dans bien des cas, le désir charnel ne capitule que devant les coups : « *Prends un bâton et frappe-toi les cuisses avec force* », conseille-t-il. La purification de l'âme n'est pas une mince affaire. Elle requiert des prières, des coups et un régime alimentaire des plus stricts.

Joseph condamne les fritures, la viande, le poisson en saumure, les sauces, le sel et les boissons alcoolisées. Il approuve au contraire le riz et les légumes secs, ainsi que le fromage, les œufs, les sardines et les olives, tout cela en très petites quantités naturellement. Lui-même par périodes ne mangeait absolument rien. « *Cela faisait quarante jours que je ne m'étais pas nourri.* » Une photographie de lui figure dans le volume de sa correspondance. On y voit un homme marqué par les épreuves, aux joues creuses, à l'air tourmenté. Derrière lui, on distingue une échelle appuyée contre un grand arbre. A-t-il vécu dans cet arbre ? « *Ma vie à moi a été marquée par la douleur et par les maladies.* » Il refuse de voir le docteur quand la maladie se déclare, même quand tout le côté gauche de son corps est atteint de paralysie et qu'il devient manifeste que « *la mort arrive* ». Ce sont les autres moines qui, contre son gré, vont quérir le médecin. Il lui faudra subir cinquante piqûres et demeurer immobile durant cinq mois pour se rétablir. La médecine n'est bonne pour personne : il recommande à une nonne qui doit être opérée d'urgence de renoncer à l'intervention. « *Laisse toute chose entre les mains du Seigneur* », lui écrit-il. Les maladies sont des épreuves imposées par Dieu. Est-ce qu'il est dans le pouvoir d'un médecin de s'opposer à la volonté divine ? Non, bien sûr. Allons plus loin.

À partir du moment où l'on prend la décision de s'installer sur la Sainte Montagne, on est tenu non seulement de ne pas penser, mais aussi de ne plus se souvenir. Il faut oublier ses parents, sa famille. Les liens du sang sont abolis. Joseph parle avec répulsion du sang maternel, qu'il qualifie de « *souillure* ». Débarrassé de ses opinions, le postulant doit une obéissance aveugle à son précepteur, qui est généralement un ancien, c'est-à-dire un vieillard. Il n'est pas nécessaire de passer des examens pour être admis au mont Athos : il suffit de savoir obéir. Joseph traite les novices de « *domestiques* », voire d'« *esclaves* ». Le comportement des anciens à leur égard n'est pas des plus tendres : ils les insultent, les humilient. Ils les exhortent de cette façon à se défaire de leur égoïsme, à prendre conscience qu'ils ne sont rien. « *Nous ne sommes que de la terre et de la boue* », écrit Joseph, page 76. Page 409, il s'étonne que Dieu n'ait pas éprouvé un sentiment d'écœurement en manipulant cette boue fangeuse pour nous modeler. Il ne fait pas de doute que nous Lui devons un grand merci.

Je ne m'attendais pas à trouver dans les épîtres de Joseph le précepte *Connais-toi toi-même* dont la paternité revient à Thalès. Mais alors que le philosophe considère que se connaître soi-même n'est pas à la portée du premier venu, pour le bon moine il n'y a rien de plus facile, étant donné, précisément, que « *nous ne sommes rien* ». Dieu, qui nous a tout donné, compte bien tout nous reprendre. C'est une sorte de créancier sans pitié envers ses débiteurs. Il n'est pas ému par les larmes que les moines versent à torrents. Leurs oreillers sont perpétuellement trempés. L'un d'eux pleure tant en faisant sa prière que la terre se transforme en boue à ses pieds. Joseph pense que Dieu pourrait anéantir le « *diable rebelle* » qui « *tyrannise l'humanité entière* », il évite cependant de se demander pourquoi il ne le fait pas. Il considère que le sentiment religieux procède de la crainte de Dieu. Le Seigneur dont il esquisse le portrait est aussi implacable que le Dieu terrible de l'Ancien Testament.

Heureusement, il y a la Vierge, qui est miséricordieuse et indulgente. Joseph ne peut évoquer son nom sans s'émouvoir. Son icône l'attire comme un aimant. Il ne se lasse pas de l'embrasser. Parfois, elle lui rend visite dans son sommeil. Elle l'embrasse alors à son tour tandis que le divin enfant lui caresse le visage « *de sa petite main potelée* ». Non seulement il ne craint pas la mort qui le délivrera des épreuves du monachisme — « *tout mon corps n'est qu'une* plaie » —, mais il a hâte de mourir pour rencontrer enfin Marie. Elle l'attend, tout de blanc vêtue, comme une jeune mariée, répandant un parfum exquis, aussi resplendissante que mille soleils, entourée de fleurs aux feuilles d'or et d'oiseaux aux mille couleurs. Sur aucune icône byzantine la Vierge ne porte de vêtements blancs.

Joseph est mort en 1959. Ses lettres ont été publiées vingt ans plus tard par le monastère de Philothéou. Cet homme humble, qui signe « le minime Joseph », n'est pas dépourvu de la prétention inhérente à la fonction de guide. Ses admonestations s'adressent surtout à ses frères et sœurs en religion, mais aussi à certains laïcs. Il n'a été à l'école que jusqu'à la deuxième classe du cours élémentaire. Il emploie un idiome particulier, qu'il a de toute évidence appris au mont Athos, des livres qu'il a pu lire là-bas et des personnes qu'il y a fréquentées. Il a oublié le démotique, la langue parlée de son enfance. Il tente de donner un certain poids à ses propos en usant de tournures surprenantes : il écrit « *recevoir une altération* » au lieu de « subir une altération », « *donner un dérangement* » au lieu de « causer un dérangement ». La perte de sang devient un « *versement de sang* ». Il a un faible pour l'ancien verbe *adolescho*, auquel il attribue délibérément le sens d'« *être occupé à* », alors qu'il signifie en réalité « discourir abondamment », « bavarder de manière fatigante ».

Je me suis enfin mis au travail. Je respire mieux lorsque j'étudie les présocratiques que lorsque je côtoie les moines. J'ai éprouvé à plusieurs reprises le besoin d'ouvrir la fenêtre alors que je compulsais le livre de Joseph. Mais il est probable que Nausicaa en jugera différemment, qu'elle sera frappée par la candeur de son auteur. Je ne crois pourtant pas qu'elle approuvera son habitude de se frapper les cuisses. Prêtera-t-elle foi à son assertion selon laquelle la main de Marie-Madeleine, qui est conservée au monastère de Simonopétra, demeure chaude, « *comme vivante* » ?

La lecture des poèmes de Syméon m'a été moins pénible. Ils sont si brefs — chacun d'entre eux se compose de deux ou trois vers — qu'ils désarment presque la critique. Ils sont pareils à des oiseaux qui s'envolent aussitôt qu'on s'en approche. Paradoxalement, la langue de ce Péruvien est plus vivante que l'idiome du moine grec. Comment est-il arrivé au mont Athos ? Aurait-il embarqué à Lima, traversé le Pacifique et l'océan Indien pour gagner la Méditerranée par le canal de Suez ? Syméon parle surtout de la nature. Je suppose qu'il la voit comme une œuvre de Dieu : « *Insaisissable / rose / de la beauté invisible.* » Le dessin qui illustre la couverture de son livre représente un citron d'un jaune lumineux, éclatant. Il observe les couleurs des fleurs, se délecte de l'odeur du thym, du romarin, du basilic, prête une oreille attentive au chant des oiseaux comme le faisait saint François. Les oiseaux — les chardonnerets, les moineaux, les merles, les rouges-gorges, les hirondelles, les bergeronnettes — sont ses compagnons les plus chers. Il vit dans un petit paradis où il est cependant bien seul. Peut-être n'est-il si laconique que parce qu'il n'a personne à qui parler. J'ai le sentiment que ses poèmes ne plairaient guère à Joseph. « *Comment ne pas éprouver de désir ?* » se demande Syméon au printemps. Son recueil n'a pas été publié au mont Athos, mais par un éditeur athénien indépendant[1]. « *L'amour est porteur de lumière* », note-t-il ailleurs. Nulle part il n'évoque la Vierge. Ce n'est probablement pas à elle qu'il songe lorsqu'il formule la question « *Quand viendras-tu ?* » L'existence qu'il a choisie le plonge quelquefois dans la perplexité : « *Seul dans ma cellule / je m'attriste et m'afflige / qu'est-ce que je cherche ?* »

Ces deux moines ont cependant un point commun : ils sont extrêmement sentimentaux. Syméon aussi pleure beaucoup, il pleure dans sa cellule, il pleure la nuit sous les étoiles : « *Ciel et homme / pleurèrent ensemble* ». Comme Joseph, il répète fréquemment le mot « douleur ». C'est peut-être le mot qui convient le mieux à l'Athos, celui qui ouvre toutes les portes.

L'un de ses poèmes m'a rappelé Nausicaa : « *Soirée dans la cour / les couleurs s'enfuient* ». Il y

---

1. *Tombeau de Syméon*, Éditions Agra, 1994.

a quelques jours, ma logeuse m'a avoué que les couleurs lui manquaient.

— J'aimerais revoir les couleurs, m'a-t-elle dit. Le rouge, le vert, le bleu, le bel azur de notre ciel.

Peu après elle a ajouté le violet. Aurais-je la nostalgie du violet si je perdais la vue ?

— Et le jaune ? lui ai-je demandé. Vous ne voudriez pas revoir le jaune ?

— Si, bien entendu, le jaune aussi.

Je ne lui ai pas encore parlé de mes lectures. J'ai l'intuition que le domaine que je me suis chargé d'explorer est plus vaste que je ne le croyais. Une information, sur laquelle je suis tombé en parcourant le volume commémoratif publié pour les mille ans du mont Athos, m'a impressionné : les bâtiments de certains monastères couvrent une superficie de l'ordre de trente mille mètres carrés. La péninsule compte vingt grands établissements, des dizaines de couvents moyens appelés *skites*, lieux d'ascèse qui hébergent des groupes restreints, et d'innombrables maisons isolées réservées aux ermites.

Ma mère a été enchantée lorsque je lui ai parlé au téléphone de mon enquête. Elle continue de nourrir l'espoir que je rentrerai un jour dans le droit chemin. Elle pense manifestement que les moines sont en mesure de m'y ramener.

— Ils sont plus sérieux que les popes, m'a-t-elle affirmé. Beaucoup d'entre eux ont été canonisés. Certains ont même fait des miracles.

Tient-elle le mont Athos pour une école de sainteté ? Est-ce ainsi que je devrais le voir, moi aussi ?

— Est-ce que tu as entendu parler du vénérable Païssios ?

Elle est très au fait de tout ce qui touche à la religion. Elle passe ses après-midi dans les chapelles du port de Tinos, court de l'une à l'autre pour aboutir invariablement à l'église de l'Annonciation qui détient l'icône miraculeuse de la Sainte Vierge. Elle ne rentre pas à la maison avant neuf heures du soir, l'heure à laquelle mon père termine habituellement son travail. Le matin elle confectionne des confitures et des bouchées aux fruits et au sirop pour la pâtisserie de Philippoussis. Tels sont les deux pôles autour desquels gravite sa vie, la religion et la confiserie. Elle m'a appris que Philippoussis se rend régulièrement au mont Athos.

— Ce sont les moines qui l'ont sauvé des drogues, m'a-t-elle dit en martelant ses mots. Ils en ont fait un autre homme. Aujourd'hui, il fuit les stupéfiants comme le diable fuit l'encens.

Ma mère croit aux miracles. Le fait qu'aucun miracle n'ait été accompli à Tinos depuis sa naissance, il y a quarante-huit ans, n'ébranle en rien sa foi dans les propriétés thérapeutiques de l'icône. J'évite d'aborder avec elle toute question relative à Dieu ou à l'Église car elle n'est pas disposée à m'entendre. Le dialogue ne l'intéresse que dans la mesure où il lui permet d'exprimer ses opinions. Les présentateurs des journaux télévisés qui coupent sans cesse la parole à leurs invités, qui ne les autorisent pas à achever leurs phrases, me rappellent ma mère. Elle ne sait malheureusement pas écouter. Elle ne possède pas une once de cette vertu que les pythagoriciens estimaient tant. Lorsque j'étais plus jeune, je me querellais volontiers avec elle, je croyais que nos conflits avaient un sens. En fin de compte, nous n'avons réussi qu'à nous fatiguer l'un l'autre. Elle a renoncé elle aussi à me parler de Dieu. Simplement, lorsque nous passons à table, il lui est impossible de ne pas relever que je ne me signe pas.

— Ça te fatiguerait donc tant, mon fils, de faire le signe de croix ? Toi, au train où tu vas, tu finiras même par oublier comment on le fait !

Elle est persuadée de tout connaître mieux que quiconque. Ce n'est que dans le domaine de la plomberie qu'elle se juge moins compétente que son mari. Ni mon père ni ma mère n'ont pu terminer le lycée. Lui a interrompu sa scolarité pour travailler lorsque son père est devenu infirme, et elle pour l'épouser. Cela fait bien des années qu'ils sont ensemble. Leur premier enfant est mort un mois après sa naissance. Ils ont eu le temps de le baptiser, ils ont convoqué un prêtre à la maternité, ils lui ont donné le nom de Gérassimos. Tous les samedis ma mère se rend au cimetière et arrose les plantes qui poussent autour de sa tombe. Si j'en crois mon père, elle était moins sectaire avant de vivre ce drame. Mes objections concernant l'enseignement de l'Église l'affecteraient probablement moins si elles ne portaient pas atteinte à sa conviction que Gérassimos est aux cieux. Je me souviens qu'elle me fixait parfois avec une véritable rage, comme si mes doutes privaient mon frère de la possibilité d'une autre vie. Gérassimos aurait aujourd'hui vingt-sept ans. De temps en temps je ressens vivement son absence, je me concentre sur le vide qu'il a laissé, j'ai même parfois l'impression qu'il vient de sortir de la pièce. J'aurais bien aimé avoir un grand frère dont toutes les étudiantes de la faculté de philosophie seraient amoureuses.

Mon père est bien connu à Tinos non seulement pour ses qualités professionnelles, mais aussi parce qu'il demande systématiquement à ses clients, alors qu'il est en train d'installer un nouveau chauffe-eau ou de déboucher un évier, s'ils croient en Dieu. J'ignore ce que lui-même en pense. Contrairement à ma mère, il parle peu. Peut-être interroge-t-il les autres pour pouvoir se faire un avis, comme ces électeurs indécis qui cherchent à se déterminer en consultant les sondages d'opinion.

Il ne manque jamais d'accompagner ma mère à l'église le dimanche matin, mais il ne reste pas plus de cinq minutes à l'intérieur. Il s'installe au café de Dinos, à la pointe des quais, du côté du chantier où l'on répare les barques et les caïques, et il contemple la mer en buvant du raki. Je ne pense pas qu'il regarde les touristes, qu'il rêve d'aventures. Il a épousé ma mère par amour. Il était armé d'un pistolet lorsqu'il s'est rendu chez ses parents pour demander sa main et il les a menacés de se suicider sur-le-champ s'ils la lui refusaient. Je pense qu'il est toujours amoureux d'elle, en dépit du fait qu'elle a cessé de prendre soin de sa personne, qu'elle ne se maquille pas, qu'elle ne va plus chez le coiffeur et qu'elle est presque toujours vêtue de noir. Il faut croire qu'il est des amours qui durent.

Pourquoi est-ce que je raconte tout cela ? Je tiens les propos que j'ai besoin d'entendre. Sophia étend le linge dans le jardin sur une corde tendue entre deux pins. Je ne vois aucun de ses sous-vêtements. Je la soupçonne de porter des culottes démodées couleur pistache ou jaune délavé. Ses soutiens-gorge m'intéresseraient davantage, elle a des seins magnifiques. Dans un film de Truffaut, deux employés restent béats d'admiration devant la poitrine d'une passante. « Moi, dit l'un, si j'avais des seins pareils, je les caresserais toute la journée. » Elle évite de regarder dans ma direction comme s'il lui importait peu que je sois là ou non.

Je ne suis pas allé à Tinos depuis Noël. J'y retournerai certainement à Pâques, qui tombe cette année le 23 avril. Après tant d'années passées à Athènes, j'ai du mal à m'adapter à la vie de l'île, et même à articuler ces expressions toutes faites que les gens échangent dans la rue. Je n'ai pas le sentiment de bien les dire, ni de les formuler à propos. Je me fais l'effet d'un mauvais comédien qui, de plus, ne connaît pas très bien son rôle.

L'essor touristique de l'île a fait grimper en flèche l'activité dans le secteur du bâtiment. À chacun de mes voyages, je découvre des dizaines de nouvelles constructions, en particulier sur le bord de mer. Nombre d'entre elles demeurent inachevées car la main-d'œuvre ouvrière, composée pour l'essentiel d'immigrés albanais, reste insuffisante. Mon père travaille douze heures par jour mais n'arrive pourtant pas à faire face à ses obligations. Une nouvelle classe sociale est apparue, qui considère l'île comme une entreprise lucrative et qui s'est déjà rendue coupable de sérieuses dégradations de l'environnement. Sitaras, l'avocat de Nausicaa, a pris récemment l'initiative de fonder une association écologiste dont le secrétaire général est Dinos, le cafetier, et dont le trésorier est mon père.

Dans l'Antiquité, le temple le plus grand et le plus fameux de Tinos était dédié à Poséidon. On dit qu'il attirait des pèlerins venus de la Grèce entière. Il se trouvait non loin du port actuel, près de la mer. À quelle époque les chrétiens l'ont-ils détruit ? Pas une seule de ses colonnes n'est parvenue jusqu'à nous. Pour éviter peut-être que l'absence des anciens dieux ne se fasse trop sentir, l'Église a transféré certaines de leurs compétences à des saints. C'est ainsi que saint Nicolas a endossé le rôle de Poséidon, protecteur des navigateurs, et que le prophète Élie a succédé à Zeus au sommet des montagnes. Seule Aphrodite a été condamnée à un effacement complet. La Vierge a probablement succédé à Asclépios : c'était lui qui recevait les malades dans l'ancien temps. On a retrouvé dans son temple, à Épidaure, un grand nombre d'offrandes pareilles aux ex-voto qui s'accumulent dans l'église de l'Annonciation. Je connais une statue où son expression est aussi douloureuse que celle de la Vierge. Les Anciens croyaient donc aux miracles, mais pas à la résurrection des morts. Zeus entra dans une colère noire lorsque Asclépios tenta de ranimer un défunt, et il le châtia en le frappant de la foudre. La mort était une bien triste affaire alors. Le séjour dans l'obscur Hadès manquait totalement d'agrément. Je me souviens d'une conférence que Cornélius Castoriadis avait prononcée à Tinos sur la naissance de la démocratie athénienne. Il avait soutenu que la religion des anciens Grecs, incapable d'offrir le moindre espoir à ses fidèles, avait favorisé le développement de la pensée politique et, par voie de conséquence, la création des institutions démocratiques. La conscience que les Grecs avaient de leur sort tragique les incita, en quelque sorte, à prendre leur destin en main. Castoriadis vivait à Paris mais passait ses étés à

Tinos, dans le village de Tripotamos. C'est là, dans la cour de sa maison et devant un auditoire nombreux, qu'il avait développé cette idée. Certains s'étaient perchés sur les arbres des alentours pour le voir. Telle est l'image qui m'est revenue à l'esprit lorsque j'ai appris sa mort : j'ai revu ces gens qui l'écoutaient assis sur les branches des arbres. Sa théorie m'a permis de mieux comprendre l'indifférence de ma mère à l'égard de la politique. Il est normal qu'elle s'en moque, je suppose, puisqu'elle est convaincue que la vraie vie est ailleurs.

Je me rends compte que je ne parle pas d'elle en termes très élogieux. Elle m'a serré fort contre sa maigre poitrine lorsque j'ai quitté Tinos. Mon installation chez Mme Nicolaïdis a été décidée sans son assentiment. Elle n'était pas d'accord avec cette solution proposée par Sitaras bien qu'elle fût très avantageuse sur le plan financier — je ne paie pas de loyer à ma logeuse. Ma mère ne connaissait Nausicaa que par le bien qu'en disait l'avocat. Elle a réagi comme si elle craignait que je l'oublie auprès d'une femme digne de tant d'éloges.

— Le petit n'a rien à faire dans la maison de cette dame, répétait-elle sans donner plus d'explications.

Mon père avait au contraire approuvé immédiatement l'idée de son ami. Il était convaincu que ma vie serait plus agréable dans une grande maison avec jardin que dans un studio du centre-ville. Il m'a accompagné lors de mon déménagement, il a posé des étagères là où c'était nécessaire, il a changé le chauffe-eau de la salle de bains, il a aussi planté devant ma porte un olivier qui, malheureusement, n'a pas pris. C'est à cette occasion qu'il a fait la connaissance de Nausicaa, qui l'a accueilli avec sa courtoisie habituelle. J'ai reçu d'autres visites de mon père, mais aucune de ma mère. Elle est certes venue à quatre ou cinq reprises à Athènes au cours de ces années, la dernière fois lorsque j'ai obtenu mon diplôme, mais je n'ai jamais réussi à la convaincre de monter jusqu'à Kifissia. Il n'est pas exclu cependant qu'elle révise son attitude vis-à-vis de mon hôtesse, maintenant qu'elle connaît son intérêt pour le mont Athos. Dimanche dernier, lors de notre dernier entretien téléphonique, elle m'a interrogé sur la santé de Nausicaa, chose qu'elle n'avait jamais faite par le passé, et m'a même demandé de lui transmettre ses salutations.

La journée d'aujourd'hui, vendredi 17 mars, est consacrée à Alexios, homme de Dieu. J'ai quelques éléments d'information à son sujet : issu d'une riche famille de patriciens romains, il renonça à la fortune paternelle et mena une vie de vagabond. Il aimait dormir sous les escaliers, comme un chien. Sa sainteté est reconnue aussi bien par l'Église orthodoxe que par l'Église catholique. Je rêve d'un calendrier où les présocratiques se substitueraient aux saints. L'Église de Grèce est parvenue à effacer dans une large mesure les noms antiques. Aucun Grec, à ma connaissance, ne s'appelle plus Thalès, Xénophane, Métrodore ou Empédocle. Seuls ont survécu les noms des trois philosophes les plus illustres, Socrate, Platon et Aristote. Le Zénon qui figure dans le calendrier n'est pas Zénon d'Élée, mais un martyr de la foi supplicié sous Dioclétien. Le jour où l'on célébrerait Thalès, on examinerait son assertion selon laquelle la mort n'est pas différente de la vie. « Alors pourquoi ne meurs-tu pas ? » lui demanda quelqu'un par défi. « Mais précisément parce qu'il n'y a aucune différence ! » répondit-il. Gorgias, qui vécut centenaire, nous expliquerait, le jour de sa fête, que le secret de la longévité réside dans le fait de ne pas attacher d'importance à l'opinion d'autrui.

Lors de son cours d'avant-hier, Théano a évoqué les éditions modernes des présocratiques en commençant par celle de l'Allemand Hermann Diels, établie à la fin du XIXe siècle et qui a constitué la base de toutes les autres. Les données dont nous disposons sur la vie et l'œuvre de ces savants sont dans bien des cas extrêmement lacunaires. Eurytos, par exemple, nous est surtout connu pour l'impassibilité dont il fit preuve lorsqu'un de ses amis lui annonça que, passant par le cimetière, il avait entendu un mort chanter. « Et sur quel ton chantait-il ? » demanda le philosophe.

À la fin du cours, surmontant mon appréhension, j'ai demandé à Théano si les paradoxes des sophistes avaient un caractère humoristique.

— Bien au contraire. Ils affectaient la même gravité que les professeurs d'université d'aujourd'hui. Ils étaient ironiques, incisifs, sarcastiques, mais ils ne toléraient pas que l'on remette en cause leurs opinions, qui constituaient, du reste, leur gagne-pain. Ils étaient grassement payés par leurs élèves.

Les saints n'ont rien à nous apprendre. Il leur suffit de répéter des choses connues de tous. Les journées des chrétiens ne diffèrent pas l'une de l'autre. Elles appartiennent toutes à Dieu. Est-il vraiment nécessaire que je lise tous ces livres sur la Sainte Montagne ? Je dirai à Nausicaa que les moines n'ont pas besoin d'argent, qu'ils ne mangent que des sardines et du riz. Elle les confond peut-être avec Charon, qui recevait une obole pour transporter les morts de l'autre côté du Styx. Peut-être songe-t-elle à leur laisser sa fortune pour s'assurer une place au ciel.

Quelle est la population de l'Athos ? À quoi vaquent les moines lorsqu'ils ne prient pas ? S'adonnent-ils à l'agriculture, à l'élevage, à la pêche ? Il se peut qu'ils produisent eux-mêmes le fromage qu'ils consomment et que les œufs qu'ils mangent soient pondus par leurs propres poules. Où trouvent-ils le peu d'argent dont ils ont besoin pour vivre ? Sont-ils, comme les popes, rétribués par l'État ? Que font-ils lorsque ni le jeûne, ni la prière, ni les coups de bâton ne suffisent à les calmer ? Ils deviennent fous peut-être. La nuit, des femmes d'une blancheur immaculée sortent du sol en repoussant la terre de leurs bras d'albâtre.

Je ne suis pas encore allé à la bibliothèque Gennadios, mais j'ai consulté dans la salle de lecture de l'université quelques livres sur l'histoire ancienne de l'Athos. Je les ai ouverts sans ce sentiment de vénération que m'inspirent les ouvrages de philosophie, et sans cet abattement que je ressens lorsque je lis des textes à caractère religieux. L'histoire a toujours été mon cours préféré. Je la trouvais plus fascinante que les romans que je lisais enfant, car les aventures qu'elle rapportait étaient réelles. J'imaginais la Grèce comme une héroïne capable d'éveiller toutes les passions, toujours placée dans des situations périlleuses.

L'histoire d'une péninsule embrasse nécessairement la mer qui la baigne. Pour Hérodote, la mer du mont Athos est « extrêmement sauvage ». Il n'exagère pas : en 492 av. J.-C., elle engloutit la totalité de la flotte perse qui, sous le commandement de Mardonios, avait mis le cap sur Athènes. Vingt mille hommes et trois cents navires disparurent.

Onze ans plus tard, Xerxès relança l'expédition avec des forces beaucoup plus importantes. Pour éviter l'extrémité de la péninsule, il conçut le projet insensé de percer l'étroite langue de terre qui la rattache à la Chalcidique afin d'accéder au cœur de la mer Égée par le golfe Singitikos. Il n'y a aujourd'hui aucun canal à cet endroit, si bien que certains doutent que ce projet ait jamais été réalisé. C'est pourtant ce qu'affirment Hérodote et Thucydide. Le premier pense que Xerxès préféra cette solution, qui n'était pas, bien sûr, la plus simple, pour frapper l'imagination des populations.

Comment se fait-il que Vezirtzis ne m'ait parlé ni du naufrage de la flotte perse ni du canal de Xerxès ? Il n'était visiblement pas dans son assiette ce soir-là. Je le revois en train de manipuler son ticket d'autocar. Il est vrai, bien entendu, que nous ne disposons que de peu d'informations sur l'histoire antique de l'Athos. Nous savons qu'il y avait cinq villes, Dion, Olophyxos, Akrothooi, Kléonai et Thyssos, mais on ignore leur emplacement exact. On suppose que Dion, Olophyxos et Akrothooi étaient situées sur la rive orientale, Thyssos et Kléonai de l'autre côté. Il ne fait pas de doute que les moines ont récupéré sur place les matériaux dont ils avaient besoin pour construire leurs gigantesques complexes. À l'époque des guerres médiques, l'Athos comptait dix mille habitants, des cultivateurs pour la plupart, qui devaient mener une existence très saine car, si l'on en croit Lucien, ils vivaient cent trente ans ! Nombre d'entre eux étaient des Pélasges et des Étrusques. Ils connaissaient le grec mais parlaient aussi d'autres langues, nous apprend Thucydide. Les noms de Dion et de Kléonai sont grecs, ceux de Thyssos et d'Olophyxos d'origine inconnue, le nom d'Akrothooi est mixte. Dion était probablement dédiée à Dias[1]. La péninsule honorait les mêmes dieux que le reste de la Grèce. À son point le plus élevé se dressait une statue de Zeus dont l'ombre, en fin de journée, effleurait, dit-on, l'île de Lemnos. On rapporte que le monastère d'Iviron a pris la place d'un temple de Poséidon. Les premiers habitants de l'Athos adoraient également Déméter, Aphrodite, Artémis, Apollon et Asclépios.

Une foule de noms, de saints, de philosophes, de monastères, de villes, ont fait irruption dans ma vie, davantage assurément que je ne peux en retenir. J'essaie de conjurer leur part d'ombre en les insérant dans des dialogues ordinaires :

— Je vais à Olophyxos, dit Éphraïm.

— Et qu'est-ce que tu vas faire là-bas ? demande Parméniscos de Métaponte, en Italie du Sud.

— J'ai rendez-vous avec Métrodore l'ancien, du monastère d'Esphigménou.

1. Zeus se nomme également Dias en grec.

55

— Il n'est pas mort, celui-là ? s'étonne l'empereur Dioclétien.

— C'est moi qui l'ai ressuscité, déclare avec affectation Païssios le thaumaturge.

Le monastère d'Esphigménou doit son nom peu engageant[1] au fait qu'il est situé dans une gorge, coincé entre deux montagnes.

Au IVe siècle av. J.-C., les Athéniens perdent le contrôle de la Chalcidique qui est rattachée au royaume de Macédoine. Je ne retiens qu'un seul nom de cette époque, celui de l'architecte Dinocrate, qui s'appelait peut-être aussi Stasicrate. Il ne devait pas être moins présomptueux que Xerxès, puisqu'il eut l'idée de tailler l'Athos pour en faire une statue colossale d'Alexandre le Grand. Elle devait représenter le conquérant assis, tenant dans une main une ville entière et dirigeant, de l'autre, le cours d'un fleuve. La hauteur de la montagne étant de deux mille mètres, ce monument aurait été le plus grand jamais réalisé. Alexandre rejeta par bonheur la proposition de Dinocrate et épargna du même coup à la Vierge un affreux spectacle.

Voilà tout ce que j'ai trouvé pour le moment. Aux premiers siècles de l'ère chrétienne le déclin de la Chalcidique va en s'accentuant : elle subit, outre le joug romain, des invasions massives de Slaves et de Bulgares. Malmené, de surcroît, par les pirates, l'Athos est progressive-

1. Il signifie « enclavé ».

ment abandonné par sa population. Au Ve siècle, on ne rencontre plus dans les rues de ses cités que des statues.

Les renseignements que j'ai recueillis me permettraient peut-être de rédiger vingt pages, pas plus. Pourtant, alors que ce sujet s'est présenté accidentellement à moi, il me tient déjà à cœur, et il m'en coûterait de l'abandonner. L'étude du passé le plus reculé de l'Athos me dédommage de l'effort que je dois faire pour me concentrer sur la période qui s'ouvre avec la construction des premiers monastères, au Xe siècle.

3

J'ai probablement tort de considérer cette enquête comme une corvée. Qui sait ? Mes connaissances sur le mont Athos me seront peut-être
utiles un jour. J'aimerais devenir journaliste,
mais le plus probable est que je me consacre à
l'enseignement. Je suis convaincu que les journaux ouvrent rarement leurs portes à ceux qui
ne leur sont pas recommandés. Le seul de mes
proches qui ait quelques relations dans la presse
est Sitaras. Il publie une revue mensuelle à
Tinos et donne de temps en temps un article à
Avghi. Il doit venir demain à Athènes à l'occasion de l'anniversaire de Nausicaa. Elle va avoir
quatre-vingt-neuf ans.

Je dois déjà à mes lumières sur la communauté athonite l'évolution fulgurante de mes relations avec Yanna. C'est une jeune fille pieuse
qui fait des études de psychologie infantile, elle
doit passer sa licence cette année. Elle a d'épais
cheveux bouclés et les yeux bleus. La seule fois
où j'ai tenté de lui caresser le visage, au mois de

décembre dernier, alors que nous mangions au
Cheval de Troie, une taverne du quartier d'Exar-
chia, elle a repoussé ma main avec une telle violence que j'ai été épouvanté.

— Vous êtes tous les mêmes, a-t-elle décrété
d'un air dégoûté.

Elle s'est un peu radoucie vers la fin du repas, mais j'avais déjà décidé que je ne passerais
plus d'autre soirée avec elle. Je l'ai revue avant-
hier, lundi, à la cafétéria de l'université, elle
était assise seule à une table.

— Tiens, un revenant ! m'a-t-elle lancé.

J'ai pensé que la meilleure façon de justifier
mon silence était d'invoquer mes investigations.

— J'écris une étude sur la Sainte Montagne,
lui ai-je annoncé de manière quelque peu so-
lennelle.

Elle a été surprise, comme si elle me prenait,
sinon pour un mécréant, tout au moins pour un
sceptique.

— Toi ? Quelle idée ?

J'ai essayé de prendre le même air ténébreux
que Joseph l'ancien sur sa photo.

— J'ai ressenti le besoin de mieux connaître
notre patrimoine spirituel, ai-je dit finalement
en m'asseyant à sa table.

— C'est exactement le besoin que j'ai éprouvé,
moi aussi, il y a quelques années.

Elle a tourné les yeux vers le bâtiment de la
faculté de théologie. Elle était vêtue d'une veste
de cuir noir et d'une chemise vert pomme à col

militaire. Elle portait toujours au cou la croix d'argent que j'avais remarquée lors de notre première rencontre.

— Parmi les moines de l'Athos, il y a un Péruvien qui a embrassé l'orthodoxie et écrit des poèmes en grec.

Son visage s'est illuminé.

— C'est vrai ? a-t-elle dit. Le seul moine dont le nom me soit familier est Païssios.

« Elle a les mêmes informations que ma mère », ai-je songé. Elle a accepté sans hésitation ma proposition de poursuivre notre discussion dans la soirée. Avant d'aller à notre rendez-vous, j'ai eu le temps de me renseigner un peu sur Païssios, qui a passé sa vie en ermite et qui est mort en 1994. Nous avons de nouveau dîné au Cheval de Troie.

— La meilleure façon de comprendre l'orthodoxie est de prier, m'a-t-elle dit d'entrée. Si tu ne pries pas, tu ne comprendras rien du tout.

Elle avait attaché ses cheveux en arrière avec un peigne en os. Elle n'était pas maquillée mais portait un parfum discret qui m'a paru printanier. Je lui ai parlé de la poésie de Syméon, des préceptes de Joseph, et même de ses goûts alimentaires.

— On n'a qu'à commander des sardines ! a-t-elle suggéré.

Mais l'établissement n'avait pas de sardines, ni de riz. Nous nous sommes donc résignés à prendre des côtelettes d'agneau avec des frites, une salade cuite et un demi-litre de vin rouge qui n'était pas mauvais du tout.

Elle m'écoutait avec une attention soutenue, elle buvait littéralement mes paroles. Elle a souri lorsque je lui ai cité le cas d'un moine qui, ayant passé presque toute sa vie sur le mont Athos, n'avait jamais mangé de glace.

— Son rêve était d'en goûter une. Peu de temps avant sa mort, il a pris le bateau jusqu'à Ouranoupolis et a commandé une glace.

Les odeurs des plats ont vite balayé les effluves de son parfum. Nous avons été servis par deux vieux qui se ressemblaient énormément. « Leur ressemblance est l'œuvre du temps, ai-je pensé. La vieillesse n'a qu'un seul visage. Ils mourront certainement le même jour. »

Je lui ai expliqué qu'Ouranoupolis se trouve un peu en dehors des limites de la péninsule, sur le golfe Singitikos.

— C'est de là que partent les pèlerins, après s'être préalablement munis d'une autorisation délivrée par l'intendance de la Sainte Communauté. Tu sais sans doute que le mont Athos est un *abaton*, un lieu interdit d'accès. L'interdiction vise principalement les femmes, mais aussi les enfants et les jeunes gens imberbes.

— Je suis au courant, a-t-elle dit, et, crois-moi, je regrette bien de ne pas pouvoir m'y rendre. Je voudrais beaucoup visiter le monastère d'Esphigménou, qui est réputé pour son rigorisme et où les moines ont hissé un énorme panneau proclamant « L'orthodoxie ou la mort ». Ils ont déclaré la guerre au patriarche œcuménique de Constantinople en raison des relations étroites qu'il entretient avec le pape. Je suis moi-même totalement opposée au dialogue entre les Églises, qui mine notre identité et menace de nous briser.

J'étais prêt à partager toutes ses vues afin d'augmenter mes chances de passer ne serait-ce qu'une nuit avec elle. J'évitais cependant de faire le moindre geste déplacé pour la convaincre que j'avais radicalement changé depuis le mois de décembre.

— Lorsque je prie la nuit j'ai le sentiment de communier avec l'univers, avec les étoiles, avec les oiseaux endormis, avec les fleuves qui s'écoulent sans fin, avec les araignées.

Elle a été parcourue d'un frisson, comme si les araignées avaient envahi son imagination.

— Je ne sais pas si les araignées dorment la nuit.

Elle s'est mise à pleurer. Je l'ai prise dans mes bras et l'ai embrassée plusieurs fois. Elle m'a embrassé à son tour. Nous n'avons pas échangé d'autres mots durant le trajet jusqu'à son domicile. Elle n'a pas laissé la lumière longtemps allumée dans sa chambre. J'ai tout juste eu le temps d'apercevoir, au-dessus de son lit, une affiche représentant un empereur byzantin et, à côté de lui, un ermite en haillons qui était sans doute saint Jean-Baptiste.

— Un philosophe de l'école de Pythagore soutient que le mouvement des étoiles produit un bruit assourdissant, lui ai-je dit. Nous sommes toutefois incapables de le percevoir car nous l'entendons depuis le jour de notre naissance.

Nous nous sommes étendus sur le lit. Elle a d'abord refusé de se déshabiller, puis elle a accepté. Je lui ai parlé de la main de Marie-Madeleine qui se trouve au monastère de Simonopétra et demeure toujours chaude.

— Et toi, tu es hostile à la règle de l'*abaton ?*

— Plutôt, ai-je répondu distraitement.

Les heures qui ont suivi m'ont paru comme un don du ciel. Je suis revenu à Kifissia à quatre heures du matin. Avant de m'endormir, j'ai jeté un coup d'œil au calendrier et j'ai vu que le 21 mars qui venait de commencer était le premier jour du printemps.

J'ai été réveillé par mon téléphone portable à midi. C'était Yanna, elle m'a demandé d'un ton impérieux d'oublier tout ce qui s'était passé.

— Il ne s'est rien passé, tu m'entends ? a-t-elle conclu.

Elle m'a fait de la peine sans me convaincre néanmoins qu'elle n'acceptera pas de me revoir. Je laisserai passer un certain temps avant de tenter de renouer le dialogue. Je lui téléphonerai lorsque j'en saurai davantage sur le mont Athos.

4

Nous n'avons mis qu'une bougie sur le gâteau d'anniversaire de Nausicaa.

— Il me semble que je vois sa flamme, nous a-t-elle dit.

Mais elle ne la voyait pas, car elle n'a pas réussi à l'éteindre du premier coup. Sophia a légèrement décalé le gâteau sur la table. Nausicaa a soufflé une nouvelle fois. La flamme s'est inclinée comme les arbres de Tinos sous la poussée du vent, puis s'est éteinte. Nous avons applaudi vivement.

— Me permettez-vous de vous embrasser ? a demandé Sitaras.

— Mais faites donc !

Sophia est allée chercher le champagne dans la cuisine. Le neveu de la maîtresse de maison, un homme d'une cinquantaine d'années, était également présent. C'était la première fois que je le voyais alors que Sitaras, lui, le connaissait. Il s'appelle Fréris, c'est ainsi qu'il s'est présenté à moi, sans me dire son prénom. Je l'ai surpris à plusieurs reprises en train d'inspecter la pièce, de scruter les meubles et les tapis comme un futur propriétaire qui envisage des changements en profondeur. Il a sollicité l'autorisation de jeter un coup d'œil au reste de la maison.

— Demande à Sophia de te faire visiter, lui a répondu Nausicaa d'un air las.

Sitaras m'a appris que ma mère avait encore maigri, qu'elle ne se nourrissait plus que de salades, de haricots cuits à la vapeur et de biscottes, et qu'elle était dans un état de nerfs permanent.

— Je la plains, bien sûr, mais je plains aussi ton père.

J'ai de nouveau pensé aux arbres de Tinos qui demeurent courbés même lorsque le vent ne souffle pas. « Ils regardent les feuilles mortes qui sont tombées à terre. »

— J'ai conservé l'habitude de me coiffer devant le miroir, malgré le fait que je ne vois pas, a dit Nausicaa. Je ne sais pas que je vieillis. Je m'imagine que mon visage n'a pas changé.

— Vous vous portez comme un charme, ma tante, l'a complimentée Fréris qui venait d'achever le tour de la maison.

Il s'est ensuite adressé à moi.

— Le miroir de la salle de bains est ébréché, a-t-il observé d'un ton sec.

L'envie m'est venue de lui coller le yaourt à l'ail dans la figure, j'ai cependant conservé mon sang-froid. Sophia avait préparé un repas de fête, elle s'était mise aux fourneaux la veille au matin. Je l'ai aidée à porter les assiettes dans la salle à manger.

— J'ai rêvé de toi cette nuit, lui ai-je dit alors que nous nous croisions dans le couloir. Tu étais perchée sur une échelle, sous un cerisier, et tu cueillais des cerises.

— Tu ne vas pas recommencer, m'a-t-elle répondu en minaudant.

Elle avait déjà bu quelques coupes de champagne.

— On va arriver à manger tout ça ? a demandé Nausicaa, qui venait de se rendre compte que la table était couverte d'assiettes.

Fréris s'est empressé de lui nettoyer avec un mouchoir en papier la manche qui avait traîné dans le yaourt.

— On y arrivera, on y arrivera, l'a-t-il rassurée.

Sitaras, évitant ostensiblement la compagnie de Fréris, est venu s'asseoir à côté de moi.

— C'est quel genre d'individu, celui-là ?

— J'espère qu'il n'héritera pas de sa fortune, a-t-il murmuré.

Nausicaa a poursuivi ses confidences.

— À vrai dire, je ne me souviens plus vraiment de mon visage. Ni du vôtre, monsieur Sitaras. Nous sommes des êtres sans visage rassemblés autour d'une table.

La conversation s'est arrêtée pendant quelques instants, comme si nous avions besoin d'un peu de temps pour nous pénétrer de ses paroles.

— Vous lisez trop de littérature, madame Nicolaïdis, a commenté Sitaras.

— J'ai toujours aimé la littérature, depuis toute petite. Je lisais avec une lampe de poche, cachée sous les couvertures, lorsque j'étais pensionnaire chez les ursulines de Tinos. Je me souviens d'une sœur qui me grondait, mais sans me confisquer le livre... Elle me le laissait, et je reprenais ma lecture dès qu'elle avait refermé la porte du dortoir. Les couvertures formaient une grotte qui me protégeait.

— Vous n'habitiez pas avec vos parents ? s'est étonnée Sophia.

— Ils voyageaient beaucoup, la plupart du temps ils étaient à Andros, au Pirée ou à Londres. Mon frère aussi était interne, mais à Athènes.

— Et vous n'avez jamais su ce qu'il était devenu ? a interrogé Fréris.

— Jamais.

Elle s'est tournée vers moi comme si elle était sur le point de me dire quelque chose. « Elle me parlera une autre fois de son frère, lorsque nous serons seuls. Elle attendra le moment opportun. »

Fréris avait apporté une boîte de gâteaux, Sitaras six bouteilles de mathioulis, le fameux vin blanc de Tinos. C'est ce vin que nous avons bu pendant le repas d'anniversaire.

— Moi, je vous ai confectionné quelque chose, a dit Sophia avant de sortir de la pièce.

Elle est revenue avec un carton blanc de la taille d'une carte postale sur lequel elle avait collé des herbes sèches, des tiges, de petits branchages formant une sorte de mosaïque qui représentait la maison de Kifissia. On pouvait voir les marches de l'entrée et les deux colonnes de marbre. Elle avait figuré les lamelles des volets par de minuscules morceaux d'épines de pin. La maîtresse de maison a examiné l'œuvre du bout des doigts.

— Ce sont des nuages ?

Dans le ciel, au-dessus de la maison, il y avait deux feuilles de myrte. C'étaient des nuages, bien sûr.

— Jamais on ne m'avait fait un tel cadeau, a conclu Nausicaa en nous montrant la carte de vœux.

— Que dites-vous là ! a protesté Sophia, dont les joues se sont empourprées.

— Bien, bien, disons alors que c'est le deuxième plus beau cadeau que l'on m'ait jamais fait, le premier étant le vélo français que j'ai reçu pour mes cinquante ans d'un homme qui pensait que je ne vieillirais jamais.

— François ? a glissé Fréris.

— Oui, François ! a dit Nausicaa avec force.

— Je ne vous ai pas apporté de cadeau, lui ai-je avoué.

— Votre cadeau, à vous, ce sera votre recherche sur les moines du mont Athos.

— Tu t'intéresses aux moines du mont Athos, ma tante ?

— C'est une communauté tout à fait digne d'intérêt, tu ne crois pas ?

— C'est certain, c'est certain, a admis Fréris.

Il était toujours penché sur son assiette, mais il avait cessé de manger. Il semblait perdu dans une réflexion profonde. « Il a peur que la maison ne lui file entre les doigts. » Sitaras a sans doute eu la même idée que moi, car je l'ai vu sourire.

— Je trouve complètement injuste que les femmes soient exclues de l'Athos, a remarqué Sophia. La règle de l'*abaton* n'est-elle pas en contradiction avec le principe de l'égalité des sexes ?

— Le Parlement européen a voté par deux fois en faveur de l'abrogation de cette règle, nous a informés Sitaras. L'État grec continue pourtant d'appliquer une loi de 1953 qui caractérise sa violation comme un délit puni d'une peine d'emprisonnement. Récemment, il a étendu de trois cents à cinq cents mètres autour de la péninsule la zone maritime dont l'accès est défendu aux embarcations touristiques et aux bateaux de pêche. Les femmes offusquent les moines et les pêcheurs portent atteinte à leurs intérêts.

— J'aimerais comprendre pour ma part comment on prend la décision de renoncer au monde, à quoi l'on pense en faisant sa valise pour la Sainte Montagne, nous a avoué Nausicaa.

Nous avons de nouveau bu à sa santé. Fréris avait recommencé à manger. Je pensais qu'il n'interviendrait pas dans la discussion, mais il est intervenu.

— Les moines d'aujourd'hui, du moins ceux qui administrent les monastères, ne sont nullement coupés du monde, a-t-il dit. On les croise sur la place Aristote de Thessalonique, dans les antichambres des ministères à Athènes, ils voyagent dans tous les pays où vivent des émigrés grecs. Ils connaissent la technologie moderne sur le bout des doigts, je peux vous affirmer qu'ils consacrent plus de temps à naviguer sur Internet et à parler dans leurs portables qu'à prier. Il existe six antennes de téléphonie mobile sur l'Athos. On a masqué celle de la société Panafon par une construction qui ressemble à un clocher. Les détracteurs de la Sainte Communauté l'ont baptisée « clocher de la Vierge panafonite ». J'ai aussi constaté que les moines n'ignorent rien de leurs visiteurs et les reçoivent en conséquence. Celui qui m'a accueilli au monastère de Dionysiou savait que la sœur de ma grand-mère avait épousé un armateur !

Son témoignage n'était probablement pas dénué d'arrière-pensées, il m'a néanmoins paru convaincant. « Il connaît l'Athos beaucoup mieux que moi. » J'ai remarqué que Sitaras l'écoutait lui aussi avec curiosité.

— On trouve encore, bien sûr, des moines qui ne sortent presque jamais de leur monastère, qui se prosternent à longueur de temps, qui se tourmentent. La vie est particulièrement difficile pour les jeunes, qui perdent souvent espoir et se suicident parfois. À l'époque où j'étais là-bas, j'ai appris qu'un novice avait arrosé ses vêtements d'essence et s'était immolé le dimanche de Pâques.

— Tu es sûr de ce que tu avances ? lui a demandé sa tante.

— Le moine qui m'a rapporté le fait n'avait aucune raison de me mentir.

— Je ne suis pas surpris par les suicides, a dit Sitaras. J'imagine que la vie monastique produit des situations aussi inextricables que celles qu'on observe dans les casernes ou en prison.

— Tout ça me donne la chair de poule, a déclaré Sophia qui a commencé à débarrasser la table.

La conversation sur le mont Athos s'est éteinte brusquement. Mais il faut croire que nous avons continué à y penser chacun de notre côté car il nous a été difficile de changer de sujet. Nous avons mangé en silence les pâtisseries de Fréris, j'ai choisi un gâteau au chocolat qui était coiffé d'un petit dessin réalisé avec de la crème chantilly. Au sommet de l'Athos, là où s'élevait la statue de Zeus, il y a sans doute aujourd'hui une chapelle. J'ai eu le vertige en plongeant ma cuillère dans le gâteau, comme si un gouffre s'était ouvert devant moi. J'ai attribué mon angoisse au champagne et au vin que j'avais bus. Je n'ai pas touché à la pâtisserie, j'avais plutôt envie de vomir. J'ai vaguement entendu ma logeuse me dire :

— Je veux que vous vous renseigniez aussi sur les suicides.

J'ai bu un grand verre d'eau. J'ai vu le cadavre d'un moine couché à plat ventre sur un chemin passant quelques mètres au-dessus de la mer démontée de l'Athos. Des rafales d'eau me frappaient le visage. J'ai retourné le corps : c'était Philippoussis, le patron de ma mère, qui avait suivi une cure de désintoxication sur le mont Athos. Du sang avait coulé de sa bouche. Ses yeux étaient grands ouverts et fixaient le ciel. J'ai suivi son regard et j'ai vu des centaines de moines aux balcons du monastère qui s'élevait à côté de nous. Tous regardaient dans notre direction et donnaient l'impression de se divertir. « Ce sont des enfants », ai-je pensé. En fermant les yeux de Philippoussis, j'ai remarqué qu'il tenait dans la main gauche un objet brillant. J'ai eu du mal à le lui arracher car ses doigts avaient gelé. C'était la croix en argent de Yanna.

Je me suis retrouvé devant la bibliothèque en compagnie de Nausicaa qui s'appuyait à mon bras.

— Je vous en conjure, si ce travail vous fatigue, restons-en là.

— Non, non, ai-je dit, je n'ai pas envie d'arrêter... Je me demande seulement si je peux le mener à bien... Comment pourrai-je percer les secrets des moines ?

— Tu peux appeler de ma part un journaliste qui connaît très bien les coulisses de l'Église, a dit Sitaras. Je vais te laisser son téléphone.

Nous sommes revenus clopin-clopant dans la salle à manger. Fréris n'avait pas bougé de sa chaise. Il était en train de manger mon gâteau au chocolat.

5

La journée qui a suivi cette petite fête a été extrêmement féconde. Je n'ai pas fait de rêve pendant la nuit. Il y a des nuits qui n'ont pas d'imagination, qui n'ont rien à dire. Ce sont, je crois, les meilleures.

J'ai ouvert les yeux avec la conviction que j'étais capable de faire face à toutes mes obligations et que je m'en acquitterais même de façon brillante. J'ai eu d'abord l'idée d'écrire un article sur le mont Athos lorsque j'aurais terminé ma recherche et de le proposer à un journal de gauche, à *Avghi* par exemple. « Les moines vont m'ouvrir les portes de la presse de gauche. »

J'ai bu mon café sans quitter le réveil des yeux. J'étais impatient que neuf heures arrivent pour pouvoir me mettre en action. Il n'a pas été nécessaire que j'attende si longtemps pour appeler ma mère, qui se lève tôt. Je lui ai téléphoné sur son portable à huit heures un quart, elle avait déjà quitté la maison, elle était à la pâtisserie.

— Il paraît que tu ne manges plus, l'ai-je sermonnée.

— Tu l'as sans doute oublié, mais nous, les orthodoxes, nous avons l'habitude de jeûner avant Pâques… Comment va Mme Nicolaïdis ?

— On a fêté hier son anniversaire. Sitaras était là aussi.

— Tu lui as apporté des gâteaux ?

— Elle ne mange pas de gâteaux.

— Il faut toujours apporter des gâteaux à un anniversaire.

Je me suis demandé si je pourrais avoir un jour une conversation moins superficielle avec elle. Je voudrais lui faire part des connaissances que j'ai acquises à l'université au cours de toutes ces années, lui expliquer par exemple comment Thalès réussit à mesurer la hauteur des pyramides. J'ai du mal à admettre son manque de curiosité.

— Tu as avalé ta langue ?

— Dis à Philippoussis que j'aimerais le voir quand je viendrai à Tinos.

— Quand viendras-tu ?

Je me suis souvenu que Syméon formule la même question dans un de ses poèmes. J'ai revu ma mère dans une loge de la salle des fêtes de la vieille université d'Athènes, lors de la cérémonie qui a clos mes études de deuxième cycle. C'était en juin 2004, un peu avant les Jeux olympiques. Je l'apercevais de loin car j'avais pris place dans le parterre avec les autres diplômés du département d'histoire et d'archéologie. Mon père, qui était arrivé en retard, se trouvait dans la loge opposée. Lorsque le vice-président a lu le texte du serment que nous devions prononcer, elle a sorti un mouchoir de son sac et s'est tamponné les yeux. Une fresque représentant des personnages antiques fait le tour de la salle. Derrière ma mère, Hérodote était absorbé dans l'étude d'un papyrus. Plus tard, nous nous sommes fait prendre en photo sur l'esplanade, devant la statue de Coraïs[1]. Je portais encore la toge noire que j'avais dû revêtir pour l'occasion. Cette photographie, agrandie, trône dans le salon de notre appartement à Tinos. Sur le bras de Coraïs se tient un pigeon qui semble faire partie de la statue.

— Est-ce que tu vois quelque chose d'intéressant à la télévision ?

Elle m'a dit que les séries grecques ne valaient rien et qu'elle suivait uniquement un feuilleton turc racontant l'idylle d'une jeune femme avec un Grec.

— Elle est jolie comme un cœur, la petite Turque, c'est d'une fille comme elle que je rêve pour toi. Tu devrais regarder un épisode.

« Elle sera heureuse lorsqu'elle aura un petit-fils, ai-je songé. C'est peut-être la seule chose qui puisse encore lui faire plaisir. »

Tout de suite après — il était neuf heures

1. Écrivain du XIXᵉ siècle.

moins vingt — j'ai appelé Sitaras. Je savais qu'il avait pris le bateau de sept heures et demie pour Tinos. J'ai perçu le mugissement du vent avant même d'entendre sa voix. Il était donc installé sur le pont. Il a un peu râlé lorsque je l'ai prié de me renseigner sur le statut juridique du mont Athos.

— Tu trouves vraiment que c'est le moment d'en parler ?

— Je n'ai besoin que de quelques informations.

Une voix féminine s'est fait entendre :

— Thanassis, mon petit, ne t'approche pas de la balustrade, tu vas tomber dans la mer !

La femme devait être assise tout près de l'avocat car sa voix a retenti plus clairement que la sienne.

J'ai appris que le mont Athos constitue une partie autoadministrée du territoire grec, dotée de privilèges définis par l'article 122 de la Constitution et reconnus par l'Union européenne. Les moines athonites ne sont pas soumis à l'impôt et ne paient aucune taxe. Ils gèrent leurs affaires par l'intermédiaire d'un petit parlement, la Sainte Communauté, qui se compose des délégués des vingt grands monastères, et d'un gouvernement de cinq membres, la Sainte Épistasie. Ces organes ont leur siège à Karyés, le chef-lieu, où se trouvent également les bureaux du gouverneur civil, nommé par l'État, qui est responsable de l'ordre public et sert d'intermédiaire entre la cité monastique et le gouvernement d'Athènes. Un moine étranger ne peut intégrer la communauté sans le consentement du ministère des Affaires étrangères. Son admission lui assure automatiquement la nationalité grecque.

— Sophia a eu tout à fait raison de remarquer hier que la règle de l'*abaton* est une entorse à la loi sur l'égalité des citoyens. Le régime du mont Athos est une aberration constitutionnelle.

Je l'ai remercié du mieux que j'ai pu.

— Tu permets que je te pose encore une question ?

— Thanassis, mon petit ! a crié de nouveau la femme.

Je lui ai demandé s'il existe un lien organique entre l'Église de Grèce et la Sainte Communauté.

— Non, il n'y en a pas. Les moines relèvent, en ce qui concerne leur mission spirituelle, du patriarcat de Constantinople. Beaucoup d'entre eux contestent cependant la politique du patriarche, certains même le méprisent ouvertement. D'une façon générale, ils ont tendance à n'en faire qu'à leur tête.

— Thanassis, tu vas te prendre la raclée de l'année !

C'est une voix masculine qui a proféré cette menace. J'en ai conclu que le petit Thanassis voyageait avec ses parents.

— Cela te suffira pour aujourd'hui ? m'a taquiné Sitaras.

Sitôt après avoir raccroché j'ai pensé appeler Yanna, mais je n'avais rien de sensationnel à lui annoncer. « Elle sait très bien que certains moines sont à couteaux tirés avec le patriarcat... Elle n'admettra jamais que le monachisme orthodoxe puisse conduire au désespoir. » Un peu avant neuf heures j'ai imaginé que j'explorais son corps sous les couvertures à l'aide de la lampe de poche que Nausicaa utilisait pour lire de la littérature lorsqu'elle était pensionnaire chez les ursulines.

À neuf heures pile j'ai appelé le journaliste dont Sitaras m'avait parlé. Son nom, Charis Katranis, m'a paru faux. J'ai songé aux personnages du romancier Yannis Maris dont les noms ne sont jamais crédibles. Alors que l'appel était en cours, j'ai formé la phrase : « Charis Katranis pénétra avec appréhension dans l'appartement que Maro Dessipri possédait à Colonaki. » L'un des ouvrages les plus fameux de Maris s'intitule *Crime à Colonaki*.

Katranis n'a pas tardé à me répondre.

— Il y a des années que je ne m'occupe plus de la rubrique religieuse, m'a-t-il dit, à présent je suis responsable du secrétariat de rédaction *d'Embros*. Mais je peux tout de même vous dire deux ou trois choses, en particulier sur l'attitude qu'ont observée les moines à certains moments cruciaux de notre histoire.

Son amabilité m'a de nouveau rappelé Maris, dont les personnages sont généralement d'une civilité exquise.

— Je peux vous voir dans la journée ? lui ai-je proposé, non sans aplomb.

— Oui, pourquoi pas... Passez à sept heures au journal.

Je me suis senti merveilleusement bien après cet appel, j'ai cru que mon article sur le mont Athos ferait grand bruit, j'ai même envisagé de le donner à un journal plus largement diffusé qu'*Avghi*.

J'étais donc d'excellente humeur en arrivant, vers dix heures et demie du matin, à la bibliothèque Gennadios, qui est située dans le quartier de Colonaki, au fond d'un somptueux jardin. J'ai remarqué quelques cyprès très anciens, presque noirs, et un olivier plus jeune au feuillage touffu dont le tronc était scindé en deux, formant un V. J'ai admiré les huit très hautes colonnes qui soutiennent le portique du bâtiment et lu la phrase d'Isocrate qui se trouve gravée juste au-dessus : *Sont appelés Grecs ceux qui partagent notre culture.*

Je n'avais jamais visité cette bibliothèque, bien qu'elle soit la plus importante du pays après la Nationale. Elle n'appartient heureusement pas à l'État, et ne souffre pas du manque d'argent et d'organisation qui caractérise les services publics. Gennadios, qui a été ambassadeur de Grèce à Londres et fut un célèbre bibliophile, a légué sa collection à l'École américaine d'archéologie d'Athènes.

Dans cette bibliothèque d'exception m'attendait toutefois une double déconvenue. Je n'ai pas trouvé le livre de l'Allemand — il se nomme Michael Zahrnt — que m'avait recommandé Vezirtzis, et j'ai en outre appris qu'il n'avait pas été traduit en grec. Comment pourrais-je le lire, à supposer que je le trouve ? Mon allemand est des plus médiocres.

— La bibliothèque de l'université Aristote de Thessalonique doit en posséder un exemplaire, m'a dit le bibliothécaire.

Mon désappointement ne l'a pas laissé indifférent, car il a poursuivi ses recherches jusqu'à ce qu'il finisse par dénicher, dans le bulletin qu'édite l'École française d'archéologie, un article de douze pages sur les antiquités de l'Athos écrit par un certain Basile Préaud. Je me suis plongé dans sa lecture. Sans être très bon, mon français me permet de lire aisément un tel texte.

Préaud a rédigé une liste des vestiges qui ont été découverts et des lieux qui sont susceptibles d'en receler encore. Les premiers sont bien sûr en petit nombre. Il n'y a que deux collections d'antiquités au mont Athos, l'une à Karyés et l'autre au monastère de Vatopédi. Le monastère russe de Saint-Pantéléimon détient une statue presque entière, mais cassée en dix morceaux, qui provient d'un temple de Zeus-Ammon. Une inscription faisant état du décret voté par l'assemblée d'Akrothooi en hommage à un certain Dorothéos, fils de Myrmikas d'Alexandrie, pour ses bienfaits, et que les archéologues considèrent comme une pièce capitale, a disparu quelques années après sa découverte, et le bruit court qu'elle est aujourd'hui conservée au musée d'Odessa. En 1974, Préaud a photographié, encastré dans le mur d'un champ, un buste d'Hermès monté sur une stèle quadrangulaire. En 1982, lorsqu'il est repassé par là, l'œuvre avait disparu. Le Français est persuadé que les moines ont dû trouver, en cultivant la terre durant dix siècles, beaucoup plus de vestiges que les maigres trouvailles qu'ils exposent. La question est de savoir ce qu'ils en ont fait : les ont-ils détruits, les ont-ils vendus ou les ont-ils ensevelis dans quelque sous-sol ? Il semble qu'il y ait énormément de place dans les sous-sols des monastères, qui sont labyrinthiques et s'échelonnent sur plusieurs étages. La Sainte Communauté n'a pas permis à Préaud de les visiter ni d'aller où il voulait. Elle lui a interdit d'examiner les ruines qui sont cachées, dit-on, dans une oliveraie, et les colonnes qui gisent dans le lit d'un torrent. En se fondant sur ce qu'il a pu voir, mais aussi sur les témoignages d'autres archéologues (j'ai constaté avec satisfaction qu'il se référait très souvent à l'ouvrage de Zahrnt), il localise dix sites qui mériteraient d'être fouillés.

Je suis sorti dans le jardin pour téléphoner à Vezirtzis. Une jeune fille fumait assise sur les marches de marbre. Je me suis arrêté sous le bel olivier.

— Je l'avais oublié, Préaud, m'a-t-il avoué. Il a été membre de l'École française d'archéologie, il a dirigé des fouilles à Thasos, mais ces dernières années il s'occupe surtout d'histoire byzantine. Il collabore avec le Centre d'histoire et de civilisation de Byzance à Paris, qui depuis fort longtemps publie les archives de l'Athos.

La jeune fille soufflait la fumée à travers ses cheveux qui lui voilaient le visage. Elle avait une abondante chevelure blonde. Il y a quelques années seules les blondes m'inspiraient, mais aucune d'entre elles ne m'a jamais accordé la moindre attention.

— De quel genre d'archives s'agit-il ?

— De documents qui se rapportent à des transactions commerciales, à des affermages de champs, à des donations, des procès. Les moines étaient en affaires avec tout le monde, ils avaient des propriétés jusqu'en Roumanie. Ce sont les seules archives qui nous restent de l'époque byzantine.

La jeune fille a frotté le bout incandescent de sa cigarette contre le marbre. Elle s'est étirée comme si elle venait de sortir du lit mais elle ne s'est pas levée. Il était midi moins le quart.

— Ce n'est pas une mauvaise idée finalement que tu te penches sur l'histoire préchrétienne de l'Athos. Tu pourrais te rendre sur place pour photographier les bas-reliefs et les inscriptions qui sont intégrés aux murs des monastères. Tu as un appareil photo ?

J'ai réfléchi fiévreusement à sa proposition, en essayant d'en saisir le sens. La jeune fille a allumé une autre cigarette.

— Si tu n'en as pas, je te prêterai le mien. Je peux aussi t'obtenir un peu d'argent de la fac. Tu as parlé avec Géorgia ?

— Pas encore.

— C'est une blonde, assez jolie.

— Elle fume beaucoup ?

— Énormément !

— Géorgia ! ai-je lancé à la jeune fille.

Mais elle ne s'est pas retournée. « Il y a donc deux blondes à la bibliothèque Gennadios qui fument énormément », ai-je songé.

J'ai fait la connaissance de Géorgia un peu plus tard, le bibliothécaire m'a conduit à son bureau, au premier étage. C'est une femme menue, d'à peu près quarante ans, à l'expression vive. Elle paraît prête à s'enflammer pour un rien. Elle a été l'élève de Vezirtzis et s'est spécialisée en bibliothéconomie à Princeton.

Cette visite, dont je n'attendais rien, s'est révélée très utile. Lorsqu'elle a appris le sujet de mon mémoire, Géorgia m'a annoncé qu'un professeur américain de Chicago travaillant en liaison avec le département grec des antiquités sous-marines projetait d'explorer la mer de l'Athos dans l'espoir d'y retrouver les débris de la flotte perse.

— L'École américaine d'archéologie ne s'associera pas à cette recherche, elle estime vraisemblablement que les chances de découvrir quoi que ce soit sont trop minces.

J'ai imaginé une forêt de mâts immobiles depuis des siècles émergeant du sable des profondeurs et, juste au-dessus, un banc de poissons semblables à des oiseaux survolant des poteaux électriques. Cette image m'a fait oublier complètement pendant quelques instants mon interlocutrice. J'ai entendu des psalmodies qui s'amplifiaient progressivement puis j'ai aperçu, dans le fond du paysage, des moines qui avançaient en grand apparat vers les navires engloutis en portant des icônes et une grande variété de bannières.

Elle m'a proposé de me trouver les coordonnées de l'Américain. Je me suis contenté de lui demander l'adresse du département des antiquités sous-marines. Il est logé en face de l'Acropole, à l'angle de la rue de l'Érechthéion et du boulevard Denys-l'Aréopagite.

Je me suis arrêté place de Colonaki pour boire un café. Il y avait pas mal de monde aux terrasses. Le soleil de midi rendait supportable la fraîcheur de l'air. J'avais l'intention de me concentrer, toutefois aucune pensée ne m'est venue à l'esprit. J'ai juste réalisé que la perspective de me rendre au mont Athos m'était plutôt agréable. J'étais certain que Nausicaa approuverait ce voyage. « J'irai à la fin juin, après avoir passé l'examen sur les présocratiques. »

J'ai songé une nouvelle fois à mon frère, Gérassimos. J'ai voulu entendre sa voix. Tantôt je lui prêtais la voix de mon père, tantôt celle de ma mère, tantôt la mienne. Il n'a prononcé aucune phrase en entier. « Quand parleras-tu donc, Gérassimos ? » ai-je grommelé. Est-ce que les morts parlent dans le royaume d'Hadès ou est-ce qu'ils soupirent seulement ? Le souvenir de mon frère a été gommé par le passage d'une jolie femme. J'ai reconnu soudain la vendeuse de la librairie Le Pantocrator. Elle m'a paru singulièrement plus jeune, elle marchait d'un pas vif et léger et portait un imperméable jaune qui laissait ses belles jambes à nu. Elle a traversé presque en courant la rue du Patriarche-Joachim, comme si quelqu'un l'attendait sur le trottoir d'en face où il n'y avait pourtant personne.

Je n'avais pas envie de rentrer à Kifissia. Les résultats positifs de mes démarches m'incitaient à persévérer. Je me sentais en veine. J'ai eu besoin néanmoins de boire un autre café et de manger un petit sandwich au saumon fumé avant de prendre la décision de me rendre au département d'archéologie sous-marine.

« TOUS LES BUTS SONT BEAUX », titrait un quotidien sportif accroché à la devanture d'un kiosque. J'ai croisé une dizaine de kiosques jusqu'au boulevard Denys-l'Aréopagite.

L'affirmation « TOUS LES BUTS SONT BEAUX »
m'a accompagné tout au long du trajet.

J'ai poussé la porte d'un petit immeuble des
années 50 dont le hall était complètement désert. J'ai vu sur ma droite un escalier qui conduisait au premier étage et, sur la gauche, une
porte ouverte qui laissait filtrer des bruits d'eau,
comme si quelqu'un était en train de se laver.
Je me suis approché de cette porte et j'ai regardé
à l'intérieur de la pièce. Une femme vêtue d'une
blouse d'infirmière était penchée au-dessus d'une
grande baignoire en inox.

— Bonjour ! lui ai-je dit d'un ton guilleret.

Elle m'a jeté un coup d'œil et a aussitôt repris son travail.

— Qu'est-ce que vous voulez ?

— Je suis étudiant, je viens de la part de
M. Vezirtzis.

Je me suis tu, espérant que le nom de mon
professeur la ferait réagir. Elle n'a eu aucune
réaction.

— J'écris une étude sur les antiquités du mont
Athos et j'ai appris que vous aviez programmé
des recherches sous-marines dans ce secteur.

Tout en lui parlant, je me suis avancé de quelques pas. Je mourais d'envie de voir ce qu'il y
avait dans la baignoire, et je l'ai vu. C'était un
éphèbe de bronze grandeur nature, plongé dans

l'eau. Je ne voyais que ses jambes de l'endroit où je me trouvais. Elles étaient maigres et musclées. L'une semblait s'appuyer sur le sol tandis que l'autre était relevée, comme s'il courait ou comme s'il dansait. Je ne pouvais détacher mon regard de ses doigts de pied et de ses chevilles. La femme, qui portait des gants de plastique roses, a eu un geste brusque qui a troublé l'eau. J'ai cru que l'éphèbe avait légèrement remué. « Il ne court ni ne danse, ai-je pensé, il nage. »

— Montez au premier étage et demandez l'assistante de M. Faskiotis.

Elle s'est tournée une deuxième fois vers moi et a été surprise de me trouver si près d'elle.

— Vous l'avez trouvée dans la mer ? ai-je demandé en désignant la statue des yeux.

— Oui, je la débarrasse des sels minéraux dont elle est recouverte, m'a-t-elle répondu d'assez mauvaise grâce. Ce n'est pas nous qui l'avons trouvée, mais un pêcheur.

J'ai compris qu'elle ne m'en dirait pas plus. À l'autre bout de la pièce, des dizaines d'amphores à fond pointu reposaient sur de grandes étagères.

La femme que j'ai vue après avoir gravi l'escalier ne m'a fait au premier abord aucune impression. Elle n'était ni belle ni laide, je dirais que son visage ne présentait pas de signes particuliers. Les petites boucles que formaient ses cheveux lui donnaient l'air d'avoir plus que son âge. Elle était assise à un bureau et consultait l'écran de son ordinateur. Elle est demeurée tout aussi inexpressive lorsque je lui ai expliqué le but de ma visite.

— M. Faskiotis est très pris en ce moment... Je doute qu'il revienne ici aujourd'hui. Vous auriez dû nous téléphoner.

Sa voix était assez agréable. Elle parlait posément, avec clarté.

— Si je n'étais pas venu, je n'aurais pas vu la belle statue que vous avez en bas, dans la baignoire.

Elle a souri.

— Quand donc avez-vous eu le temps de la voir ? Elle est effectivement exceptionnelle. Elle appartient sans doute à la période hellénistique... Dites-moi ce que vous attendez de nous exactement.

J'ai compris pourquoi sa voix me plaisait : elle avait le même timbre que celle de Nausicaa.

— J'ai l'intention de consacrer un chapitre, peut-être le dernier de mon mémoire, aux vestiges sous-marins de l'Athos. J'aimerais suivre vos recherches. C'est la première fois que vous fouillez cet endroit ?

— La deuxième. Il y a deux ans nous avons découvert plusieurs centaines d'amphores sur la côte nord-est de l'Athos, au large du cap Nègre, à trente mètres de profondeur. C'était la cargaison d'un bateau de commerce qui transportait du vin et de l'huile et qui a sombré, pour une raison que nous ignorons. Du navire lui-même il ne subsistait rien. Les planches de bois se disloquent dans l'eau, remontent à la surface et se perdent. Les amphores, par contre, étaient restées groupées. Elles composaient une montagne dont le périmètre avait conservé la forme ovale du plan du navire. Je vais vous les montrer.

« Il n'y a donc aucune forêt de mâts dans les profondeurs de l'Athos », ai-je songé en prenant place à côté d'elle. D'innombrables photos en couleurs ont commencé à défiler sur l'écran. Le bleu dominait, il s'agissait pour l'essentiel de photographies sous-marines. De temps en temps l'assistante de Faskiotis s'arrêtait sur une image, l'agrandissait puis poursuivait sa prospection. Deux de ces photos m'ont intrigué et je lui ai demandé de les voir de plus près. L'une était prise de l'intérieur d'une boule de verre qui devait être le poste de pilotage d'un petit sous-marin. On apercevait les mains du conducteur et les genoux de son coéquipier. Deux puissants projecteurs éclairaient la mer où passait un gros poisson couleur de cendre qui m'a paru familier. Elle m'a confirmé qu'il s'agissait d'un requin.

— On rencontre fréquemment des requins dans cette zone mais ils sont relativement inoffensifs, ils n'ont jamais attaqué nos plongeurs. Nous sommes obligés d'avoir recours à des plongeurs car certains objets ne peuvent être saisis par les bras du bathyscaphe.

J'ai appris que le bathyscaphe était de fabrication française, qu'il portait le nom de *Thétis* et qu'il avait été mis à la disposition de son service par le Centre hellénique de recherches marines, qui dépend du ministère du Développement.

La deuxième photo montrait une jeune fille en tenue de plongée sur le pont d'un bateau. Elle tenait à la main un mince objet de fer et arborait un large sourire. À la vue de l'agrandissement, j'ai réalisé que la jeune fille en question, qui paraissait avoir mon âge, n'était autre que ma voisine.

— Oui, c'est moi, a-t-elle dit en devinant mon étonnement. Il m'arrive encore de plonger de temps à autre. Si je n'aimais pas la mer je n'aurais pas choisi ce département.

Ses cheveux étaient ondulés mais sans boucles sur la photo. Elle m'a expliqué que l'arrière des lances était muni d'une pointe supplémentaire, appelée *savrotère*, qui permettait aux soldats de les ficher en terre lorsqu'ils étaient fatigués de les porter. Le morceau de fer qu'elle tenait en main était donc un *savrotère*.

Elle a fini par repérer l'image de l'épave, qui a rempli tout l'écran. Les amphores étaient photographiées d'une certaine hauteur. Elles formaient une masse compacte, posée sur une

surface parfaitement plane et nue qui ne ressemblait pas à du sable.

— Ce que vous voyez autour des amphores
c'est de la boue, épaisse de plusieurs mètres. Le
temps n'a pas de prise sur les objets qui y sont
enfouis, ils deviennent inaltérables. Nous y
avons trouvé des pièces d'or, et même des sandales de cuir qui étaient comme neuves. Quant
aux objets qui restent à sa surface, ils abritent
des micro-organismes et participent ainsi à la
reproduction de la vie. Les amphores sont visibles
car elles ne se trouvent pas à une grande profondeur. Au-delà de deux cents mètres, l'obscurité est totale. Le fond de la mer est un immense
désert de boue au fond d'une nuit interminable.

— Sur quel genre de vestiges espérez-vous
mettre la main lors de votre prochaine expédition ?

— Une armée qui entreprend une campagne
si importante transporte nécessairement une
multitude de choses. Il serait particulièrement
intéressant pour nous de trouver les éperons
fixés à la proue des bateaux, au niveau de la
ligne de flottaison, et au moyen desquels ils en-
fonçaient les navires ennemis. Leur tronc était
en bois, mais ils étaient revêtus de fer.

J'ai préféré me retirer avant que ma présence
ne commence à l'importuner. Elle m'a dit que
les recherches ne débuteront pas avant le mois
de mai.

— On a le temps, a-t-elle dit, et elle a souri pour la deuxième fois.

Elle m'a enfin donné sa carte, je l'ai lue en descendant l'escalier, elle s'appelle Paulina Ménexiadou. « Joli nom », ai-je pensé. En arrivant au rez-de-chaussée j'ai éprouvé le désir de revoir l'éphèbe, mais la porte de l'atelier était fermée.

Je suis sorti du département à l'heure où le soleil se couchait. Les colonnes du Parthénon, que l'on voit très bien du boulevard Denys-l'Aréopagite, avaient pris une teinte légèrement dorée. Je me suis dirigé vers le carrefour situé devant les colonnes de Zeus Olympien. Je comptais prendre un taxi pour aller au Hilton, les bureaux *d'Embros* étant situés derrière l'hôtel, mais j'ai finalement préféré continuer à pied.

Peu de voitures circulaient dans les rues. Je me suis rappelé que le lendemain était le jour de la fête nationale qui coïncide avec la fête de l'Annonciation. Nous aurions pu choisir une autre date que le 25 mars pour la célébration de la guerre d'Indépendance de 1821, le 24 par exemple, où l'étendard de la liberté a été hissé sur la place de Patras. J'ai l'impression que nous avons retenu le 25 uniquement pour associer la Mère de Dieu à la libération du pays. Pourtant, l'insurrection nationale fut déclenchée par les partisans de l'Europe des Lumières, qui étaient résolument hostiles aux préjugés religieux. « La

Grèce est deux pays », ai-je conclu en m'approchant du vendeur de petits pains ronds qui avait installé son étal au bord de la place du Soldat-Inconnu. Des centaines de pigeons voletaient autour de lui. Il y avait quatre piles de pains ronds sur la table blanche. Je les ai vus comme des auréoles. « Nous ne parviendrons jamais à rompre avec les préjugés religieux. » J'ai pris deux pains, l'activité que j'avais déployée depuis les premières heures de la matinée m'avait ouvert l'appétit.

6

La conversation que j'ai eue avec Katranis ne s'est pas limitée à son objet, elle a pris un tour plus personnel. La sincérité avec laquelle il m'a parlé m'a permis d'exprimer mes propres sentiments. Elle m'a également mis, à un moment donné, dans l'embarras. « Qu'est-ce qu'il faut dire, en pareil cas ? » me suis-je demandé. Il est sans doute des confidences qui imposent le silence. Mais il est préférable que je raconte les choses depuis le début.

Je me suis senti à bout de forces en pénétrant dans le hall d'*Embros*, qui occupe un grand bâtiment de verre rue Papadiamantopoulou. Je me suis précipité vers le canapé noir que j'ai aperçu sur ma gauche, de la même façon que les personnes âgées se hâtent de prendre les places libres dans le métro. Je n'ai parlé à l'agent de sécurité qui lisait un magazine derrière un petit bureau qu'après m'être assis. Je respirais avec difficulté. « Si j'étais vieux, j'aurais une foule de souvenirs. » Cette pensée m'a apaisé, car ma mémoire était vide. Je me suis simplement souvenu que Katranis avait été très aimable le matin au téléphone et que son nom m'avait fait penser aux personnages falots de Yannis Maris.

C'est un homme de grande taille, au teint basané et aux cheveux gris. Il est venu vers moi en traînant la jambe droite. Il faisait de grands pas de sa jambe valide afin que son handicap ne le ralentisse pas.

— On y va ? m'a-t-il lancé cordialement.

Il porte des lunettes à monture noire qui assombrissent un peu plus son teint.

— Comment s'est passée votre journée ? m'a-t-il demandé quand nous sommes sortis dans la rue.

— Bien, très bien.

— La mienne n'a pas été fameuse. J'ai eu terriblement mal aux dents. J'ai dû avaler trois aspirines pour me remettre.

Il m'a conduit dans un bar. Le plafond et les murs étaient du même bleu que les photos du département des antiquités sous-marines. Il m'a été impossible de me rappeler le nom de l'assistante de Faskiotis. Il faut croire que j'ai tendance à former des couples, car j'ai essayé d'imaginer cette dernière au côté de Katranis. Je les ai vus tous les deux dans un cinéma d'art et d'essai où l'on projetait un film italien des années 60.

— J'ai parlé avec Sitaras, a-t-il commencé. Vous vous êtes chargé d'une mission délicate. C'est à vous qu'il reviendra de décider, en somme, si la fortune de cette femme ira ou non au mont Athos. Savez-vous qu'elle se fie entièrement à votre jugement ?

J'ai été aussi fier que le jour où Vezirtzis m'avait félicité publiquement pour un de mes exposés.

— Si cette dame me demandait conseil, je ne saurais pas quoi lui répondre. Je suis allé pourtant douze fois sur la Sainte Montagne.

— Douze ? ai-je répété, impressionné.

— J'ai soixante-deux ans.

J'ai pensé qu'il avait effectué son premier voyage à cinquante ans.

— C'est un endroit magique. La nature a été préservée de toute agression. Je n'ai vu nulle part d'eaux plus transparentes, de châtaigniers plus verts ni un ciel plus pur. Les monastères font leur âge. Certains ressemblent à des forteresses, d'autres sont plus modestes. Ils connaissent des histoires à n'en plus finir, ayant vécu tant de siècles. Ils sont habités par des ombres qui se lèvent avant le jour, comme si elles redoutaient la lumière du soleil, et se réunissent silencieusement dans le *catholicon*, l'église principale, qui n'est éclairée que par des cierges. Peu de cierges en vérité, qui suffisent cependant à faire briller les feuilles d'or recouvrant les icônes. On a l'illusion que le lieu est éclairé par les icônes elles-mêmes, par la Vierge, le

Christ et les saints. Les moines prient, psalmo-
dient, s'agenouillent, se couchent à plat ventre
sur le sol. La première fois que j'ai assisté à la
messe, comme j'étais arrivé à l'église avec beaucoup de retard, j'ai cru que les dalles étaient
jonchées de tapis noirs.

Nous avons commandé de l'ouzo.

— Je ne suis pas pratiquant, malgré le fait
que mes parents me destinaient à la prêtrise. Je
suis cependant ému par la volonté des moines
athonites de maintenir en vie la tradition orthodoxe. Ils livrent chaque jour une bataille contre
le temps, et la gagnent. Je vois la messe orthodoxe comme une œuvre d'art où il y a une place
pour moi. Je ne sais pas à quoi je pense lorsque
je suis à l'église. Je ferme les yeux, je somnole.
J'écoute les chants. Je crois qu'ils me portent
au-delà de mes pensées.

» Ne croyez pas pour autant que j'aie beaucoup de respect pour les moines. Ils se rangent
invariablement du côté du plus fort, c'est cette
politique qui sert leurs intérêts. Elle leur a permis de traverser de manière presque indolore
les siècles de la domination ottomane. La guerre
d'Indépendance de 1821 les a divisés en deux
camps. La plupart, cependant, ont désavoué
l'insurrection et ont fait allégeance à Youssouf
bey, le gouverneur de Thessalonique. En 1941,
immédiatement après l'entrée en Grèce des armées allemande et bulgare, ils ont écrit à Hitler
pour lui demander d'être placés sous sa protec-

tion et sa tutelle. Ils ont salué la réponse positive du Führer en accrochant son portrait dans tous les monastères. Avec le même zèle qu'ils ont manifesté envers les occupants allemands, ils ont accueilli, quelques années plus tard, les communistes de l'Armée de libération populaire qui contrôlaient la Chalcidique. Ce qui dit peut-être le mieux leur opportunisme, c'est qu'ils ont pris l'habitude, pendant cette période, d'ajouter le titre de « camarade » à leur nom de robe ! La défaite des communistes, en 1949, les a ramenés instantanément dans le giron de leur famille idéologique traditionnelle.

Il a sorti un livre de sa serviette de cuir et me l'a tendu. J'ai lu sur la couverture son nom et le titre de l'ouvrage, *L'Orthodoxie dans la tourmente de la politique*. Je l'ai ouvert, il m'avait écrit une belle dédicace.

— Et vous, est-ce que le mont Athos vous fascine ?

Je suis resté un moment pensif.

— Je ne me serais jamais penché sur ce sujet de ma propre initiative. À présent que j'ai commencé à l'étudier, je le trouve plus intéressant que je ne le croyais. Qu'aurais-je fait si quelqu'un d'autre que Mme Nicolaïdis m'avait demandé d'entreprendre ce travail ? Je n'aurais sans doute pas accepté.

— Seriez-vous amoureux d'elle ?

— Elle a eu hier quatre-vingt-neuf ans ! Mais c'est vrai que je suis amoureux d'une photo d'elle sur laquelle elle n'a pas plus de vingt ans.

— Comment est-elle habillée sur cette photo ?

J'ai répondu de bon cœur à cette question incongrue.

— Elle porte une chemise blanche à manches longues ornée sur la poitrine de deux jabots qui partent des épaules et convergent vers la taille. Les manches bouffent au niveau du bras, tandis qu'elles sont parfaitement ajustées du coude jusqu'au poignet.

— Elle ne tient rien à la main ?

— Non. Sa main gauche est posée sur la rampe d'un escalier intérieur en bois.

Ma description a eu l'air de le satisfaire.

— Bien, a-t-il dit.

J'ai estimé que mon tour était venu de formuler une question.

— Comment prend-on la décision de devenir moine ?

— Je connais le cas d'un commandant de l'Armée de libération populaire qui s'est réfugié au mont Athos en 1950, à la fin de la guerre civile, pour échapper aux persécutions lancées par la droite contre les communistes. Il comptait quitter le monastère lorsque les esprits se seraient calmés, mais ils ont mis longtemps à se calmer, comme vous le savez, et lui s'était habitué entre-temps à sa nouvelle vie. Je l'ai rencontré lors de l'un de mes derniers voyages, c'est aujourd'hui un homme âgé, il raconte encore des histoires du maquis. Il a passé toute sa vie sous des pseudonymes, il se faisait appeler

Nikitas dans les rangs de l'Armée de libération, il se nomme aujourd'hui Nicéphore. Il ne m'a pas dit son véritable nom, il n'est pas exclu qu'il ne s'en souvienne plus.

» On raconte que la majorité des moines sont issus de familles nombreuses et pauvres. Je n'en sais rien en fait, je n'ai pas eu l'occasion de discuter avec beaucoup d'entre eux, il faut dire aussi qu'ils ne parlent pas facilement du passé. Je suis néanmoins convaincu qu'ils ne sont pas rares, ceux qui ont embrassé la vie monastique à la suite d'une déception amoureuse. Je me souviens d'un moine blond qui s'asseyait sur un muret à la fin du jour et fixait le soleil couchant. Il se tenait immobile comme une statue. Un jour je me suis approché de lui. Ses yeux ruisselaient de larmes. « Que regardez-vous ? » l'ai-je interrogé. « La place de mon village, a-t-il dit. En ce moment Minas lave la place avec un tuyau d'arrosage. » Nous sommes devenus amis. Un autre jour, il m'a avoué qu'il était devenu moine pour oublier une femme. Il la rencontrait le soir, sur la place. C'était le seul moment de la journée où elle pouvait s'échapper de chez elle. Elle avait un mari et trois enfants. Ils mangeaient ensemble une pâtisserie, ils ne faisaient rien d'autre. Un jour, il a su par Minas qu'elle avait quitté le village avec sa famille. Il a longtemps continué à l'attendre sur la place et à commander deux gâteaux qui restaient naturellement intacts.

» Mon premier voyage à l'Athos, je l'ai fait
après avoir été congédié par la femme que
j'aimais. Je pensais qu'il me serait plus facile de
la chasser de mon esprit dans un lieu auquel les
femmes n'avaient pas accès. Mais le silence
laisse libre cours à l'imagination. Je la voyais
continuellement devant moi. Les voyages sui-
vants, je les ai entrepris non pas pour l'oublier,
mais pour la retrouver. Je vais au mont Athos
comme on se rend à un rendez-vous. Ce n'est
pas vrai qu'il n'y a pas de femmes sur la Sainte
Montagne, je dirais même que leur présence y
est plus sensible que partout ailleurs.

Sa confession m'avait touché, je ne trouvais
cependant rien à lui dire. J'ai terminé mon
ouzo pour gagner un peu de temps. Lui n'avait
pas touché au sien. Il me regardait les yeux mi-
clos comme le font les myopes lorsqu'ils scru-
tent l'horizon.

— Moi je n'ai jamais été amoureux de cette
façon, lui ai-je dit après un long silence.

— Je ne vous le souhaite pas.

« Il rêve continuellement de cette femme,
comme les moines rêvent de la Vierge. »

Je ne voulais pas que notre conversation se
termine ainsi.

— Avez-vous vu des marbres antiques dans
les murs des monastères ?

— Sur la façade du réfectoire de la Grande
Lavra, on aperçoit une pierre votive en relief qui
représente une oreille. Elle est accompagnée

102

d'une inscription qui mentionne, sauf erreur de ma part, le nom d'Artémis. L'image exprime l'espoir que le vœu adressé à la déesse sera entendu. Les moines y voient sans doute l'oreille de Dieu, qui entend tout.

Il a considéré son verre d'ouzo comme s'il ne se souvenait pas de l'avoir commandé. Il a commencé à le boire par petites gorgées, sans s'interrompre, de sorte qu'il n'a pas tardé à le finir. Il m'a alors tutoyé pour la première fois :

— Si tu as besoin de quoi que ce soit d'autre, n'hésite pas à m'appeler, chez moi ou au bureau.

Il m'a écrit le numéro de son bureau, je lui ai donné à mon tour celui de mon portable.

— On y va ? lui ai-je proposé sur le même ton amical qu'il avait employé une heure plus tôt.

Il m'a fait un signe de tête affirmatif. Nous avons marché jusqu'à l'avenue Vassilissis-Sophias. Il avançait plus lentement, comme si sa jambe infirme lui pesait maintenant davantage. Il s'est arrêté à mi-chemin.

— Quel âge as-tu ?

— Vingt-quatre ans.

— Bien, a-t-il dit de nouveau.

Il a eu du mal à entrer dans le taxi, il lui a fallu soulever sa jambe droite de ses deux mains pour la placer à côté de l'autre. Alors que je traversais l'avenue pour prendre le métro au palais de la Musique, j'ai songé au moine blond qui regarde, depuis son monastère, la place de son village. « Tous les moines pleurent, mais chacun pour une raison différente. »

Je ne suis pas sorti de chez moi hier, samedi. J'ai ouvert la radio à deux ou trois reprises. La moitié des stations rendait compte du défilé militaire et l'autre moitié retransmettait la messe. Je n'étais d'humeur à écouter ni des psalmodies, ni des marches militaires, et vers midi j'ai définitivement éteint le poste.

7

Quand ai-je couru pour la dernière fois ? Il
me semble que c'était à Tinos, je ne me rappelle pas avoir jamais couru à Athènes. Je songe
à la vieille ruelle sinueuse bordée d'échoppes
qui monte vers l'église de l'Annonciation. Ai-je
vraiment bousculé une femme et failli renverser
une corbeille pleine de flacons en plastique ?
On les vend aux pèlerins qui y recueillent l'eau
de la source jaillissant sous le sanctuaire. Cette
eau aussi a la réputation d'être miraculeuse. Il
est vrai qu'elle ne tarit pas, ce qui, dans une île
relativement aride, constitue déjà un petit miracle.

Aurais-je couru sur les quais de Tinos, entre
l'agence de la Banque nationale et le café de
Dinos où mon père m'attendait en fumant sa
pipe ? Il ne fume qu'une fois par jour, le soir,
après son travail. Je ne sortais sûrement pas de
la banque à une heure pareille. Il me semble
que les gens qui courent sortent toujours de
quelque part. Il est rare que l'on se mette à

courir subitement, alors qu'on chemine dans la rue. J'ai l'impression de les voir : les uns surgissent en courant de l'étude du notaire, les autres de la Maison de la culture, d'autres enfin de la poste. Je ne vois personne en revanche sortir précipitamment de l'église, peut-être parce que tout est fermé le dimanche. On ne court pas les jours fériés.

Enfant, je courais dans la cour de l'école avec mes camarades. Nous nous poursuivions autour des piliers en ciment qui soutenaient les paniers de basket et d'une colonne beaucoup plus courte, construite en pierres sèches, qui supportait un buste d'adolescent. Alors que Tinos est réputée pour son marbre, ce portrait était taillé dans une vilaine pierre grise qui avait subi de surcroît un grand nombre d'outrages. L'adolescent n'avait pas de nez, pas d'oreilles, pas de menton, et ses yeux étaient deux trous. Un élève avait écrit sur sa poitrine, au marqueur noir : « Mais qui est donc ce branleur ? » L'horrible fresque qui s'étalait sur l'un des murs de la cour — elle figurait une mer couleur de méthylène où nageaient des poissons orange — avait inspiré une inscription semblable : « Quel branleur a fait ça ? » Le mot « branleur » nous plaisait bien, c'était l'un de nos mots de prédilection.

L'école est située sur la nouvelle avenue qui mène tout droit du port à l'église, et qui est en pente raide. Une moquette grise s'étend le long de la chaussée, à côté du trottoir. Elle est destinée aux fidèles qui font le trajet à quatre pattes. Ce sont essentiellement des femmes d'un certain âge qui se livrent à cet exercice. Elles progressent en haletant les unes derrière les autres, car la moquette n'est pas assez large pour permettre les dépassements. Nous prenions un malin plaisir à les importuner, tantôt en passant en trombe devant elles, tantôt en les bousculant, le plus souvent poussés par un camarade qui, l'instant d'après, nous rabrouait sévèrement :

— Tu ne peux pas faire un peu attention à la petite dame, connard ?

Les petites dames ignoraient parfois nos facéties, et parfois se mettaient à vitupérer, nous traitant de sales gosses, de voyous. Aucune n'avait cependant le courage de nous poursuivre, elles avaient parcouru au moins deux cents mètres lorsqu'elles arrivaient à la hauteur de l'école. Je ne me rappelle pas avoir jamais vu d'homme dans cette procession. Je me souviens en revanche de quelques jeunes filles dont l'apparence était plus conforme à la mode qu'à la religion. Nous observions avec émoi leur poitrine, mise en valeur non seulement par leur position mais aussi par le vent qui faisait régulièrement bâiller leur corsage. Longtemps après leur passage elles continuaient à traverser nos nuits.

Je revois également une femme extrêmement pâle qui ressemblait un peu à ma mère. Son sac s'était malencontreusement ouvert en chemin, en répandant sur la chaussée quantité de pièces de monnaie. Les dames qui venaient à sa suite avaient aussitôt quitté le rang et s'étaient mises à courir, toujours à quatre pattes, derrière les pièces qui roulaient dans toutes les directions. J'en avais vu plusieurs glisser subrepticement la monnaie qu'elles récupéraient dans leur poche.

Je courais aussi dans le jardin de mon grand-père, à Falatados, derrière les papillons. Je trébuchais sur une pelle oubliée par terre, sur un tuyau en plastique, sur une pierre, et je tombais. Je n'avais d'yeux que pour les papillons. Je demeurais immobile lorsqu'ils se posaient sur une fleur puis je m'approchais tout doucement d'eux. Je les observais longuement avant d'étendre la main. Deux espèces de papillons me sont restées en mémoire, les rouges, qui portaient au centre de leurs ailes une tache verte cernée d'un fin trait noir, et les jaunes à marbrures noires, qui étaient assez grands. J'étais fasciné par la similitude de leurs ailes, j'essayais de repérer une différence, fût-elle infime, et je n'en voyais aucune. Je ne les tuais pas après les avoir capturés, je les laissais repartir au bout d'un court instant. Je voulais m'entendre avec eux, leur faire comprendre que j'étais leur ami et qu'ils pouvaient se poser sans crainte sur ma tête ou sur mes vêtements. Je pensais qu'ils venaient du monde lointain, plein de couleurs, où vivait mon frère. Les papillons étaient les messages que m'envoyait Gérassimos.

Mon grand-père, le père de mon père, portait le même nom. C'était un homme bon qui me laissait jouer en toute liberté dans son jardin, me servir de ses outils, examiner les arbustes qu'il cultivait dans sa pépinière. Il les vendait sur le marché, au bord de la route qui conduit au nouveau port. Il avait des citronniers, des cyprès, des pins, des lauriers, des amandiers. L'arboriculture était devenue son métier depuis qu'il avait perdu son bras droit dans la carrière de Marlas. Le beau marbre vert dans lequel sont taillées les colonnes de la maison de Nausicaa vient de Marlas. Je n'ai jamais pu me rendre exactement compte de son infirmité, car il portait en permanence des chemises à manches longues, boutonnées aux poignets. Je devinais juste que son bras avait été sectionné au-dessus du coude. Il avait eu cet accident alors qu'il posait une charge de dynamite dans la carrière.

— Qu'est-ce qu'il est devenu, ton bras ? l'ai-je questionné un jour.

— Il est resté là-bas, à Marlas. Il a été mangé probablement par les oiseaux.

Il est mort quand j'avais douze ans, mes parents m'ont emmené à son enterrement, je n'avais encore jamais assisté à des obsèques, ma grand-mère, la femme de Gérassimos, était morte lorsque j'étais tout petit.

Mon père soutient que les enterrements ravivent le sentiment religieux. Il se peut qu'il ait raison, mais je sais qu'ils produisent parfois l'effet inverse. La vue de mon grand-père dans son cercueil m'a très profondément attristé, bien que je fusse convaincu que sa disparition n'était que provisoire et qu'il sortirait un jour de sa tombe. Je me suis cependant demandé s'il disposerait, ce jour-là, de ses deux mains. Cette question m'a poursuivi tout au long de la cérémonie. Je l'ai soumise à ma mère dès que nous sommes sortis du cimetière. Elle m'a regardé en plissant les lèvres, comme si elle s'apprêtait à me gronder. Elle ne m'a pas répondu immédiatement. Son hésitation m'a fait la plus mauvaise impression. «Elle n'en sait rien», ai-je pensé. Mes premiers doutes concernant la religion sont nés à ce moment-là, ils ont été le fruit de ce court silence. Lorsqu'elle m'a assuré que grand-père monterait au ciel en ayant ses deux bras, il ne m'a pas été possible de la croire. La reconstitution d'une main que d'innombrables oiseaux avaient partagée m'a paru totalement invraisemblable.

Comment se fait-il que je ne me rappelle pas avoir couru à Athènes, où pourtant tout le monde court ? Ma mémoire a apparemment du mal à enregistrer le mouvement, elle fige les visages, elle fonctionne à la manière d'un appareil photo. Mes souvenirs ressemblent à des voitures en stationnement.

J'ai lu le volume publié en 1963 à l'occasion du millième anniversaire de la communauté athonite. Il se compose d'articles de professeurs d'histoire byzantine, de théologie, d'architecture, de peinture, grecs et étrangers, ainsi que d'un texte signé par un ancien gouverneur civil de l'Athos, du nom de Constantopoulos, qui soutient que le monde actuel va de mal en pis et que la notion de progrès est une invention de Satan. Il dénonce l'égoïsme, l'hédonisme et le scepticisme de l'homme moderne, qui est incapable d'entendre la voix de Dieu, de purifier son cœur afin d'y voir, comme dans un miroir, le reflet de la figure divine. La seule remarque intéressante de son intervention, heureusement succincte, est que les icônes byzantines sont en réalité des fenêtres qui donnent sur un autre monde, infiniment plus lumineux que le nôtre.

Le premier monastère, qui prit le nom de Grande Lavra (le mot « lavra » signifiait « monastère », « laure » à l'époque byzantine et « agora » dans l'Antiquité), a donc été construit en 963 par saint Athanase l'Athonite grâce à des fonds fournis par son grand ami, l'empereur Nicéphore Phocas, lequel, en dépit de ce geste pieux, eut une triste fin : il fut assassiné par son neveu, Jean Tzimiskès, avec l'aide de sa femme, je veux dire de la femme de Nicéphore, qui s'appelait Théano comme mon professeur. Les moines tiennent apparemment d'Athanase lui-même leur aptitude à s'adapter à toutes les situations : le saint homme reporta sur le nouvel empereur l'amitié qu'il avait pour le précédent et réussit à lui soutirer la somme qui lui manquait pour parachever son monastère.

Quelques moines étaient déjà installés sur l'Athos en ce temps-là, mais ils n'étaient pas organisés en communautés, ils vivaient dans l'isolement le plus complet, c'étaient des gens discrets. La Sainte Montagne restait à inventer. Athanase ne s'est pas contenté de construire un édifice colossal. Il a aussi créé un hôpital, une auberge, un port, et fait l'acquisition d'un bateau dans le but de développer les relations commerciales de son établissement avec le monde extérieur. Il a inventé divers nouveaux métiers, celui de moine-marchand, de moine-marin, de moine-agriculteur. Il considérait que la réussite d'un monastère se mesure à sa prospérité. Il n'a cessé, jusqu'à la fin de ses jours, de solliciter des dons et d'acheter de la terre.

Cet entrepreneur avisé fut aussi l'auteur d'une œuvre spirituelle considérable. C'est lui qui a le premier défini, conformément aux recommandations de saint Basile de Césarée, les règles de la vie communautaire, en insistant déjà sur ce que Joseph l'ancien répète à l'envi dans ses lettres, à savoir que le bon fonctionnement d'un couvent repose sur la soumission des moines à leur higoumène. Il encourageait le jeûne, il croyait qu'il est bon de pleurer, mais il n'approuvait pas qu'on s'inflige à soi-même des châtiments corporels.

Qu'est-ce qu'on peut dire d'autre à son sujet ? Qu'il était né à Trébizonde, que son nom de baptême était Avramios, et qu'il lui plaisait, enfant, de jouer à l'ermite ? Qu'il se consacra un temps à copier des textes ecclésiastiques de sa plus belle écriture ? Qu'il est mort en 1001 en tombant d'une échelle ? Que son cadavre saigna trois jours d'affilée ? Qu'il se présenta, quelque temps après sa mort, au peintre qui avait commencé son portrait en lui demandant de l'achever ?

La réputation de la Grande Lavra s'étend rapidement en Orient comme en Occident. Des moines venus d'Italie et d'Arménie débarquent sur la péninsule. On construit de nouveaux monastères, organisés selon les principes d'Athanase, non moins imposants que le sien et qui ne sont pas tous hellénophones. Le monastère d'Iviron est financé par une riche famille d'Ibérie, nom que portait alors la Géorgie. Des moines bulgares, serbes et russes viendront un peu plus tard peupler les monastères de Zographou, de Chilandar et de Saint-Pantéléimon. Lors du schisme d'Orient, en 1054, l'Athos bénéficie déjà de l'aura d'une capitale religieuse. L'historien Nicolas Svoronos note que les empereurs de Byzance ont favorisé la création d'un tel centre dans le but d'affirmer leur position dans les Balkans. C'est l'époque où Byzance perd du terrain en Orient et tente d'en gagner à l'ouest.

« *L'attrait de la Sainte Montagne*, écrit un autre historien, le Français Jacques Bompaire, *est dû au fait qu'elle nous transporte dans un autre temps, au XIIIe ou au XIVe siècle.* » Ce sont de bons siècles pour les moines qui continuent de prospérer, malgré les incursions annuelles des pirates turcs et en dépit des pillages perpétrés par les croisés et par les Catalans au commencement des XIIIe et XIVe siècles respectivement. On devine que leur fureur à l'égard du pape ne cesse de croître : ils sont, dans leur majorité, radicalement opposés à la réconciliation des chrétiens, acceptée par l'empereur Michel Paléologue et avalisée par le concile de Lyon, en 1274. Ils attribuent à Dieu le séisme qui ravage le monastère prooccidental de Xéropotamou.

La conquête de Byzance par les Ottomans, au XVe siècle, bouleverse moins la vie du mont Athos qu'on ne pourrait le penser. Les moines ne sont pas contraints de hisser les couleurs du nouvel empire, ils conservent leur autonomie et leurs propriétés, qui sont tout à fait considérables. La Grande Lavra dispose de cinq mille hectares de terre, Xéropotamou possède en partie l'île de Naxos, Vatopédi celles de Thasos et de Lemnos. Ce dernier monastère gère une importante flotte commerciale, amarrée à Constantinople. Il n'en est pas moins vrai que

114

l'Athos perd les subventions auxquelles il était habitué, et doit verser des taxes plus lourdes que par le passé. C'est donc une période relativement difficile qui s'ouvre et qui ne s'achèvera qu'en 1912 avec la libération de la Grèce du Nord par l'armée grecque. J'apprends que des moines sillonnent les Balkans en exposant des fragments de la Vraie Croix, afin de collecter des fonds. Je découvre aussi qu'ils refusent d'accueillir les paysans de Chalcidique, pourchassés par les Ottomans, qui se réfugient dans la péninsule. Deux des principaux représentants de la philosophie des Lumières en Grèce, Néophytos Doucas et Anthimos Gazis, qui ont pris une part essentielle au soulèvement de 1821, parlent en termes cinglants des Athonites : le premier les traite de « *fainéants* », tandis que le second observe qu'ils « *se nourrissent de la sueur des pauvres laïcs, qu'ils égarent avec leurs superstitions* ».

La fin de cette époque est marquée par l'accroissement spectaculaire de la population russe de l'Athos. Il faut dire que la Sainte Montagne, qui est reliée directement par bateau à Odessa, fait l'objet d'une ferveur particulière en Russie orthodoxe. La générosité des tsars envers les moines n'est cependant pas tout à fait angélique : elle est associée à une politique d'expansion vers le sud et à la recherche d'un débouché en Méditerranée. Cette évolution inquiète naturellement les Grecs, qui ont toujours la majorité au sein de la Sainte Communauté puisqu'ils contrôlent la plupart des monastères, mais ne l'ont plus dans la péninsule. En 1910 elle compte trois mille quatre cent quatre-vingt-seize Russes, contre trois mille deux cent soixante-seize Grecs. Ces derniers ne seront soulagés de la crainte de perdre leur mainmise sur l'Athos qu'avec le renversement du régime tsariste en 1917. La révolution d'Octobre, annonciatrice de tant de maux pour l'Église de Russie, constituera pour les moines grecs une très heureuse nouvelle.

Comment sera donc le premier moine que je rencontrerai ? Je sais qu'il ne portera pas la toque rigide des popes, mais un bonnet noir. Il sera drapé d'une robe noire, ou de couleur brune. Sa ceinture large et bien serrée dissimulera tant bien que mal son gros ventre. Il viendra vers moi en boitant, comme Charis Katranis. Il aura dans les mains un chapelet de cordes tressées.

— Quel bon vent t'amène, mon garçon ? me demandera-t-il.

Sa voix sera sirupeuse. Un oiseau posé sur un mur se retournera et le dévisagera avec curiosité.

— Je viens de la part d'une vieille amie qui veut tout savoir sur votre communauté.

— Je vais tout te dire, me rassurera-t-il en souriant ironiquement comme Vezirtzis.

Il aura de grands yeux noirs comme la Sainte Vierge. Nous prendrons place sur un petit banc entre deux cyprès de très haute taille et nous contemplerons un moment la mer.

— Il faut prier pour comprendre l'orthodoxie.

Il sortira de sa poche un loukoum sur lequel seront collés des brins de tabac et il me le proposera.

— Non merci.

Son haleine sentira l'ail.

— Je n'aime pas les loukoums non plus.

Il le remettra dans sa poche.

— Tu sais ce qui me ferait vraiment envie ? poursuivra-t-il. Manger un gâteau au chocolat.

Le soleil sera en train de décliner à l'horizon.

— Je ne comptais rester sur la Sainte Montagne que le temps de gagner la confiance des moines et de voler quelques icônes, parmi les plus belles, les plus anciennes. Mais la première fois où j'ai tenté d'embarquer une image de la Vierge, un miracle s'est produit : la petite mère du Christ a eu les larmes aux yeux. Je les ai essuyées avec ma langue et j'ai pris la décision de rester ici.

Il croisera les jambes. Il portera d'élégants escarpins à talons hauts comme ceux de la vendeuse du Pantocrator.

— Voilà pourquoi vous boitez, lui dirai-je, parce que vous portez des chaussures à talons hauts.

— C'est bien possible.

8

La première semaine d'avril touche à sa fin.
Le temps ne s'est pas amélioré, il continue de
faire frais la nuit et tôt le matin. Quelques petites feuilles ont cependant poussé sur le figuier,
c'est le seul changement que j'ai observé dans
le jardin.

Je me réveille de plus en plus tôt comme si
j'avais un rendez-vous, je fais rapidement un
café puis je me recouche et j'inspecte l'espace
qui m'entoure. J'imagine que je me trouve dans
un lieu étranger, qu'aucun objet ne m'est familier, je découvre mes pantoufles, mes chaussures posées sous la chaise, mes vêtements
suspendus dans la penderie et la serviette de toi-
lette jaune qui est accrochée à la poignée de la
fenêtre. Que penserait Yanna de ma chambre si
elle me rendait visite ? Il est certain qu'elle ne
la trouverait pas assez propre. Je la nettoie som-
mairement tous les quinze jours avec un balai
de paille mais je n'enlève la poussière qu'une
fois par an, au début de l'été. Je vide alors com-

plètement ma bibliothèque, je passe un chiffon
humide sur les étagères, puis je tape sur chaque
livre avec ma main. Elle ne manquerait pas de
critiquer mes pantoufles, qui sont un cadeau de
mon père et qui ont effectivement un côté
vieillot. Leur cuir s'est déporté sur le côté depuis que je les ai trempées en sortant dans le
jardin un jour où il pleuvait à verse. Je voulais
récupérer mon linge qui était étendu dehors.
Depuis lors, j'essaie en vain de redresser le cuir,
tantôt en le comprimant de mes mains, tantôt
en posant dessus de gros dictionnaires.

— Elles sont à toi, ces pantoufles ? me de-
mandera Yanna.

Je lui dirai que les moines du mont Athos ne
se déplacent qu'en pantoufles.

— Pourquoi cela ?

— Mais parce qu'ils ne sortent pas de leurs
monastères ! Ils ne vont même pas jusqu'à la
mer. Leur règle leur interdit de se baigner !

Autrefois les fenêtres des couvents ne donnaient pas sur la mer mais sur la cour centrale,
c'est-à-dire sur le *catholicon*.

Je lave mon linge moi-même dans la machine
de la maison. Sophia a refusé de le prendre en
charge, comme elle a refusé de s'occuper de ma
chambre moyennant une rétribution.

— Trouves-en une autre, m'a-t-elle dit. Je ne
suis pas ta femme de ménage.

J'en ai effectivement trouvé une autre la première année, Despina, mais je ne l'ai pas gar-

dée plus de trois mois. Elle était originaire de Kalamata, divorcée avec un enfant, et habitait Maroussi. Elle avait un ami mais, comme elle me l'a précisé dès notre première rencontre, leur relation battait de l'aile. La troisième fois où elle est venue chez moi, elle a mal refermé la porte de la salle de bains pendant qu'elle se changeait. Je m'apprêtais à partir pour l'université, mais le spectacle que j'ai entr'aperçu m'a fait changer d'avis. Nous sommes restés au lit jusqu'à deux heures de l'après-midi, l'heure à laquelle elle terminait sa journée de travail. Je lui ai donné les vingt-cinq euros que je lui devais, non sans hésitation, car elle n'avait rien fait. Nos rencontres suivantes se sont déroulées de la même façon, à cette différence près que je m'obligeais, avant son arrivée, à nettoyer la maison de fond en comble afin qu'elle se sente dégagée de toute obligation. La somme que je continuais à lui verser m'a paru, au bout d'un certain temps, à la fois excessive et insuffisante. Elle, de son côté, devait la trouver plutôt insuffisante car elle m'a demandé de lui offrir l'unique chemise blanche que je possédais, une écharpe tricotée par ma mère et mon appareil photo. Elle m'a finalement apporté la liste des livres qu'elle devait acheter pour son fils. Je les ai tous achetés, mais je ne lui ai plus téléphoné. J'ai souvent pensé à elle depuis cette époque, mais toujours avec une certaine réserve, peut-être parce que je n'ai jamais bien compris la nature de notre liaison. Je regrette tout de même un peu de lui avoir donné mon appareil photo et de devoir à présent emprunter celui de Vezirtzis.

Mon père m'envoie cinq cents euros par mois. Ce n'est pas peu, compte tenu du fait que je n'ai pas de loyer à payer et que je prends la plupart de mes repas à Kifissia, sans rien débourser. Ce droit n'était pas prévu par mon accord initial avec ma logeuse, elle me l'a octroyé de sa propre initiative.

— On ne fait pas de la bonne cuisine pour deux, a-t-elle décrété un jour. Mieux vaut donc que Sophia fasse la cuisine pour trois.

Hier, alors que je déjeunais, Sophia m'a demandé, peut-être pour couper court à mon humeur badine, si j'avais appris quelque chose de neuf au sujet du mont Athos. Je me suis souvenu de la discussion que nous avions eue lors de l'anniversaire de Nausicaa.

— Ce n'est pas vrai qu'aucune femme n'a jamais vécu sur la Sainte Montagne. Au temps de l'Empire byzantin, des paysans y habitaient avec femmes et enfants. Ils assuraient l'approvisionnement en vivres des monastères. La règle de l'*abaton* a été enfreinte à maintes reprises pendant la période ottomane, tantôt par des familles persécutées, tantôt par des princesses russes ou des épouses d'ambassadeurs.

Elle avait préparé de la moussaka. Elle m'avait servi un assez gros morceau, de la taille d'une brique, que je coupais verticalement avec ma fourchette de façon à savourer simultanément tous ses ingrédients.

— Elle a été transgressée encore récemment, a-t-elle observé en me scrutant comme pour deviner si j'étais au courant de ce fait.

Elle se tenait debout devant l'évier. Elle venait de finir la vaisselle et s'essuyait les mains sur son tablier.

— Récemment ? ai-je répété comme au théâtre.

— Pendant la guerre civile, l'Armée populaire de libération nationale a envahi l'Athos. Elle comptait dans ses rangs bon nombre de femmes qui ont fêté l'abolition de l'*abaton* en dansant sur la place de Karyès, devant le siège de la Sainte Communauté et sous le regard des moines.

Ces femmes ne m'ont inspiré aucune sympathie. Leur provocation m'a paru puérile et plutôt bête. J'ai ressenti en revanche de la compassion pour les moines. Mais Sophia tenait tant à m'épater que je me suis senti tenu de m'exclamer :

— C'est étonnant !

À ce moment-là, Nausicaa est apparue dans l'encadrement de la porte. Nous avons eu tous les deux un mouvement de frayeur car il est très rare qu'elle se lève seule de son fauteuil ; elle ne met en outre jamais les pieds dans la cuisine.

— Qu'est-ce qui est étonnant ? a-t-elle demandé sans réelle curiosité.

Elle n'a fait aucun commentaire en apprenant l'initiative des femmes communistes.

— Ah bon ! a-t-elle dit simplement.

Son regard était tourné vers le soleil éclatant qui entrait par la fenêtre. Sa lumière semblait aussi compacte que les objets qu'elle éclairait. J'ai espéré que Nausicaa était capable de la distinguer, ne fût-ce que confusément. Elle a prié Sophia de la conduire dans sa chambre.

— Je suis fatiguée. Je me suis toujours sentie fatiguée en avril, dès mon plus jeune âge. C'est le mois le plus épuisant.

Sophia l'a prise doucement par le bras. Avant de sortir de la pièce, Nausicaa m'a dit :

— J'aimerais avoir une conversation avec vous. Venez me voir quand vous aurez un peu de temps. Moi, comme vous le savez, je suis disponible à tout moment.

« Elle me parlera de son frère. » J'avais terminé la moussaka, j'ai nettoyé mon assiette avec un bout de pain puis je l'ai lavée comme je le fais toujours. Les gants roses que Sophia avait laissés sur le rebord de l'évier m'ont ramené à l'atelier du département d'archéologie sous-marine. J'ai entrevu la belle statue plongée dans l'eau. « Je forcerai une nuit la porte du département pour pouvoir la regarder en paix. » Je crains qu'elle ne perde sa grâce lorsqu'on la sortira de l'eau pour l'installer, debout, dans une salle de musée. J'ai entendu le grincement du lit de Nausicaa. Sophia a regagné la cuisine d'un air soucieux.

— J'essaie de la convaincre de faire des analyses. Tu sais depuis quand elle n'a pas vu un médecin ? Depuis 2001 !

« Les résultats des analyses que font les vieux sont toujours bons. Mais peu de temps après ils meurent. » Elle a fait un café que nous avons bu assis l'un en face de l'autre. Elle m'a dit qu'elle tenait l'histoire de l'incursion des femmes chez les moines de son grand-père, qui avait servi dans l'Armée de libération.

— Ce n'est pas lui-même qui a pris part à cette opération, mais un de ses camarades, qui a d'ailleurs photographié les partisanes en train de danser. Mon grand-père a vu la photo en question, mais je ne sais pas s'il pourrait la retrouver car son ami est mort.

J'ignorais jusqu'à cet instant l'existence de ce grand-père. Sophia ne parle guère de sa famille. Elle donne volontiers son avis mais se confie peu. Je ne sais presque rien d'elle en dehors du fait qu'elle est née à Arachova, qu'elle a fait des études de puériculture à Jannina et qu'elle a travaillé, avant d'être engagée par Nausicaa, dans une crèche de Kifissia.

— Les femmes n'ont pas dû rester bien longtemps au mont Athos, car les maquisards sont vite arrivés à un arrangement avec les moines, ils leur ont même promis qu'ils n'aboliraient pas leurs privilèges s'ils prenaient le pouvoir. Ils leur en ont fait la promesse formelle, dans un document signé par leur direction. Mon grand-père pense qu'il est difficile de gouverner la Grèce sans le consentement ou tout au moins l'accord tacite du clergé et des moines. Tu sais ce que je crois, moi ? Que tout le monde veut être en bons termes avec tout le monde. Il y a quelques années, le Parti communiste a organisé une collecte pour la construction de la Maison du peuple. Eh bien, les moines de l'Athos ont donné une somme importante !

Elle a dit cela d'un ton acerbe, en fronçant les sourcils. « Elle a grandi dans une petite ville morose plongée dans le brouillard », ai-je songé. Je ne suis jamais allé à Arachova. Au bas de la fenêtre était visible le bout d'une branche du figuier qui ne portait qu'une seule feuille, absolument minuscule. Je suppose que je trouverai dans le livre que Katranis m'a offert des informations concernant les liens de la Sainte Communauté avec les partis politiques. J'ai rapporté à Sophia ce que je savais de ce commandant de l'Armée de libération qui a fini par prendre racine au mont Athos.

— Il y a peut-être rencontré la société sans classes dont il rêvait.

— Le régime en vigueur dans les monastères est de type aristocratique, l'ai-je informée. L'higoumène n'est pas élu par les moines mais désigné à vie par son prédécesseur.

Je lui ai rappelé aussi le témoignage de Fréris, selon lequel tous les moines ne mèneraient pas la même vie.

— Ne me parle pas de ce malappris, a-t-elle grogné. Je suis sûre qu'il a répertorié tous nos meubles. Si je ne l'avais pas surveillé de près quand il a visité la maison, il aurait même fouillé les tiroirs.

Je commençais à m'engourdir. Le mot « malappris » m'a un peu tiré de ma torpeur car il y avait longtemps que je ne l'avais pas entendu, peut-être depuis l'école primaire. J'ai imaginé que Sophia me prenait dans ses bras et qu'elle me portait jusqu'à mon lit. J'ai traversé le jardin d'un pas lourd. Avant de me coucher j'ai trouvé la force d'ouvrir le *Dictionnaire de la philosophie présocratique*, mais je n'ai pas pu me rappeler quel était le terme que je voulais regarder. « Dans quelques mois je n'habiterai plus cette maison. » Je me suis endormi sur cette pensée.

À cinq heures de l'après-midi j'ai ouvert les yeux avec le sentiment désagréable que je n'avais rien retenu du rêve que je venais de faire. Je suis arrivé à l'université de Zographou une heure avant le cours. Yanna n'était pas à la cafétéria. J'ai bu une bière avec un ancien camarade du département d'histoire, nous avons évoqué divers amis communs, j'ai appris ainsi que Minas Kopidakis préparait son diplôme de troisième cycle à Thessalonique.

— Son père est une célébrité du barreau, son nom apparaît dans toutes sortes d'affaires douteuses. Tu as dû le voir à la télé, on l'invite régulièrement au journal télévisé. C'est l'avocat des gens de la nuit.

Il m'a donné le téléphone de Minas avec qui il est resté en contact. À la table d'à côté une vive discussion sur le projet de loi autorisant la création d'universités privées était en train.

— La restriction des crédits alloués à l'enseignement public n'a pas d'autre but que de le dévaloriser, a dit quelqu'un.

— Nous ne faisons qu'imiter les États-Unis, où les grandes universités sont privées et richissimes. Les frais de scolarité à Brown, chambre comprise, sont de l'ordre de quarante mille dollars par an. Les universités là-bas sont des entreprises qui participent activement à la vie économique.

J'ai laissé mon condisciple et je suis passé par le bureau des professeurs où j'ai appris que personne n'avait vu Vezirtzis depuis la veille. Comme j'avais encore du temps devant moi, je suis descendu au rez-de-chaussée pour voir les nouveautés proposées par la librairie. J'ai remarqué une profusion de romans qui tentent de faire revivre une époque révolue. Personne ne sait pourtant comment on parlait autrefois ni à quoi on pensait. J'ai ouvert un de ces ouvrages et je suis tombé par hasard sur un début de dialogue qui m'a paru désopilant. Ali Pacha disait à sa concubine :

— Bonjour, Vassiliki !

Et sa concubine lui répondait :

— Bonjour, mon pacha !

Ce sont des livres qui trompent leur lecteur, car il est naturellement impossible de ressusciter le passé. Le roman historique ne me paraît acceptable que lorsqu'il ne prétend pas à l'érudition, quand il met l'histoire au service du roman, comme le fait si bien Alexandre Dumas. Je me suis soudain demandé si l'auteur des *Trois Mousquetaires* a donné le nom d'Athos à l'un de ses personnages en songeant à notre péninsule. Je n'ai cependant rien trouvé de commun entre le mousquetaire et les moines, en dehors peut-être du fait qu'il est taciturne et d'humeur maussade. Il boit par ailleurs énormément et aime une femme exécrable, Milady, qui est tout le contraire de la Vierge Marie.

Théano est littéralement tombée sur moi en courant vers la caisse qui fermait à ce moment-là.

— Tu es là, toi ? m'a-t-elle dit.

Je ne m'étais pas non plus rendu compte de sa présence. Elle m'a montré l'ouvrage qu'elle avait acheté, c'était un livre de recettes de cuisine.

— Je ne sais pas cuisiner, m'a-t-elle avoué. À Glasgow je mangeais tout le temps au restaurant universitaire.

Je l'ai enviée d'avoir étudié dans une ville étrangère, d'avoir connu un autre monde.

— Tu t'es facilement adaptée à Glasgow ? lui ai-je demandé en la tutoyant à mon tour.

— Très facilement. Les mines et les chantiers navals donnent un aspect plutôt mélancolique à la ville, mais les gens sont extrêmement chaleureux, aucun rapport avec les Anglais. Je suis en contact permanent avec la bande d'amis que j'avais là-bas, nous nous appelons régulièrement, ils me disent qui a divorcé, qui est tombé malade, qui a été muté dans un autre établissement. Ils sont aussi cancaniers que nous.

J'ai voulu entendre quelques prénoms écossais.

— Angus, Catriona, Marie, Ewan, m'a dit Théano.

Personne n'était encore entré dans la classe, nous avons donc pu poursuivre notre conversation. Je lui ai demandé si les présocratiques appréciaient la cuisine.

— Ils se nourrissaient de manière plutôt frugale. Pythagore ne mangeait pas de viande parce qu'il croyait que les animaux étaient habités par les âmes des morts. Il considérait les fèves comme un aliment funeste. Empédocle évitait la viande pour la même raison que Pythagore. Xénophane avait un faible pour les pois chiches grillés accompagnés de vin doux. Héraclite condamnait les plats trop riches. Pour donner le bon exemple à ses concitoyens, il mangea un jour en public une soupe de farine d'orge parfumée de quelques feuilles de menthe. À la fin de sa vie, il ne se nourrissait plus que d'herbes sauvages.

Je sais que les ermites mangeaient eux aussi des herbes sauvages. Je lui ai demandé si son prénom était byzantin.

— Il est beaucoup plus ancien ! a-t-elle protesté. La femme de Pythagore s'appelait Théano.

Le cours a porté sur les sens et le mouvement. Les possibilités des sens sont limitées, même celles de la vue : elle ne perçoit pas les changements qui se produisent à un rythme lent, comme, par exemple, les infimes modifications que subissent chaque jour les traits de notre visage. « Nous ne voyons jamais le même visage dans le miroir. » Zénon d'Élée n'est pas le premier à avoir affirmé que rien ne bouge, mais c'est lui qui a soutenu cette thèse avec le plus de ténacité. J'ai écouté ses arguments avec une grande attention pour pouvoir les expliquer à mon père. Le plus décisif, selon Théano, est que chaque distance, « même celle qui sépare ma main de mon porte-documents » (elle avait déposé son porte-documents sur la table), peut être divisée en d'innombrables segments, dont chacun est susceptible d'être partagé un nombre illimité de fois. De cette façon, Zénon étend l'espace à l'infini en le rendant infranchissable.

J'ai songé aux femmes qui gravissent à genoux la rue principale de Tinos. « Elles n'ont pas progressé d'un pouce depuis l'époque où j'allais à l'école... Elles n'arriveront jamais à l'église. » À l'argument de Zénon, Aristote répond en remarquant que le temps aussi peut être divisé de la même façon, et qu'il n'est pas très difficile de parcourir une distance sans fin lorsqu'on a infiniment de temps.

Nous nous attendions tous à ce qu'elle saisisse son porte-documents à cet instant, mais elle ne l'a pas fait.

— L'état d'immobilité que Zénon observe autour de lui explique que le mystère de la création de l'univers ne le préoccupe pas. Quelque chose qui n'advient pas ne peut avoir ni commencement, ni fin. Aristote soutient au contraire que le mouvement, qu'il identifie à la nature, est bien réel et qu'il a forcément une origine, un point de départ fixe. Sa vision du « *premier moteur immobile* » a été abondamment commentée par les théologiens qui voient en lui un précurseur du christianisme.

Elle a conclu sa leçon par quelques éléments biographiques. Zénon a fait montre dans sa vie du même esprit combatif qui parcourt sa philosophie. Il tenta de renverser Néarque, le tyran d'Élée, mais celui-ci l'arrêta et lui demanda d'avouer les noms de ses complices. Le philosophe se trancha alors la langue avec les dents et la lui cracha au visage. Je suis sûr que mon père sera enchanté quand je lui raconterai cet épisode.

Les autres étudiants sont partis précipitamment comme s'ils devaient se rendre tous ensemble quelque part. J'ai jugé pour ma part que la discussion que j'avais eue avec Théano avant le cours m'autorisait à rester un peu plus longtemps avec elle. Elle m'a déclaré qu'elle était loin de partager l'opinion des théologiens sur Aristote.

— Elle traduit le désir de certains intellectuels qui ont lu les classiques de jeter un pont par-dessus le fossé qui sépare la philosophie de la théologie. J'ai vu dans une église de Cythère une icône montrant Aristote en habit byzantin, comme un saint. Les Pères de l'orthodoxie plagient parfois les auteurs anciens, et parfois les couvrent d'injures. Ce qui est certain, c'est que l'histoire de la philosophie grecque s'arrête au début du VIe siècle après Jésus-Christ.

Nous avons éteint les lumières et nous sommes sortis dans le couloir. Alors que nous attendions l'ascenseur, Théano a réalisé soudain qu'elle ne tenait en main que le sac en papier de la librairie avec son livre de recettes. Elle avait oublié son porte-documents dans la classe.

9

Je ne lis plus de livres à Nausicaa. Elle m'a dégagé de cette obligation, jugeant manifestement qu'elle avait suffisamment chargé mon emploi du temps avec la recherche qu'elle m'a demandée. Nous avons donc clos le cycle des lectures, il y a un mois, en terminant *Le Livre de l'impératrice Élisabeth* de Constantinos Christomanos.

Ce jeudi, lorsque je suis allé la voir, je me suis rendu compte que nos tête-à-tête m'avaient manqué, malgré le fait que nous ne discutions presque jamais. Je crois que nous communiquions par le biais des textes que nous écoutions ensemble, en faisant le même voyage. Nous découvrions des phrases qui convenaient tantôt à elle, et tantôt à moi. Nous nous entretenions d'une certaine façon aux dépens de l'auteur, mais en utilisant sa voix. « Je vous connais par les livres que je vous ai lus », pourrais-je lui dire.

Le récit de Christomanos est un hymne à Élisabeth. Il l'accompagne au cours de ses pro-

menades en notant avec ferveur ses paroles, en
observant chacun de ses gestes. Elle, de son
côté, s'habitue peu à peu à sa présence, bien
qu'elle n'apprécie guère la société des hommes.
Elle préfère la fréquentation de la nature. Elle
boit de l'eau à toutes les sources qu'elle croise
sur son chemin. Christomanos n'osera jamais
lui avouer son amour. Il est bien malheureux au
moment de leur séparation définitive. La scène
des adieux se passe à Corfou, dans le palais
qu'Élisabeth a elle-même fait construire, l'Achil-
leion. Elle lui offre une épingle de cravate en or.
Il pleure à chaudes larmes, penché sur sa main
blanche comme un lis. Il se demande, en descendant les marches du palais, s'il pourra vivre
sans elle.

— Quelle heure est-il ? m'a demandé Nausicaa en entendant mes pas sur le parquet.

Il était exactement huit heures, l'heure à laquelle nous commencions la lecture. J'ai pris
place dans le fauteuil familier, près de la petite
table qui porte la lampe de bureau. Je ne l'ai
pas tirée cette fois-ci vers moi. Nausicaa était,
comme toujours, impeccablement vêtue. Elle
portait une longue robe noire à rayures blan-
ches très fines et avait noué autour de son cou
un foulard noir fermé sur le devant par une
broche ronde en argent.

— Alors ? a-t-elle dit.

J'ai regretté de ne pas avoir pris avec moi
mon cahier de notes, de ne pas avoir préparé la

récapitulation que je lui devais. Aucune des informations que j'avais récoltées ne m'a paru digne d'être citée en premier.

— Le mont Athos change constamment de forme, comme change la crête des montagnes quand on se déplace autour d'elles.

— Et celle des îles.

Je lui ai fait un signe de tête affirmatif, comme si elle pouvait me voir. Il m'est difficile d'admettre qu'après tant d'années passées chez elle elle ne me connaît toujours pas. Elle m'a demandé il y a longtemps si je portais des lunettes. Quelle idée peut-elle se faire d'un étudiant de taille moyenne qui ne porte pas de lunettes ?

— Et celle des îles, ai-je acquiescé.

J'ai pensé que le plus simple était de commencer par les temps les plus reculés, par le commencement en somme.

— Pour les Grecs de l'Antiquité, le mont était une pierre que le géant Athos avait jetée sur Poséidon pour le tuer. Il n'a pris le nom de Sainte Montagne qu'après la construction des premiers grands monastères, au Xe siècle. Pour les Perses, c'était un mauvais souvenir, étant donné que leur flotte avait coulé à quelques encablures de la péninsule lors de leur première expédition contre la Grèce. Pour la Vierge Marie, ce fut une mauvaise surprise car elle a été reçue au mont Athos par des statues des dieux olympiens.

— La Vierge a visité le mont Athos ?

— C'est ce que prétendent les moines, qui appellent le promontoire « Jardin de la Vierge ». Ils ont une affection particulière pour la Mère de Dieu, ils pensent qu'elle les attend au seuil du paradis tout de blanc vêtue.

— Vous ne vous moquez pas de moi, j'espère ?

Sa défiance m'a ébranlé. L'effort que j'avais consenti pour lire scrupuleusement les lettres de Joseph l'ancien m'a paru soudain accablant.

— Non, lui ai-je répondu sèchement.

Elle a perçu ma contrariété car elle s'est empressée de me dire :

— Je vous demande pardon. Poursuivez, je vous prie. Je vous écoute avec beaucoup d'attention.

— C'est une montagne sauvage de deux mille mètres d'altitude, traversée par de nombreuses gorges, au sommet de laquelle s'élevait autrefois une statue de Zeus. C'est également un petit paradis à la végétation luxuriante, habité par des oiseaux de toutes sortes, selon le journaliste que m'a présenté Sitaras et un moine d'origine péruvienne qui s'adonne à la poésie.

» Lieu de prière, la Sainte Montagne est visitée chaque nuit par les légions du démon qui cherchent à dévoyer ses habitants. On peut donc supposer que c'est aussi un lieu de perdition. Toutes les créatures de Dieu jouissent de la sympathie des moines, à l'exception des femmes. Celles-ci leur apparaissent plutôt comme des suppôts de Satan. Il semble qu'elles occupent beaucoup leurs pensées. Le journaliste estime que la règle de l'*abaton* est un mythe, que le mont Athos est peuplé de fantômes féminins. Vous m'avez demandé comment l'on prenait la décision de se retirer dans un monastère. Certains l'ont prise à la suite d'un chagrin d'amour.

Elle avait fermé les yeux, qu'elle garde d'habitude entrouverts.

— Je vous ai assommée.

— Pas du tout. Pensez-vous que les hommes ont aussi mauvaise réputation auprès des religieuses que les femmes auprès des religieux ? Est-ce qu'il existe des couvents pour femmes interdits d'accès aux hommes ? Mais comment pourrait-il y en avoir, puisque seuls les hommes ont le droit de dire la messe ?

Ces remarques pertinentes auxquelles, je l'avoue, je n'ai rien trouvé à répondre, ont gommé complètement l'amertume que j'avais ressentie un peu plus tôt. J'ai même pensé que Nausicaa était sans doute l'une des personnes les plus remarquables que j'avais jamais rencontrées.

— D'aucuns prennent l'habit pour oublier, et d'autres afin qu'on les oublie. Ils changent tous de nom, se laissent pousser la barbe, ils se déguisent. Ils ne sont plus reliés au passé que par une lettre : leur nom de religion a la même initiale que leur nom laïc. Ainsi Platon s'appellera désormais Porphyrios ou Procopios, Aristote Arsénios, Socrate Synésios ou Syméon.

— Et Dimitris ?

— Damien... Ou Daniel...

L'icône de saint Dimitris qui est posée sur sa table de nuit m'est revenue à l'esprit. « Je n'ai pas besoin d'en savoir plus long qu'elle ne veut m'en dire. »

— Le mont Athos vous rappelle que vous n'êtes rien, que Dieu vous a créé à partir du néant, que vous lui devez tout. La vie dans les couvents n'est pas des plus plaisantes. La nourriture y est médiocre, les heures passées en position debout nombreuses et les nuits, comme je vous l'ai dit, agitées. Ce sont de rudes écoles où l'on apprend à ne pas se souvenir, à ne pas penser, à ne pas avoir d'opinion, et à obéir bien sûr. La leçon principale, qui fut d'abord enseignée par saint Athanase, le fondateur de l'Athos, traite de la soumission. Il n'est pas du tout étonnant que la guerre d'Indépendance de 1821 n'ait pas ému les moines. La liberté ne fait pas partie des matières enseignées.

— Ne vous énervez pas, a dit Nausicaa. Rien de bon n'est jamais sorti d'un mouvement de colère.

Je me suis rappelé que Démocrite a exprimé une opinion analogue et je le lui ai dit.

— J'avais oublié que vous étudiez aussi les présocratiques... On pourrait demander à Sophia de nous faire un thé, qu'en pensez-vous ?

— Je préférerais boire un raki.

Je savais qu'elle avait du raki de Tinos, elle l'avait sorti pour son anniversaire.

— Eh bien dans ce cas, je vais moi aussi en boire un.

Le meuble contenant les boissons et les verres ressemble à une armoire. Sa partie supérieure est munie d'une porte cintrée sur laquelle est accrochée une longue pièce de bois. Cette porte peu commune s'ouvre de haut en bas, elle bascule en même temps que la pièce de bois vers le sol et finit par se transformer en table. Où Nausicaa a-t-elle donc trouvé ce meuble ? « C'est François qui le lui a apporté de France », ai-je songé en servant le raki dans deux petits verres.

Sa main tremblait tant que j'ai eu peur qu'elle ne renverse l'alcool sur sa robe. Elle a cependant réussi à en boire une gorgée et m'a immédiatement rendu le verre.

— Cela me suffit. Je n'ai été ivre qu'une seule fois dans ma vie, à Paris, il y a longtemps.

Je m'attendais à ce qu'elle poursuive, mais elle n'a pas poursuivi. Elle parle aussi peu d'elle-même que Sophia. « Elles ont toutes les deux le goût du secret, voilà pourquoi elles s'entendent si bien. »

— Un chauffeur de taxi m'a parlé d'un moine qui avait prévu le jour de son décès. De nombreux témoignages attestent que les moines, ceux du moins qui ont vécu saintement, répandent une bonne odeur après leur mort.

— Mais on dit la même chose en Palestine des jeunes martyrs de l'islam : leurs tombes exhalent, paraît-il, une odeur suave… Je l'ai appris par les journaux que me lit Sophia. J'ai commencé soudainement à m'intéresser à l'actualité, n'est-ce pas drôle ? J'ignorais que nous recevions de telles sommes de l'Union européenne. Comment peut-elle faire confiance à des bons à rien tels que nous, vous pouvez me le dire ?

Elle m'a demandé son verre et a bu une autre gorgée.

— Mon père était passionné par la politique, il lisait deux ou trois quotidiens chaque jour. Je peux vous dire que, bien qu'armateur, il avait les idées larges, c'était un homme de progrès. Il avait du respect pour ses employés, il ne tutoyait personne… Que disiez-vous ?

— Le mont Athos n'est qu'à une faible distance du ciel… Le paradis est visible depuis les fenêtres de ses églises. La lumière que diffusent les icônes, et qui n'est que le reflet de la flamme des cierges, semble provenir d'ailleurs. Les chants qui résonnent dans les cours des monastères à l'aube sont l'écho d'un autre monde. La Sainte Montagne est une promesse.

J'aurais volontiers interrompu là le bilan de mes travaux. Les mots formaient peu à peu un étau autour de moi, ils se faisaient menaçants.

« Je me sers de mots qui ne sont pas les miens…
Ils appartiennent à des gens que je ne connais
pas et auxquels je n'ai rien à dire. » J'ai fait
quelques pas dans la pièce pour me dégourdir
les jambes puis j'ai repris ma place.

— Ils devraient être pleinement heureux, ces
hommes qui sont sûrs d'aller au ciel et qui
n'ont nullement peur de mourir, ai-je poursuivi
d'un débit plus rapide. Je devine pourtant qu'ils
ne le sont pas. Si je vais un jour au mont Athos,
je pense que j'entendrai continuellement des
pleurs et des lamentations derrière les portes. Je
ne sais s'il est vrai, comme nous l'a dit votre
neveu, que certains moines sont plus souvent
sur la place Aristote de Thessalonique que dans
leur couvent. Autrefois les monastères dispo-
saient de fortunes colossales, est-ce toujours le
cas ?

— Je sais que Venizélos les a expropriés des
terres qu'ils possédaient en Chalcidique pour
les donner aux réfugiés qui ont fui l'Asie Mi-
neure en 1922.

— Voilà encore un fait que j'ignorais. Comme
vous le voyez, je ne suis pas en mesure de vous
dire beaucoup de choses. Je n'ai encore rencontré aucun moine. Je ne sais pas pour quelle raison le poète péruvien dont je vous ai parlé a
choisi l'Athos. Il est évident que la communauté athonite n'aurait pas traversé tant de siècles si elle n'avait pas suivi avec constance la
politique que lui dictaient ses intérêts. Les moi-

141

nes perpétuent le souvenir d'une époque reculée. Je ne sais pas si cela a un sens, si le XIIIᵉ ou le XIVᵉ siècle méritent de durer indéfiniment. Ils perpétuent également une langue artificielle, que personne n'a probablement jamais parlée. Elle rappelle l'atmosphère confinée des cabinets de lecture. Ce sont les gardiens d'un musée où l'Empire byzantin a entreposé quelques-unes de ses plus belles œuvres d'art. Le mont Athos est une mémoire.

Elle a compris que j'avais terminé.

— Je vous remercie. Est-ce que vous avez consigné tout cela quelque part ?

— Dans un cahier.

— J'espère que vous m'en ferez la lecture un jour. Car je suppose que vous ne m'avez pas tout dit ?

— Je vous en ai donné un aperçu, comme les résumés qu'on publie sur la quatrième page de couverture des livres.

Un long silence a suivi, si long que j'ai envisagé de me coucher sur le tapis épais étendu entre les fauteuils et de piquer un petit somme. Je ressentais le même épuisement que j'avais éprouvé en entrant dans l'immeuble d'*Embros*. « Je n'arrive pas à me rappeler quand j'ai couru pour la dernière fois tout simplement parce que je suis fatigué. » Sophia avait dû s'enfermer dans sa chambre car la maison était complètement silencieuse. Une seule voiture a traversé la rue, presque sans bruit. Le quartier est sur-

tout habité par des personnes âgées qui condui-
sent lentement et rentrent tôt chez elles. Nausicaa
paraissait sereine. Peut-être avait-elle oublié ma
présence ? « Elle réfléchit… Elle a une conversation paisible avec elle-même. » Je m'étais à
moitié assoupi lorsqu'elle a repris la parole.

— Mon père ne voulait pas que sa fortune
passe aux mains des moines. Il n'avait aucune
considération pour eux, il les traitait de fainéants.

« Néophytos Doucas ne les voyait pas autre-
ment », ai-je pensé, mais je ne l'ai pas interrompue.

— C'était un bon chrétien mais qui n'aimait
pas les religieux, il préférait communiquer directement avec Dieu, sans leur intercession. Il a
été affreusement déçu lorsque mon frère a pris
la décision d'entrer en religion, il l'a aussitôt
déshérité et a refusé de l'accompagner au port
le jour de son départ. C'est à Paros que mon
frère a prononcé ses vœux. Je me souviens très
bien du trajet que nous avons fait jusqu'au port,
ma mère, lui et moi. Nous avons pleuré enlacés
tous les trois devant le bateau. L'absence de
mon père rendait encore plus douloureuse
notre séparation. Mon frère était alors âgé de
trente-sept ans, et moi de trente-quatre.

« Nous avons perdu tous les deux un frère
qui était notre aîné de trois ans », ai-je pensé.

— Je n'ai jamais compris pour quelle raison il
est devenu moine. Il avait une petite amie à

Athènes, mais il n'était pas follement épris d'elle. Il plaisantait en fait avec toutes les filles. Il était petit, il avait cependant du succès, peut-être parce qu'il aimait faire la fête et qu'il était très galant. On l'entendait d'un bout à l'autre du port quand il chantait, le soir, dans les tavernes. Il avait une belle voix. Il a certainement servi comme chantre dans les monastères où il a séjourné.

» Je ne l'ai pas bien connu à vrai dire, nous n'avons passé que notre enfance ensemble, il a fait ses études à Athènes, c'est là qu'il a terminé, avec le plus grand mal, le lycée. Ensuite il est entré, grâce à un piston naturellement, à la faculté de droit mais il n'a pas suivi les cours bien longtemps. Il n'était pas fait pour les études, ni pour le travail d'ailleurs, c'est en vain que mon père l'a engagé dans sa compagnie en essayant d'éveiller son intérêt pour la marine marchande. Mon frère taquinait toute la journée les employés, non seulement il ne faisait rien mais en plus il empêchait les autres de travailler. Mon père a dû finalement le mettre à la porte. Moi, je ne le voyais que lorsqu'il venait à Tinos.

» Il aimait autant la compagnie des autres que la solitude. Il faisait de grandes promenades dans les montagnes ou le long de la côte. J'ai pensé à lui lorsque vous m'avez parlé de ce Péruvien qui s'inspire de la nature. Mon frère aussi écrivait des poèmes. J'ai gardé certains de ses écrits mais je n'ose pas vous les montrer, je crains qu'ils ne vous paraissent trop maladroits. Ils sont très courts.

— Les poèmes du Péruvien aussi sont courts.

— Il était capable de rester des heures penché au-dessus d'une fourmilière. Il écoutait avec dévotion le chant des oiseaux comme s'il cherchait à décrypter leur langage. Jamais il n'était aussi sérieux que lorsqu'il écoutait les oiseaux.

Je lui ai dit que l'un des moines athonites les plus célèbres, le vénérable Païssios, s'entretenait avec les serpents.

— Je peux imaginer sans peine mon frère en train de converser avec un serpent. Il méprisait l'argent, il soutenait qu'il avait asservi les hommes et qu'il devait être aboli. Il disait cela bien avant la naissance de la société de consommation, comme s'il avait prévu la part que les marchandises prendraient dans nos rêves. Il n'aimait pas seulement chanter, mais également discourir. Il s'est mis un jour à fustiger les femmes qui cheminaient à quatre pattes vers l'église de l'Annonciation, il les a exhortées à se relever. « Qui vous a dit que la Sainte Vierge souhaite vous voir marcher comme des chèvres ? » leur a-t-il demandé. J'évitais de sortir avec lui, il me mettait régulièrement mal à l'aise. Je n'ai pas le souvenir cependant qu'il fréquentait les églises, qu'il sympathisait avec des popes ou qu'il étudiait le Nouveau Testament. Nous avons été stupéfiés lorsqu'il nous a dévoilé sa vocation.

Je m'étais réveillé pour de bon. Je ne me sentais pas moins flatté que Christomanos lorsqu'il recueillait les confidences de Sissi. Mon regard était resté longtemps fixé sur les trois maquettes de cargos en bois verni qui sont alignées sur le marbre de la cheminée, devant le grand miroir.

— Ma mère a fait de nombreux voyages à Paros pour le voir, je l'ai accompagnée à deux reprises, mais l'higoumène ne nous a pas permis de lui parler. « Je ne connais personne du nom de Dimitris Nicolaïdis », nous a dit ce fieffé menteur. Nous avons appris plus tard que la majorité des moines dans ce monastère étaient homosexuels. Toute l'île le savait car ces coquins ne dissimulaient nullement leurs mœurs, ils s'appelaient l'un l'autre, même en public, de noms féminins, Daisy, Betty, Gloria, Angie, peut-être influencés par le cinéma américain. Mon frère n'a pas supporté longtemps ce milieu, il a quitté Paros à bord d'un caïque qui transportait du marbre à Thessalonique. Nous avons appris par le capitaine du bateau, qui avait travaillé jadis pour mon père, qu'il comptait s'installer sur le mont Athos. Lui ne nous a donné d'autres signes de vie que les deux cartes postales qu'il nous a envoyées ici, à ma mère et à moi, d'Ouranoupolis. Vous pouvez lire la mienne si vous le voulez, elle est dans l'album de photos, à la dernière page.

J'ai hésité un instant, n'étant pas convaincu qu'elle souhaitait vraiment que je la lise. « Tout cela fait désormais partie de mon histoire aussi. » Je suis allé jusqu'à la bibliothèque et j'ai retiré la carte postale de l'album. C'était un carton orné d'un dessin à l'encre de Chine qui représentait une tour carrée au bord de la mer. Sur le verso j'ai lu ces mots : « Que Dieu te garde. » L'absence de signature était en partie compensée par le timbre, qui reproduisait une mosaïque figurant saint Dimitris. Le tampon de la poste indiquait la date, « 18. IX.1954 ».

— Vous voulez que je retrouve votre frère ?

Les rayonnages de la bibliothèque me sont apparus comme des loges de théâtre d'où les livres suivaient notre conversation.

— J'aimerais savoir quel genre de vie il a eu, c'est tout. Le mot « soumission » me fait horreur. Mais peut-être a-t-il vécu seul, il y a encore des ermites sur la Sainte Montagne, n'est-ce pas ? Je ne lui garde pas rancune de n'être pas venu à l'hôpital lorsque notre mère est tombée malade, de ne pas lui avoir donné cette joie. Je lui avais fait savoir qu'elle était souffrante par le biais d'un ami qui travaillait au ministère des Affaires étrangères et connaissait le gouverneur de l'Athos. Il n'est pas venu non plus à son enterrement. Il n'a même pas téléphoné.

147

— Il a certainement prié pour elle. Le premier devoir des moines est de prier.

— C'est gentil de prier, mais il faut aussi passer un coup de téléphone de temps en temps.

Un rire léger de jeune fille lui a échappé. J'ai vu sa photo s'animer. « C'est donc ainsi qu'elle riait à l'époque. » Mais elle a aussitôt bridé sa gaieté.

— Je ne saurais que dire à mon frère si je le voyais. Comment pourrions-nous nous entendre maintenant, alors que nous étions incapables de le faire quand nous étions jeunes ? Il comprendrait mal mes questions, il répondrait à côté. Je me trouverais face à un vieillard inconnu, qui ne se souviendrait même pas d'avoir eu autrefois une sœur. Laissons donc mon frère qui n'est probablement plus de ce monde. Est-ce que les communautés religieuses se donnent la peine d'annoncer le décès de leurs membres à leurs familles ?

Je me suis souvenu des têtes de mort posées sur des étagères. « Je trouverai peut-être dans un sous-sol un crâne portant le nom de Damien ou de Daniel. »

— Je n'en ai aucune idée. Lucien écrit que les habitants de l'Athos vivaient de son temps cent trente ans.

Mon regard s'était de nouveau porté sur les maquettes des cargos. Dans le miroir, j'ai vu la porte du couloir, qui était entrouverte, remuer faiblement. Je me suis cependant refusé à croire que Sophia nous épiait. Mais quelques secondes plus tard la porte a encore bougé.

— Je ne ressemble à mon frère que sur un seul point, c'est que moi non plus je n'aime pas l'argent. J'ai hâte de me débarrasser de cette fortune dont je n'ai pas particulièrement profité, exception faite de quelques voyages, et qui m'a empêché de réaliser quelque chose d'utile dans ma vie. J'ai travaillé en tout et pour tout cinq ans avec mon père. Dès qu'il est mort, j'ai vendu la compagnie et je ne me suis plus occupée de rien. J'ai essayé d'écrire un roman, mais je me suis rendu compte que je ne n'avais pas les expériences que requiert une telle entreprise.

Sophia avait fermé la porte. J'ai compris que je m'étais trompé et qu'elle attendait simplement la fin de ma conversation avec Nausicaa pour mettre notre patronne au lit. Mais Mme Nicolaïdis n'était pas pressée d'aller se coucher.

— Je vois moi aussi des fantômes, comme les moines amoureux. Mon frère m'encourage à léguer notre fortune, car je considère qu'elle est aussi la sienne, au mont Athos. Cette solution que ma mère approuve est farouchement combattue par mon père. Je suis lasse de leurs disputes. Je suis assez grande pour prendre toute seule une décision, vous ne pensez pas ? Je ne compte évidemment pas laisser quoi que ce soit à mon neveu, en dehors peut-être d'un colombier que je possède à Tinos. Il ne mérite rien de plus. Savez-vous si les moines financent des œuvres de charité, s'ils subventionnent des établissements d'intérêt public ?

J'ai été contraint une fois de plus de lui avouer mon ignorance.

— J'ai appris par Sophia qu'ils avaient fait un don au Parti communiste pour la construction de la Maison du peuple.

— Tiens donc… Mais peut-être n'est-ce pas si saugrenu que cela… Dostoïevski dépeint des moines d'exception qui partagent les tourments du peuple et ont la vision d'un monde meilleur. Je suppose qu'il doit y avoir de tels hommes parmi les habitants de l'Athos. Tout ce que vous avez appris sur la Sainte Montagne ne vous a pas donné envie de la voir de près ?

Je lui ai parlé de mon mémoire et de la proposition que m'avait faite Vezirtzis de photographier les antiquités encastrées dans les murs des monastères. Je savais qu'elle approuverait mon projet d'aller au mont Athos, j'étais loin de me douter cependant qu'elle en serait émue.

— Vous irez, alors, vous irez, a-t-elle répété jusqu'au moment où ses yeux se sont remplis de larmes.

Je l'ai regardée affolé, comme si je m'étais forgé l'opinion, Dieu sait comment, que l'on perdait, en même temps que la vue, la capacité de pleurer. Je n'étais pas moins stupéfait que ceux qui voient les saints peints sur les icônes fondre en larmes. J'ai pensé que la meilleure façon de l'aider à se remettre était de lui parler comme si je n'avais pas remarqué son émotion.

— Je ferai avec plaisir ce voyage. J'aimerais effectivement m'entretenir avec quelques moines. Je tâcherai bien entendu d'obtenir des informations au sujet de votre frère, mais je crains de recevoir la même réponse que celle que l'on vous a faite autrefois à Paros. Je tenterai néanmoins de résoudre certaines des énigmes suscitées par mes lectures. Je n'ai pas d'avis arrêté sur la peinture byzantine, ni sur la musique, et encore moins sur la littérature de cette époque.

Elle a sorti un petit mouchoir blanc de sa poche et s'est essuyé les yeux.

— J'ai l'intuition que le mont Athos a beaucoup à m'apprendre sur la société dans laquelle je vis, ai-je dit. Je n'oublie pas que les cours commençaient à l'école par une prière collective. Le premier bâtiment construit sur le campus de Zographou fut la faculté de théologie. Les moines ne sont attachés qu'à une seule période du passé. Ils combattent l'Antiquité avec la même énergie que les chrétiens déployaient contre elle aux premiers siècles de notre ère. On dirait que le christianisme n'a jamais gagné cette bataille.

Je lui ai raconté l'agression qu'avait subie la statue exposée au ministère de la Culture de la part d'un moine.

— Est-ce qu'il reste un peu de raki dans mon verre ?

Je lui ai passé son verre qu'elle a vidé d'un trait.

— Vous n'avez aucune raison de vous sentir obligée envers moi, ai-je ajouté. Je vais être payé par l'université pour ce travail.

— L'université ne vous donnera jamais suffisamment d'argent ! a-t-elle déclaré d'un ton véhément. Elle vous versera tout au plus trois cents euros ! C'est moi qui vous paierai le voyage, je dirai dès demain à Sophia de retirer de l'argent à la banque. Votre prix sera le mien, dites-moi une somme astronomique, je vous prie !

Elle a tellement insisté qu'elle m'a finalement persuadé de lui demander de m'offrir un billet d'avion pour Thessalonique.

— Je n'ai jamais pris l'avion.

— Comment est-ce possible, à votre âge ?

— L'occasion ne s'est pas présentée.

— Moi je le prenais souvent, à une certaine époque... Les hôtesses de l'air nous servaient dans des assiettes en porcelaine, au temps où Olympic appartenait encore à Onassis. Nous mangions avec des couverts en argent !

Elle est restée un moment songeuse.

— Savez-vous depuis quand je n'avais pas pleuré ?

— Oui, ai-je répondu. Depuis Paris.

10

16 avril, dimanche des Rameaux. J'ai laissé passer une semaine sans rien écrire, à tort bien sûr, car beaucoup de choses se sont produites dans l'intervalle. Je suis à l'aéroport, dans une salle d'attente. J'ai une heure et demie devant moi jusqu'au départ de mon avion. Dimanche dernier, alors que je terminais le compte rendu de ma rencontre avec Nausicaa, mon père m'a révélé que ma mère était au plus bas.

— Il y a trois jours qu'elle n'a rien mangé. Elle n'a ingurgité que de l'eau.

J'ai pris l'après-midi même le bateau au port de Rafina, je suis arrivé à dix heures et demie du soir à la maison, j'ai trouvé mon père en compagnie du docteur Nathanaïl dans le salon.

— Ne fais pas de bruit, m'a dit mon père, elle dort.

— Il faut la conduire demain à l'hôpital de Syros, pour qu'on la mette sous perfusion, a dit Nathanaïl. Vous demanderez qu'on examine ses pieds.

153

J'ai su qu'elle s'était évanouie en préparant de la confiture et qu'elle avait entraîné la marmite dans sa chute.

— La confiture lui a ébouillanté les pieds, m'a expliqué mon père.

Je l'ai trouvé affaibli, comme s'il avait cessé lui aussi de s'alimenter. Dans la chambre à coucher, la veilleuse à huile était l'unique source de lumière. Ma mère, qui reposait sur le dos, m'a paru plus ratatinée que jamais, on aurait dit une petite vieille. J'ai soulevé un peu la couverture pour voir ses pieds, ils étaient enveloppés dans des bandes de gaze.

— Sois le bienvenu, a-t-elle chuchoté.

J'étais plus disposé à la gronder qu'à la consoler, je n'ai donc pas prononcé les paroles apaisantes qu'elle avait peut-être besoin d'entendre. Un livre minuscule à couverture noire était posé sur la table de nuit, à côté d'une tasse de thé et d'une boîte de médicaments. Mon père n'a pas tardé à me rejoindre, suivi par le médecin.

— On va aller à Syros demain, a-t-il annoncé à ma mère.

Il a allumé le plafonnier. La confiture avait donné à ses pantoufles de paille, qui étaient placées devant le lit, une teinte bordeaux. J'ai supposé qu'elle avait fait de la confiture de fraises, la seule que je mange volontiers. « Il se peut qu'elle l'ait préparée pour moi. »

— À Syros ? Et pour quoi faire ?

Elle a relevé la tête, mais ses forces ne lui ont pas permis de se maintenir dans cette posture, et elle est retombée en arrière.

— On va t'hospitaliser, a-t-il ajouté d'un air quelque peu menaçant.

Nathanaïl lui a pris le pouls. Je me suis rappelé que j'avais été amoureux de sa fille, Myrto, qui jouait dans l'équipe de basket de l'école.

— Comment va votre fille ?

— Elle a divorcé, m'a-t-il dit, consterné.

— Elle a divorcé ? s'est étonnée ma mère, comme si la nouvelle l'avait prise de court.

Je n'avais pas vu Myrto depuis le collège. J'ai essayé de l'imaginer telle qu'elle doit être aujourd'hui, j'ai raccourci ses longs cheveux, j'ai donné à son corps la féminité dont il était alors dépourvu, je lui ai mis des chaussures à talon. Je l'ai imaginée errant sans but dans les ruelles désertes de Tinos, regardant de temps en temps son reflet dans les vitres obscures des boutiques.

— J'appellerai l'hôpital dans la matinée, a déclaré Nathanaïl. Vous devriez prendre le bateau de midi.

— Je ne veux pas aller à l'hôpital.

— Tu feras ce qu'on te dira de faire, l'a rembarrée mon père.

Lui, si calme d'ordinaire, était sur le point d'éclater. Nous sommes retournés dans le salon. Nathanaïl a noté le numéro de téléphone de sa fille sur son bloc d'ordonnances. J'ai pensé que le papier plié en quatre qu'il me remettait était la première page d'une captivante histoire d'amour qui s'achèverait dans une charmante maison, semblable à celle de mon grand-père, entourée d'un grand jardin plein de fleurs et de papillons. J'ai salué mon futur beau-père en lui serrant chaleureusement la main.

— Tu as bien fait de venir, m'a dit mon père lorsque nous sommes restés seuls.

J'ai tenté en vain de le distraire en lui relatant les démêlés de Zénon avec le tyran Néarque. Je crois qu'il ne s'est même pas rendu compte que je lui parlais de son cher Éléate.

— Où vas-tu dormir ? lui ai-je demandé.

Il m'a montré le canapé. J'ai éprouvé le besoin de sortir de la maison, à la fois pour prendre l'air et pour téléphoner tranquillement à Myrto. J'ai pris la direction du vieux port où sont réunis les restaurants et les bars. Très peu d'établissements étaient ouverts. Je me suis arrêté au Corsaire, j'ai salué le barman et quelques connaissances, puis je me suis assis sur la terrasse où il n'y avait absolument personne. Le feuillet du médecin me réservait une surprise de taille : j'y ai lu un numéro interminable qui commençait par deux zéros et ne faisait donc pas partie du réseau national. J'ai vu la distance qui me séparait de Myrto s'élargir démesurément, exactement comme dans le sophisme de Zénon. À quel pays correspondait le chiffre 1 qui suivait les zéros ? Il était minuit. « Il se peut qu'une autre journée ait commencé là où se trouve Myrto », ai-je songé, et j'ai composé le numéro sur mon portable.

Je n'ai pas été surpris de tomber directement sur elle, étant donné qu'elle ne vivait plus avec son mari. Mais lorsqu'elle m'a appris qu'elle se trouvait à Baltimore, j'ai été quelque peu suffoqué. Je me suis calé dans mon fauteuil et j'ai commencé à parler plus fort.

— Je n'habite pas dans la ville même, mais dans la banlieue, m'a-t-elle précisé, comme si cela avait de l'importance.

Je lui ai dit que j'avais rencontré son père chez mes parents.

— Il est venu voir ma mère.

— Comment l'as-tu trouvé ?

— Bien, très bien, ai-je dit.

J'ai vu le visage blafard de ma mère éclairé par la veilleuse à huile. L'initiative que j'avais prise en appelant Myrto m'a paru soudain complètement absurde.

— Qu'est-ce que tu deviens, toi ? lui ai-je demandé en espérant une réponse brève.

Elle m'a fait un exposé succinct, mais néanmoins complet, des événements qui avaient marqué sa vie depuis son départ de l'île. Elle m'a informé qu'elle avait étudié les beaux-arts à New York, qu'elle avait épousé un médecin d'origine grecque, créateur d'un psychotrope qui avait rencontré un succès foudroyant sur le marché américain, qu'elle avait fini par le mettre à la porte car il était terriblement jaloux, qu'elle habitait avec sa fille, Néphéli, une immense villa où elle préparait fiévreusement sa première exposition individuelle qui aurait lieu à Washington. Je me suis souvenu que Baltimore était un port.

— Je reviens du défilé du 25 mars, a-t-elle ajouté. Nous avons été obligés de célébrer aujourd'hui la fête nationale car la municipalité avait programmé d'autres manifestations pour les jours précédents.

— Qui a pris part au défilé ?

— Mais toutes les organisations grecques, l'Église, les écoles, les associations, le club Pénélope dont je fais partie. Ça a duré trois heures !

Je ne savais pas que tant de Grecs vivaient à Baltimore. J'ai rêvé d'un cortège de femmes mûres vêtues de tailleurs gris.

— La plupart avaient construit des chars, comme pour le carnaval, sur lesquels étaient juchés différents personnages, Constantin le Grand et sainte Hélène, des combattants de la guerre d'Indépendance, et même une copie en plâtre de la Vénus de Milo.

J'ai essayé d'imaginer ces chars sur le port désert de Tinos. Je me suis représenté Constantin et Hélène en habits de pourpre et en sandales à lanières dorées.

— Des dizaines de voitures ont défilé. Sur la plate-forme d'un camion, des jeunes filles en minijupe dansaient au rythme de la chanson d'Héléna Paparizou qui a remporté le concours de l'Eurovision. Les supporters de l'équipe de l'Olympiakos ont paradé sur des motos décorées de drapeaux rouge et blanc. On a vu parmi les officiels le sénateur d'origine grecque Paul Sarbanis. La limousine transportant sa garde personnelle a pris également part au défilé.

J'ai distingué des canons de fusils-mitrailleurs passant au travers des fenêtres d'une limousine.

— J'ai été particulièrement émue par un groupe de Noirs qui se sont récemment convertis à l'orthodoxie et qui tenaient une grande pancarte barrée du verbe « *Pistévo*[1] », écrit en grec. Tu imagines ?

J'ai imaginé cela aussi. Le port a retrouvé sa quiétude dès que nous avons raccroché. Seuls les réverbères le long de la jetée étaient allumés. Je suis revenu à la maison sans me presser. J'ai pensé au roman de Jules Verne *De la Terre à la Lune* car l'histoire débute à Baltimore.

J'ai trouvé mon père dans la chambre à coucher, endormi à même le sol sur une descente de lit. Je suis passé par la cuisine, il restait encore pas mal de confiture dans la marmite. J'y ai goûté avec mon doigt, c'était bien de la confiture de fraises.

Le lendemain nous avons enveloppé ma mère dans une couverture, elle s'est laissé faire

1. Je crois.

sans rechigner, nous l'avons portée jusqu'à la voiture, nous sommes montés en voiture dans le ferry. Comme la traversée ne dure qu'une demi-heure nous n'avons pas quitté notre véhicule. Mon père avait enroulé les pantoufles de ma mère dans un journal. « Nous avons oublié le petit livre », ai-je pensé.

Elle n'a pas fait de difficultés non plus lorsque les infirmières lui ont posé la perfusion et l'ont emmenée pour lui faire passer des examens. Elles nous l'ont rendue tard dans l'après-midi, elles l'ont installée dans une chambre double dont le deuxième lit était libre. C'est là que j'ai passé la nuit. Mon père est retourné à Tinos par le bateau du soir, il avait du travail sur un chantier le lendemain matin.

Au bout d'un moment, la somnolence de ma mère a commencé à m'intriguer.

— Vous lui avez donné un cachet ?

— On lui a donné quelque chose, en effet, a reconnu la plus jeune des deux infirmières. Elle est extrêmement nerveuse.

Elle n'avait pas repris complètement ses esprits quand on lui a apporté le dîner, elle a avalé trois cuillerées de compote et s'est rendormie. J'ai fait une promenade sur les quais. Existe-t-il au monde un pays ayant autant de ports que le nôtre ? « Il est facile de quitter la Grèce. » J'ai mangé une petite brochette de porc et acheté une boîte de loukoums pour les infirmières.

Une lueur verdâtre baignait la chambre à mon

retour. J'ai cru que ma mère était morte, j'ai dû m'approcher de son lit pour m'assurer qu'elle respirait. On avait ôté les bandes de gaze de ses pieds qui reposaient nus sur deux gros coussins. Ils présentaient tous les deux des taches violettes qui ne m'ont pas paru bien inquiétantes. La confiture n'avait pas atteint ses doigts qui étaient tout blancs. Ses ongles étaient bien coupés et d'une propreté parfaite. J'ai découvert que ma mère, qui s'occupe si peu de sa personne, prend toutefois soin de ses pieds. Elle a de petits doigts, presque d'égale longueur, qui ne laissent aucun espace entre eux. Leur extrémité est légèrement bombée, comme s'ils exerçaient une pression sur un obstacle invisible. J'ai eu l'idée que les fées, qui marchent en permanence sur la pointe des pieds, doivent avoir des doigts semblables. Je me suis endormi en regardant les pieds de ma mère.

C'est elle qui m'a réveillé, à trois heures du matin. Elle se tenait debout entre les deux lits et regardait le niveau du sérum.

— Je suis allée aux toilettes, m'a-t-elle dit.

Je me suis levé et je l'ai aidée à monter sur son lit, qui était très haut. Une fois couchée, elle a sorti de la poche de sa robe de nuit le petit livre noir.

— Tu veux bien m'en lire quelques pages ?

« Mon rôle à moi n'est pas d'écrire, mais de lire. » Cette pensée m'a attristé. J'avais laissé à Kifissia mon cahier — ce cahier sur lequel j'écris maintenant et que je suis sur le point de terminer. « Je ne m'en séparerai plus jamais », me suis-je juré.

C'était une édition bon marché, à couverture plastifiée, de *L'Hymne acathiste*. Bien que ce poème soit probablement le plus fameux de la tradition orthodoxe, je n'en connaissais que le début, que nous chantions à l'école, après l'hymne national, le 25 mars :

> *Invincible patronne des armées,*
> *vers Toi s'élèvent les louanges de Ta ville,*
> *que tu as sauvée, ô Mère de Dieu,*
> *des périls qui la guettaient.*

— Je commence par le début ?

— Naturellement, par où veux-tu commencer, par la fin ? a-t-elle dit sur le ton acerbe qu'elle affectionne.

« Demain elle sera complètement rétablie… Elle se remettra à crier. » Les premiers vers du poème m'ont remis en mémoire les décrets de remerciement que les Anciens gravaient sur des stèles, comme celui voté par l'assemblée d'Akrothooi, qui a été découvert sur le mont Athos et qui a disparu. La conviction des Grecs d'aujourd'hui qu'ils sont redevables de leurs succès militaires à la Vierge Marie remonte vraisemblablement à l'époque byzantine. L'hymne a été composé après la levée de l'un des nombreux sièges dont Constantinople a fait l'objet de la part des Avars, des Perses, des Arabes, des Bulgares, des Russes, et de je ne sais plus qui d'autre.

— À quelle occasion lit-on *L'Hymne acathiste* ?

— On ne le lit pas, on le chante, m'a-t-elle corrigé. Il est chanté partiellement durant les quatre premières semaines du carême, et dans son intégralité à la fin de la cinquième semaine, un vendredi soir. C'était vendredi dernier. Malheureusement ton père ne m'a pas laissée assister à l'office... Tu sais, j'espère, qu'il est appelé *acathiste*[1] parce que les fidèles doivent se tenir debout quand ils l'écoutent ?

Je ne le savais pas.

— Il a bien fait de t'en empêcher. Tu n'aurais pas supporté de rester si longtemps debout.

— Qu'est-ce que tu en sais ?

La capitale de Byzance était donc placée sous la garde de la Mère de Dieu, « *patronne des armées* », de la même façon que de nombreuses cités antiques jouissaient de la protection d'Athéna, déesse tutélaire par excellence. L'hymne compare Marie à une « *tour inébranlable* » et à un « *grondement frappant les ennemis de stupeur* ». Il évoque une femme aussi combative et altière qu'Athéna, bien différente de celle que l'on voit sur les icônes. L'hymne a un refrain : « *Réjouis-toi, épouse inépousée.* » Athéna aussi était vierge. Elle portait le nom de Parthé-

1. Non assis.

nos et son principal temple fut, comme on le sait, celui du Parthénon.

Marie n'est pas seulement courageuse. Elle est également sage. Elle détient la lumière véritable qui « *éclaire les esprits* ». Le poète célèbre son triomphe sur le monde antique : elle a dévoilé la supercherie des philosophes et des « *habiles ergoteurs* » athéniens, elle a dissous les mythes, mis à bas les idoles, fermé définitivement l'Hadès. Elle a ouvert dans le même temps les portes du paradis : elle possède la clef du royaume du Christ, elle est « *espérance de biens éternels* », elle fournit aux chrétiens « *un habit d'incorruptibilité* ».

Je lisais d'une voix forte pour tenir ma mère éveillée, trop forte sans doute car l'infirmière de nuit a fini par ouvrir la porte :

— Vous avez besoin de quelque chose ?

Je lui ai demandé du papier et un crayon qu'elle m'a fournis sur-le-champ.

— Je veux recopier certains passages de l'hymne, ai-je dit à ma mère.

— Je suis contente qu'il te plaise.

Son auteur s'adresse parfois directement à Dieu : « *Seigneur, accours à mon aide* », écrit-il. Et il ajoute aussitôt : « *Ne me fais pas languir.* » Est-ce à dire que Dieu tarde à secourir les malheureux ? qu'il n'est pas bien informé de leurs souffrances ? Il est moins proche d'eux en tout cas que Marie, à qui rien n'échappe. Elle n'ignore pas que les hommes voyagent à travers un

164

« *océan de tristesses* ». Elle ne se fait pas attendre, elle, elle est même « *la seule à agir promptement* ». Mais le poète ne fait qu'esquisser brièvement l'action bienfaisante de la Mère de Dieu, peut-être parce qu'il considère qu'elle est suffisamment connue.

En vérité, Marie a toutes les vertus. Elle est parée d'une foule d'épithètes qui semblent autant de cierges allumés : elle est inaltérable, indéfectible, invincible, innocente. Elle est aussi *apeirogame*. Que signifie ce terme insolite dont la première composante désigne aussi bien l'infini que le manque d'expérience, et la seconde le mariage ? Qu'elle n'a pas l'expérience du mariage ou qu'elle s'est unie à l'infini ? On ne dira jamais assez de bien d'elle. Ayant épuisé un nombre considérable d'adjectifs, l'auteur se risque à inventer une série d'images qui sont introduites par les mots « *Réjouis-toi* ». Elles sont souvent inspirées par la nature : « *Réjouis-toi, fleur immarcescible* », « *lys embaumé* », « *arbre aux fruits splendides* », « *étoile qui jamais ne se couche* ». Mais il a conscience qu'il doit se surpasser pour approcher le divin, et il se surpasse en effet quelquefois, notamment lorsqu'il définit la Vierge comme un « *char solaire de la pensée* », une « *résidence de la lumière* », un « *lieu où la gloire est bénie* », un « *espace contenant le Dieu infini* », un « *véhicule pyrophore du Verbe* », une « *source intarissable de l'eau vive* ».

Lorsque j'ai terminé la lecture, à quatre heures et quart du matin, ma mère dormait profondément. Je n'avais, pour ma part, plus du tout sommeil. Je me suis demandé à quoi pouvait être dû le succès d'un texte si abscons. Il a eu indéniablement un certain impact sur le langage courant. L'expression *« Salut, profondeur insondable ! »* que nous employons ironiquement lorsque nous sommes confrontés à des problèmes insolubles trouve son origine dans cet hymne. Il a popularisé l'adjectif *acathiste* qui est devenu synonyme de « nerveux », d'« agité ». Son rédacteur était de toute évidence un homme lettré. Il est attiré par les termes énigmatiques et les excentricités syntaxiques. Il écrit *« les jadis muets »* au lieu de *« les muets de jadis »*. La femme simple et analphabète de Galilée qui a donné naissance au Christ aurait du mal à se reconnaître dans cet éloge. Le mystère qu'il cultive explique peut-être la fascination qu'il exerce. Je me rendais bien compte cependant qu'il était injuste de porter un jugement sur un texte destiné à être chanté sans en avoir entendu la musique.

Nous ignorons quand exactement l'hymne a été écrit, mais nous savons, d'après la notice historique qui figure à la fin du petit livre, qu'il avait déjà été rédigé en 800 ap. J.-C., date de sa traduction en latin. A-t-il été composé par le patriarche Germain qui est mort en 740 ? Certains soutiennent qu'il était connu dès le début du VIIe siècle et que les Constantinopolitains le chantaient durant le siège de 626, pendant que le patriarche Serge portait en procession l'icône de la Vierge sur les remparts de la ville. Cette icône se trouve aujourd'hui au monastère de Dionysiou, sur le mont Athos.

J'ai imaginé que Yanna entrait dans la chambre déguisée en infirmière.

— Tu es le ravissement des anges, lui ai-je déclaré en guise de bienvenue.

J'ai compris que mon compliment l'avait touchée, bien qu'elle s'efforçât de rester de glace.

— Qu'est-ce que tu racontes là ! a-t-elle protesté plutôt tièdement.

— Tu es un havre dans l'océan de mes souffrances, ai-je insisté.

Je lui ai baisé la main.

— Tu es la pomme aux effluves enivrants.

Elle s'est couchée à côté de moi en me regardant au fond des yeux. Elle attendait la suite.

— Donne-moi un sommeil léger délivré de fantasmes infernaux.

Elle a fermé mes paupières de sa main. J'ai senti ses lèvres sur ma joue. J'ai essayé de dormir mais le sommeil ne venait toujours pas.

Vers cinq heures je suis sorti dans le couloir. Je l'ai traversé jusqu'au fond, là où se trouve la salle d'attente. Deux vieillards étaient là, l'un assis dans le canapé, l'autre debout. Le second s'efforçait de rester en équilibre sur une jambe. Ce qui m'a le plus surpris, c'est qu'ils portaient tous les deux le même pyjama vert pomme que moi. L'équilibriste n'a pas tenu longtemps. Il a abaissé son pied relevé et s'est jeté, épuisé, dans un fauteuil.

— Quel temps j'ai fait ? a-t-il demandé, le souffle court.

— Trente-sept secondes, a dit l'autre après avoir regardé son chronomètre.

Je suis resté dans l'entrée du salon. Ils n'avaient pas noté ma présence. Le deuxième vieillard s'est levé à son tour, a remis le chronomètre à son ami et s'est plié au même exercice. Au bout d'un court instant il s'est mis à trembler de tous ses membres, j'ai eu peur qu'il ne s'écroule par terre. Il a dû s'agripper au bras du canapé pour ne pas tomber.

— Je me suis mal débrouillé.

— En effet, a acquiescé l'autre d'un air faussement compatissant. Tu as à peine fait quinze secondes.

— Mes performances du matin sont toujours pires que celles du soir, tu l'avais remarqué ?

L'autre ne lui a pas répondu. Il s'est tourné vers moi :

— Voulez-vous essayer, vous aussi ?

— Non, ai-je dit, non. Je n'ai pas dormi de la nuit.

J'ai regagné en courant la chambre de ma mère.

11

On n'entend pas seulement des pleurs, la nuit, derrière les portes des monastères. On entend également des rires et des chansons. Philippoussis m'a affirmé que les moines éprouvaient de temps à autre le besoin de faire la fête. Ils négligent alors l'abstinence que leur impose leur état. Ils boivent beaucoup de vin et mangent des sangliers. Il paraît qu'il y a énormément de sangliers sur le mont Athos. Leur chair est particulièrement savoureuse en automne, car ils se nourrissent de glands durant cette saison. Les moines, pour plaisanter, appellent le sanglier « poisson-chêne ».

— On aura du poisson-chêne ce soir, se disent-ils en pouffant de rire.

Ils chantent, sur le rythme des psaumes byzantins, des couplets bien à eux. Ils évoquent l'astuce d'un moine qui transporte un lourd chargement sur sa bite, ses couilles lui servant de roues. Un autre chant compare le sexe à un joug et les testicules à une paire de bœufs.

Ailleurs, on voit un vieillard labourant la terre de sa bite sous le regard admiratif de jeunes nonnes.

Les moines apprécient également les sucreries. Ils en sont aussi friands que les enfants.

— Si tu vas les voir, apporte-leur des gâteaux, m'a conseillé Philippoussis. C'est la façon la plus simple de t'attirer leur sympathie.

Il m'a avoué qu'il avait donné au cuisinier d'un monastère certaines des recettes de ma mère. Je dois sans doute préciser ici qu'elle ajoute diverses plantes aromatiques à ses confitures. Elle parfume les abricots aux fleurs de lavande, les fraises aux feuilles de verveine, les prunes et les griottes au tilleul.

— Le cuisinier m'a confié en échange ses propres recettes. Les moines perpétuent une tradition millénaire dans le domaine culinaire aussi. Ils ont supprimé le poivre qui est un excitant et l'ont remplacé par l'ail qui tient les vampires à distance. Ils mangent des quantités d'ail.

Nous avons bavardé en nous promenant sur le port, au bord des quais. Nous étions régulièrement obligés d'enjamber des cordages et des filets de pêche étendus. Il m'a semblé que cette course d'obstacles l'amusait, elle lui rappelait peut-être quelque chose. Comme il est très grand, il avait en permanence un demi-mètre d'avance sur moi.

— Je suis allé sur le mont Athos en désespoir de cause. Je prenais de l'héroïne depuis l'adolescence. Tu vois cet hôtel ?

Il m'a montré l'un des plus vieux hôtels de Tinos. Ses trois étages sont formés d'une succession de petites arcades garnies de balcons.

— Il appartenait à mon père. Il a été obligé de le vendre pour rembourser mes dettes. Ils ne plaisantent pas, les trafiquants. Ils n'aiment pas qu'on les fasse attendre, si tu vois ce que je veux dire.

J'ai revu parmi les voitures qui circulaient le long des quais la limousine du sénateur Sarbanis.

— Mes parents n'ont jamais été proches de l'Église.

Il a insisté sur le fait qu'il n'était pas issu d'un milieu pratiquant et qu'il avait cultivé sa foi tout seul. Il était fier de sa piété à la manière de ces artisans autodidactes qui se vantent de ne pas avoir fait d'études.

Dieu s'est révélé à lui, bizarrement, dans un fast-food athénien, il y a dix ans. Il s'est manifesté sous les traits d'une belle jeune fille du nom de Maria. Ce n'était pas une inconnue pour Philippoussis : elle était l'ancienne petite amie de son cousin, qui avait envisagé de se suicider après sa rupture avec elle. En fin de compte il s'était réfugié au mont Athos, comme le moine blond dont Katranis m'a parlé. Le monachisme constitue apparemment une solution pour ceux qui n'ont ni le courage de mourir ni l'envie de vivre.

— J'étais dans un fichu état à l'époque, j'avais perdu mes dents, je ressemblais, à trente-quatre ans, à un vieillard. J'ai tout de suite compris que l'apparition de Maria dans ce lieu à trois heures du matin était providentielle, qu'elle était venue pour me sauver. Elle a sursauté en me reconnaissant, elle reculait au fur et à mesure que je m'avançais vers elle, mais moi je riais, j'éprouvais une félicité que je n'avais encore jamais ressentie, j'ai voulu me jeter à ses pieds. Elle s'est mise à crier « Vous êtes tous dingues ! » en faisant allusion à mon cousin, naturellement. Elle s'est précipitée vers la porte mais, avant de sortir, elle s'est retournée et m'a dit d'une voix redevenue douce : « Que Dieu soit avec toi. »

» Le lendemain, avec un ami, Argyris, qui était dans la même détresse que moi, nous sommes partis pour le mont Athos.

À l'extrémité du port, devant le Corsaire, nous avons fait demi-tour. La pâtisserie de Philippoussis, qui est le cinquième établissement après le bar, était tenue ce matin-là par une jeune fille. Elle nous a souri lorsque nous sommes passés devant elle.

— La mer était agitée et la terre couverte de neige. Nous sommes descendus du bateau au débarcadère du monastère de Simonopétra, qui est considéré comme l'un des hauts lieux de la spiritualité orthodoxe. Nous étions persuadés que nous trouverions là la compréhension dont nous avions besoin. Malheureusement, nous avons été accueillis par un jeune grincheux qui ne nous a même pas offert un verre de raki. Il nous a posé une foule de questions. Nos réponses n'ont éveillé aucune pitié en lui. Il nous scrutait de ce regard condescendant que les riches portent sur les pauvres. Au bout d'une demi-heure il nous a flanqués dehors en nous recommandant le monastère de Grigoriou qui est situé quelques kilomètres plus au sud.

» Nous nous sommes remis en route. Argyris glissait sans arrêt dans la neige, me suppliait de l'abandonner, gémissait comme si on l'égorgeait.

Il m'a indiqué du doigt la petite colline qui s'élève après le café de Dinos et ferme le port du côté gauche.

— Le monastère de Grigoriou est construit sur une hauteur semblable, qui s'avance dans la mer. Il n'a pas l'aspect imposant de Simonopétra, qui compte onze étages et donne l'impression de mépriser l'espace qui l'entoure. Grigoriou se contente d'ajouter quelques lignes droites à un paysage de rocaille. Dès que je l'ai aperçu au loin je me suis senti rassuré. Au même moment, j'ai entendu quelqu'un qui chantait derrière nous. Bientôt, un moine monté sur un âne est apparu. Il n'a fait montre d'aucune surprise en nous voyant, il a compris qu'Argyris était à bout de forces, il lui a cédé sa place sur l'animal et a continué à pied. Personne n'a dit un mot. C'est dans un silence complet que nous avons fait la connaissance d'Euphtychios.

» Au monastère, on nous a simplement demandé si nous avions faim. Le jour déclinait. Nous avons passé une excellente nuit. Je ne me suis réveillé qu'à midi, le lendemain. La mer était d'huile. J'ai ouvert la fenêtre et j'ai dispersé au vent le peu d'héroïne que j'avais emporté. Argyris dormait encore.

Il prenait plaisir à raconter cette histoire. J'étais certain qu'il l'avait narrée bien des fois. « Il l'améliore peu à peu, ai-je pensé. Un jour il trouvera sa forme définitive. »

— Personne ne s'est occupé de nous pendant les jours qui ont suivi. Nous faisions de longues balades. Nous avons marché jusqu'à une chapelle dédiée à saint Jean le Théologien, assez haut dans la montagne. Nous étions si fatigués quand nous rentrions au couvent que nous n'aspirions qu'à dormir.

» Le quatrième jour nous avons pris de la méthadone et fumé du hasch dans notre cellule. Argyris se levait régulièrement et donnait des coups de poing aux fenêtres. Nous avions deux fenêtres dont les châssis étaient munis de plusieurs carreaux. À la fin de la journée il les avait tous cassés. Euphtychios, que nous n'avions pas revu depuis notre arrivée, nous a rendu visite ce soir-là. Nous l'avons trouvé nettement plus âgé que le premier jour. Il a été également plus loquace. Il nous a dit que sa mère était originaire de Tinos. Il était au courant de bien des choses nous concernant, nous avons supposé qu'il s'était renseigné auprès des membres de sa famille qui vivaient encore sur l'île. Il nous a sommés de réfléchir. « Il est indispensable que vous compreniez pourquoi vous avez commencé à prendre des stupéfiants », nous a-t-il dit. Argyris ne l'écoutait pas, il pleurait doucement, de façon monocorde et sans la moindre interruption, j'ai cru qu'il ne s'arrêterait jamais.

L'affirmation de Fréris selon laquelle les moines savent tout de leurs invités m'est revenue à l'esprit. Les chaises dans la cour de devant du café de Dinos étaient en position inclinée, elles s'appuyaient sur le bord des tables qu'elles entouraient. Elles donnaient l'impression, penchées les unes vers les autres, qu'elles se faisaient des confidences.

— Est-ce que tu as compris, toi ? lui ai-je demandé.

— Je me croyais supérieur aux autres quand j'étais jeune. Aucune des perspectives qu'offre la vie ne me paraissait digne de moi. L'avenir m'inspirait par avance de l'ennui. J'ai vu l'héroïne comme un moyen d'échapper à la routine qui dévorait mes amis les uns après les autres. C'était une veille de Pâques, comme maintenant, quand je me suis shooté pour la première fois. J'en ai été très fier, comme si j'avais réalisé un exploit. La nature a pris subitement des couleurs d'une beauté inouïe.

J'ai songé que le terme « héroïne » provenait probablement du mot héros. « C'est un mot qui promet des aventures… Philippoussis a été victime d'un vocable séduisant. » J'ai lu les noms qui étaient inscrits sur la coque des barques : saint Artémios, saint Minas, sainte Irène, Cathy, sainte Catherine. J'ai le pressentiment que cette période de ma vie se refermera sur une procession aussi hétéroclite que le défilé des Grecs de Baltimore. Je placerai Thalès en tête du cortège. Il tiendra le bâton qui lui a permis de mesurer la hauteur des pyramides.

— Nous sommes restés deux mois au monastère de Grigoriou. Nous avons connu des moments difficiles. Nous les avons cependant surmontés avec l'aide de la méthadone, avec l'aide du raki que nous avions apporté de Tinos — notre consommation a sensiblement augmenté durant cette période —, et avec l'aide de Dieu, bien sûr. Nous assistions régulièrement aux matines, nous parlions tous les jours avec Euphtychios qui nous suivait de près. Il avait déjà eu affaire à des toxicomanes. Nous fumions librement devant lui. Nous avons appris qu'il était dans les habitudes de ce monastère de porter secours aux marginaux et qu'il avait épargné la prison à un camé de Thessalonique qui s'était rendu coupable d'un cambriolage en lui assurant les services d'un bon avocat.

— Tu veux dire que c'est le monastère qui a payé l'avocat ?

— Oui.

Nous sommes passés une nouvelle fois devant son magasin, qui s'appelle le Dolce, et dont le nom est écrit en lettres roses sur une enseigne bleu marine. Il était encore tôt. Le soleil se trouvait juste au-dessus de la Maison de la culture, le plus grand bâtiment du port, qui appartient à l'Église. Nous nous sommes assis sur ces beaux champignons de fer où l'on attache les bateaux et que l'on nomme *destrès*, si je ne m'abuse.

Il m'a dit qu'Euphtychios avait fait des études de chimie, qu'il avait vécu longtemps en Afrique comme missionnaire, qu'il avait appris suffisamment de swahili pour traduire dans cette langue certains textes des Pères de l'Église. Il le tient pour un saint homme. Il m'a assuré qu'il avait guéri Argyris d'une fièvre de cheval en récitant une prière.

— La fièvre a quitté Argyris pour gagner Euphtychios.

Il était lui-même présent quand ce petit miracle a eu lieu, il a pu le constater de ses propres yeux.

Cependant le miracle de la désintoxication des deux amis ne s'est pas accompli en deux mois. Ils ont dû effectuer plusieurs séjours sur la Sainte Montagne, ils ont vécu dans d'autres monastères.

Aujourd'hui, il considère qu'il est complètement guéri.

— Et Argyris ? Est-ce que lui aussi s'est remis ?

Il m'a répondu d'une moue dubitative. Il semble qu'Argyris n'a jamais très bien compris pourquoi il avait touché aux stupéfiants dans sa jeunesse.

Il m'a confié que certains moines avaient des maîtresses à Thessalonique et que l'on pouvait voir jusqu'à une date récente, au monastère de Saint-Pantéléimon, deux portraits de princesses russes aux décolletés provocants. Il n'a jamais croisé son cousin qui avait été amoureux de Maria. Le pourcentage d'homosexuels varie d'un couvent à l'autre.

— Il y en a peu dans certains établissements, et dans d'autres beaucoup.

Au monastère du Pantocrator ils constituent, apparemment, la majorité. Il s'est souvenu d'un jeune novice qui ressemblait à l'archange Gabriel tel qu'il est représenté à l'église de Karyés.

— Il avait des cheveux châtains frisés, de grands yeux noirs et une petite bouche toute rouge. « Je suis la reine, dans ma cellule », nous disait-il. Il possédait un chardonneret et un chat. C'était un chat sauvage qu'il essayait d'apprivoiser en l'attachant à une corde et en le laissant se balancer dans le vide au-dessous de sa fenêtre.

Un petit vent s'était levé. On entendait le ressac dans les anfractuosités du môle. Les deux présentoirs métalliques de la Maison de la presse, chargés des quotidiens du jour, penchaient tantôt d'un côté, tantôt de l'autre. Les journaux bruissaient sous l'effet du vent comme les feuilles d'un arbre. L'employée de Philippoussis lui a fait comprendre par gestes qu'elle avait besoin de lui. Je l'ai accompagné jusqu'à la porte de la pâtisserie. Il m'a présenté une montagne de gâteaux secs en forme d'anneau.

— Tu sais comment on les appelle, ces gâteaux ? « Byzantins » ! Ils sont salés, pétris avec de petits morceaux d'olives.

J'ai aperçu les confitures de ma mère sur les rayonnages. Il m'a offert un byzantin que j'ai peu après glissé dans ma poche.

J'ai de nouveau traversé les quais, mais seul, cette fois. J'étais content d'avoir retrouvé ma liberté. Le témoignage de Philippoussis ne m'avait pas touché, j'étais simplement triste de n'être pas en mesure de le comprendre davantage. Je ne comprenais guère le pressentiment qu'il avait eu, à mon âge, qu'il s'ennuierait dans sa vie. Je contestais la signification qu'il avait attribuée à l'irruption, certes inattendue, de Maria dans le fast-food. De vagues souvenirs de discussions inutiles relatives à des événements fortuits entendues dans le passé me revenaient en mémoire. Je n'avais été nullement jaloux des conversations quotidiennes qu'il avait eues avec

Dieu, aux premières heures de l'aube. J'ai eu la certitude que j'oublierais très vite ce qu'il m'avait dit. Je me suis assis au café de Dinos, qui était toujours fermé, et j'ai pris quelques notes sur le papier que m'avait fourni l'infirmière de nuit de l'hôpital de Syros.

Tout en écrivant, j'observais une fourmi sur le muret qui entoure la cour. Le vent rendait sa progression difficile, elle s'arrêtait fréquemment, toutefois, au bout d'un moment, elle reprenait sa route. « Elle va quelque part », ai-je pensé. Je me suis rappelé que l'observation des fourmis faisait partie des occupations préférées du frère de Nausicaa.

J'ai pris la résolution de hâter mon voyage au mont Athos, de ne pas attendre la fin de la session de juin pour l'entreprendre. « Il faut que je vienne à bout de cette question avant qu'elle ne me lasse. » J'ai téléphoné à Théano de mon portable, je lui ai annoncé que j'allais consacrer mon mémoire à l'histoire ancienne de l'Athos et que je souhaitais me rendre sur la péninsule le plus rapidement possible.

— Je ne serai pas absent plus d'une semaine, dix jours tout au plus.

— Où étais-tu, hier soir ? m'a-t-elle demandé assez durement.

Je lui ai parlé des problèmes de santé de ma mère, sa sévérité s'est aussitôt envolée.

— Je suis vraiment désolée, a-t-elle dit.

Elle m'a conseillé de ne manquer aucun des cours du mois de mai.

— Si tu ne peux pas reporter ton voyage à l'été, il est préférable, en effet, que tu le fasses maintenant.

J'ai trouvé Katranis à *Embros*, il m'a répondu d'une voix à peine audible, son dentiste lui avait arraché trois dents la veille. Les mots sortaient de sa bouche réduits de moitié, méconnaissables.

— La Sainte Montagne attire beaucoup de touristes à Pâques. Je veillerai néanmoins à ce que tu trouves un endroit où dormir, j'ai quelques contacts à Karyés. Je leur dirai que tu écris un article pour le journal afin qu'ils te facilitent la tâche.

Il m'a demandé de lui envoyer une photocopie de ma carte d'identité.

— Tu as une nouvelle pièce d'identité ?

J'ai songé aux rassemblements que l'Église organisait naguère pour faire obstacle à la suppression de la mention du culte qui figurait traditionnellement sur les cartes d'identité. Ce changement, conforme aux vœux de l'Union européenne, a finalement été imposé par le gouvernement Simitis. Sur le document que je possède et qui est bien antérieur à cette réforme, il est écrit en toutes lettres que je suis chrétien orthodoxe.

— Certains monastères n'acceptent pas les adeptes des autres religions, ni même les catholiques. Tu retireras ton permis de séjour auprès de la délégation de la Sainte Communauté à Ouranoupolis. L'an passé cela coûtait vingt euros, tu auras peut-être à payer un peu plus cette année.

« J'aurai certainement à payer un peu plus. »

— Sois prudent, a-t-il ajouté après un bref silence, comme s'il redoutait quelque chose.

Je le lui ai promis. J'ai oublié de lui demander où il avait rencontré le moine amoureux qui rêvait de la place de son village. « Je trouverai des moines amoureux dans tous les monastères. »

La voix de Sophia n'était pas plus nette que celle de Katranis. Je lui ai annoncé que Nausicaa m'avait promis une certaine somme. Soudain j'ai réalisé qu'elle pleurait.

— J'ai perdu mon grand-père.

J'ai répété la phrase que Théano m'avait dite :

— Je suis vraiment désolé.

L'enterrement devait avoir lieu samedi, à Arachova.

— Tu seras ici, samedi ?

— J'y serai.

« Sophia fera partie de la procession que j'organiserai lorsque le moment sera venu, ai-je pensé. Elle suivra un cercueil porté par quatre commandants de l'Armée de libération nationale. L'un d'entre eux sera déguisé en moine... Derrière eux marchera le sosie de l'archange

Gabriel. Lui sera chargé d'une cage à oiseaux vide. Le chat aura mangé son chardonneret. »

J'ai également parlé avec Vezirtzis. Il était de bien meilleure humeur que Katranis et Sophia. Lorsque je lui ai fait part de mon projet, il m'a appris qu'il allait donner une conférence le lundi après-midi à l'université Aristote de Thessalonique et qu'il rentrerait le soir même à Athènes.

— J'ai rendez-vous à midi avec quelques amis dans un restaurant qui prépare les meilleures boulettes en sauce que tu as jamais mangées. Je te passerai là l'appareil photo, si l'on n'arrive pas à se voir à Athènes.

Je lui ai expliqué que je voulais me rendre dès le début de la semaine sainte au mont Athos pour éviter les touristes.

— Pourquoi veux-tu les éviter ? L'affluence te rendra transparent, tu pourras ainsi te déplacer en toute liberté.

Je ne lui ai jamais parlé de Nausicaa ni, bien entendu, de l'engagement que j'ai pris envers elle. J'espère avoir un jour l'occasion de le présenter à Mme Nicolaïdis. Je suis sûr qu'ils seront tous les deux ravis de leur rencontre.

Dinos ne s'est pas donné la peine de pousser le portail de la cour, il a enjambé le muret et est venu vers moi.

— Tu veux du café ? m'a-t-il demandé à voix basse.

Il tenait un journal à la main. Il a déverrouillé son troquet et a disparu à l'intérieur.

— Je vous ai cherché la semaine dernière, ai-je dit à Vezirtzis.

— J'étais allé à Patras pour récupérer ma femme.

Cette confidence si inattendue m'a laissé sans voix. J'ai cherché Dinos du regard comme si j'avais besoin d'aide pour me sortir de cette situation délicate.

— Elle est tombée amoureuse d'un de mes anciens étudiants qui est aujourd'hui lecteur à l'université de Patras, a-t-il poursuivi sur le même ton détaché. Il a dix-sept ans de moins qu'elle, il n'est pas beaucoup plus âgé que notre fille.

Je sais que leur fille porte le nom très rare de Phila et qu'elle fait ses études à Paris. Je me suis demandé quelle place avait tenue dans cette histoire le ticket Athènes-Patras que Vezirtzis tripotait un soir où il avait le moral en berne.

— Elle n'a pas accepté de me suivre. Elle est très amoureuse. Elle me regardait sans me voir. J'étais un paravent qui cachait un fantôme.

Je n'ai pas réussi à imaginer Vezirtzis au mont Athos, en habit de moine. Je n'ai eu aucun mal en revanche à me le représenter dans un cimetière antique, glissant à l'intérieur d'un tombeau une lettre destinée aux divinités chthoniennes, les priant de mettre fin à la liaison de sa femme avec le jeune lecteur de Patras. Je lui ai avoué que je me souvenais du ticket de l'autocar.

— Je l'avais trouvé dans le sac de ma femme

après un voyage qu'elle était censée avoir fait à Arta, pour voir une amie.

Dinos a apporté les cafés, il m'a donné le mien et a pris place à la table voisine.

— De quoi parlerez-vous à Thessalonique ?

— De la fin du polythéisme et de l'implantation du christianisme. Les Grecs de l'Antiquité n'excluaient pas l'existence d'autres dieux que les leurs, ils n'ont jamais cherché à imposer leur religion aux autres peuples. Durant la période hellénistique, et surtout à l'époque romaine, le panthéon grec s'est enrichi de nouveaux personnages venus d'Orient. Mithra, qui était comme Apollon un dieu solaire, fut particulièrement populaire. Ses fidèles célébraient sa naissance le 25 décembre et croyaient qu'il jugeait les actes des hommes après leur décès.

De temps en temps Dinos interrompait la lecture de son journal et regardait vers le large, peut-être pour se reposer les yeux.

— Le fanatisme religieux était inconnu à Rome aussi bien qu'à Athènes. Il a été introduit par les premiers chrétiens, qui avaient une mentalité proche de celle des fondamentalistes musulmans d'aujourd'hui. Ils étaient les soldats d'un Dieu qui ne tolérait aucune autre autorité que la sienne, aucune autre vérité non plus. Le monothéisme est un monologue. Les Romains n'auraient pas pris la peine de persécuter les chrétiens si la parfaite organisation de ces derniers et leur exaltation ne les avaient rendus dangereux.

Dinos commençait à s'impatienter. Mon café refroidissait. J'ai demandé à Vezirtzis l'adresse du restaurant où il avait prévu de déjeuner le lundi avec ses amis. Il n'a pas soufflé mot de l'allocation qu'il m'avait promise.

— Qu'est-ce que tu lis, Dinos ?

Il est venu à ma table et a déplié devant moi *L'Arrière-Pays*, le journal écologiste qu'édite Sitaras. L'article de une dénonçait le passage du périphérique, qui se construit en ce moment derrière le vieux port, à travers le site de l'acropole antique. Il était étayé par la photo d'un bulldozer tourné vers une muraille en ruine.

— L'Église souhaite que le chantier soit achevé avant l'été, car la route en question permettra de relier le nouveau port à l'église de l'Annonciation. L'aqueduc qui ravitaillait l'acropole a déjà été bouché.

Je crois que Dinos a les mêmes doutes que mon père sur l'existence de Dieu. C'est un homme d'une grande gentillesse, qui a cependant les ecclésiastiques en horreur. Il est également connu sous le surnom de Charon, car il a battu jadis un pope avec une telle vigueur qu'il a bien failli le laisser sur le carreau. Je lui ai demandé s'il savait ce que représentait l'icône miraculeuse.

— La scène de l'Annonciation. Mais elle est chargée d'un tel nombre d'ex-voto et de pierres précieuses que l'on ne distingue à peu près rien. Tu sais ce que le tourisme religieux rapporte à l'Église locale ? L'année dernière, qui n'était pas une bonne année, elle a gagné cinq millions d'euros.

— Qu'est-ce qu'elle fait de cet argent ?

— Elle donne des bourses à quelques jeunes gens qui étudient la théologie, a-t-il dit avec un fin sourire. Elle distribue des feutres aux enfants qui fréquentent la Maison de la culture.

Mon téléphone a sonné.

— Si c'est ton père, rappelle-lui que nous avons une réunion demain soir au sujet du périphérique.

C'était bien lui. Il m'a informé que ma mère avait interrompu sa convalescence pour partir au travail. Les médecins de Syros lui avaient recommandé de garder le lit jusqu'au lundi saint. Il n'était pas en colère, il paraissait plutôt découragé.

— Je vais m'en aller demain probablement. Dimanche j'irai à Thessalonique et mardi, sans doute, au mont Athos.

— Qu'est-ce que tu vas faire là-bas ? m'a interrogé Dinos en écarquillant les yeux.

— Je me suis permis d'ouvrir l'un des livres que tu as apportés avec toi, le *Dictionnaire de la philosophie présocratique*, m'a dit mon père.

— Tu as lu quelque chose d'intéressant ?

— J'ai trouvé une phrase d'Héraclite sur les dieux. Je l'ai copiée sur un bout de papier. Attends, je vais te la lire.

J'ai attendu quelques instants.

— Écoute : « *Ce monde-ci n'a été fait ni par les dieux, ni par les hommes.* »

— Dis-lui pour la réunion, a insisté Dinos.

J'ai enjambé moi aussi le muret de la cour en partant, mais sans l'aisance de Dinos. « Lui a l'habitude de l'enjamber, ai-je pensé. Il fait cela tous les jours. » Je me suis rendu à l'agence de Markouizos et j'ai réservé une place dans le premier vol du dimanche matin pour Thessalonique. Pendant que l'on imprimait mon billet, j'ai vu à l'autre bout du port une femme menue, vêtue de noir, qui se dirigeait d'un pas alerte vers la pâtisserie de Philippoussis. J'ai formé le vœu de trouver un jour ma mère suffisamment disponible pour lui expliquer par quel moyen Thalès a mesuré la hauteur des pyramides. J'ai pris la décision d'emporter avec moi sur l'Athos une bouteille de raki de Tinos et un pot de confiture de fraises.

12

Le voyage a commencé sous les meilleurs auspices : il fait beau, le commandant de bord semble expérimenté (je l'ai aperçu en entrant dans l'appareil, il a l'âge de mon père), l'hôtesse de l'air est belle (elle m'a indiqué ma place au dix-neuvième rang, à côté du hublot, avec un charmant sourire) et, comme si tout cela ne suffisait pas, l'homme assis juste devant moi est un moine ! Je l'ai reconnu à son bonnet noir et à sa très longue barbe — il y a certainement des années qu'il ne l'a pas coupée. Elle recouvre presque entièrement son visage, si bien qu'il est impossible de dire quel âge il a. Le sait-il lui-même ? Se souvient-il encore de sa date de naissance ? Je ne pense pas que les moines fêtent leur anniversaire, qu'ils soufflent des bougies. Il est accompagné par un jeune homme aux cheveux d'un noir de jais coiffés en brosse qui porte une chemise blanche assez largement ouverte sur sa poitrine. La croix qui pend à son cou est bien visible. C'est une croix en argent, encore plus grande que celle de Yanna. Je suppose que c'est le moine qui lui en a fait cadeau.

Je n'ai été épouvanté que lorsque l'avion a pris son élan. J'ai remarqué que ses ailes tremblaient et je me suis demandé si tous les avions étaient secoués de la sorte au moment du décollage. Nous nous sommes soudain trouvés dans le ciel et la Grèce a pris l'aspect de la carte de géographie que l'instituteur accrochait au tableau noir. Notre pays m'a paru encore plus fragmenté que je ne le trouvais alors. Les îles ressemblaient à des radeaux chargés de montagnes, de vallons, de maisons, de routes, de voitures, de poteaux d'électricité. J'ai cru qu'un formidable déménagement était en cours, que le pays s'en allait ailleurs commencer une nouvelle vie. Lorsque nous avons atteint une altitude considérable et que les premiers nuages ont fait leur apparition, j'ai songé à ma mort. J'ai pris conscience que je n'étais plus sur la terre, que j'avais pris congé de la planète.

Je serais tout de même curieux de savoir de quoi ils parlent, ces deux-là. À un certain moment, j'ai approché mon oreille de l'espace qui sépare les dossiers de leurs fauteuils, mais je n'ai rien entendu. Je suis certain cependant qu'ils se disent quelque chose, car je vois de temps en temps le bonnet du moine se pencher vers le siège voisin. Je les ai seulement entendus rire lorsque l'hôtesse nous a apporté le petit déjeuner sur des plateaux individuels qui avaient la couleur de la mer. J'ai tenté de deviner, en inspectant mon plateau, ce qui avait pu provoquer leur excitation : était-ce le croissant ? Était-ce l'omelette ? Elle était accompagnée d'une petite tomate et d'un champignon. Était-ce le champignon ? J'ai pensé que cela devait être plutôt l'étiquette du fromage La Vache qui rit qui montrait justement une vache hilare. Il n'y a pas de vaches sur le mont Athos. Les moines ne sont pas seulement allergiques aux femmes, mais aussi aux animaux femelles, à l'exception, peut-être, des poules. Je crois avoir lu quelque part qu'ils élèvent des poules. Je suis sûr en tout cas que les œufs font partie du régime de Joseph l'ancien.

J'ai choisi cette place sur le côté droit de l'avion dans l'espoir d'apercevoir l'Athos lorsque nous atteindrons la Chalcidique. Un peu plus tôt, les passagers assis à gauche de l'appareil verront le mont Olympe. À l'aéroport j'ai acheté une carte de Grèce et un plan de la ville de Thessalonique. J'étudie en ce moment la carte que j'ai dépliée sur le siège voisin, qui est vide, comme tous ceux de la dix-neuvième rangée. Le premier vol du dimanche des Rameaux pour Thessalonique n'attire pas grand monde.

L'Olympe dépasse le mont Athos de mille mètres. Il compte plusieurs sommets, comme il sied à une montagne consacrée à plusieurs dieux. Le mont Athos, au contraire, n'en a qu'un. Les chrétiens ont bien essayé de s'approprier l'Olympe aussi en y construisant quelques couvents mais leurs tentatives ont avorté. S'ils ont réussi à chasser les anciens dieux de leur demeure, ils ne sont pas parvenus à les remplacer ni à effacer leur souvenir. Le bruit court toujours parmi les bergers de la région qu'on peut voir certains jours très lumineux, sur le plus haut sommet de la montagne, le magnifique palais de Zeus.

Est-ce que l'Olympe est visible depuis le monastère de Simonopétra ou celui de Grigoriou, qui se trouvent sur la côte occidentale de la péninsule ? La distance me paraît grande. L'Athos est séparé de l'Olympe par les deux autres promontoires que possède la Chalcidique et par le golfe Thermaïque qui abrite Thessalonique. Ouranoupolis n'est qu'à une centaine de kilomètres de la deuxième ville de Grèce. Je prendrai l'autocar mardi aux aurores. Combien de temps dure la traversée en bateau d'Ouranoupolis jusqu'à Daphni, le principal port de la Sainte Montagne ? J'estime qu'à dix heures du matin je serai arrivé à destination. Le bonnet du moine s'incline de nouveau, mais cette fois-ci vers le hublot. Nous survolons l'île d'Eubée.

Régulièrement, je mets la main dans la poche de mon pantalon et je palpe les trois noisettes que Paulina Ménexiadou m'a offertes. Elles sont à peine plus sombres et un peu plus luisantes que celles qu'on trouve dans le commerce. Je les ai mises dans ma poche après l'avoir soigneusement débarrassée des miettes provenant du gâteau byzantin de Philippoussis. J'ai si peur de les perdre que je tiens à les avoir sur moi en permanence de façon à pouvoir les toucher, les compter, m'assurer à chaque instant qu'il n'en manque aucune. Je considère que je n'ai rien de plus précieux que ces trois noisettes, qui ne sont entrées en ma possession qu'hier après-midi.

Alors que le bateau que j'avais pris à Tinos entrait dans le port du Pirée, j'ai remarqué un étrange navire, surmonté de nombreuses antennes, amarré non loin de l'endroit où nous avons accosté. Sur son pont arrière se trouvait un engin semblable à un hélicoptère sans pales. Je ne peux pas dire que je l'ai tout de suite reconnu, il m'a semblé néanmoins que je l'avais déjà vu quelque part. Dès que j'ai eu mis pied à terre, je me suis dirigé vers ce bateau qu'une dizaine de personnes étaient en train de charger de caisses, de bagages et de toutes sortes d'objets. L'une transportait une pile de cageots vides en plastique, une autre des flotteurs jaunes gros comme des ballons. Ce remue-ménage se déroulait devant un homme âgé aux cheveux blancs clairsemés qui tenait une petite carabine à gros canon et une jeune femme occupée à écrire dans un bloc-notes. Je me suis approché d'assez près pour lire le nom du navire, l'*Égée*, et celui de l'appareil installé à sa poupe. Ce dernier portait le nom de *Thétis*. Ce n'est qu'après avoir identifié le bathyscaphe du Centre hellénique de recherches marines que je me suis rendu compte que la jeune femme au bloc-notes était Paulina Ménexiadou. Elle avait une fois de plus changé de coiffure, elle avait arrangé ses cheveux en queue de cheval. J'ai dû lui narrer notre première entrevue pour qu'elle se souvienne de moi.

— Vous m'avez même parlé de la boue des profondeurs qui conserve les objets intacts, ai-je conclu.

— Oui, elle leur assure une sorte d'éternité, a-t-elle commenté d'un air rêveur.

Son élocution paisible a atténué ma tension. Je me suis senti encore mieux lorsqu'elle a dit à l'homme âgé :

— *He's a friend.*

« C'est le professeur de Chicago », me suis-je dit. Il portait un bermuda et des godillots militaires. Il m'a adressé un sourire bienveillant.

— Vous m'avez oublié, me suis-je plaint à Paulina.

— Pas du tout ! a-t-elle protesté. J'ai parlé de vous à Faskiotis, il a accepté que l'on vous communique les résultats de notre recherche lorsqu'elle sera terminée, dans quinze jours environ. Nous avons décidé de la commencer plus tôt que prévu car Jeffrey veut retourner le plus rapidement possible à Chicago. N'est-ce pas, Jeffrey ?

Elle a formulé la question en grec, ce qui a paru faire plaisir à l'Américain.

— En effet, a-t-il répondu, lui aussi en grec.

Paulina a jeté un coup d'œil au sac volumineux que je portais. J'avais finalement pris plusieurs pots de confiture pour les distribuer aux moines.

— Voulez-vous que je vous ramène à Athènes ? m'a-t-elle proposé. Je dois passer au bureau pour prendre mes affaires. Nous lèverons l'ancre cette nuit, à minuit.

J'ai envié ceux qui allaient prendre part au voyage et qui auraient la chance d'apercevoir, à travers la bulle de verre du bathyscaphe, des milliers de boucliers perses éparpillés sur la boue des profondeurs. Sa voiture, une Skoda cabossée de couleur rouge brique, était garée un peu plus loin. Nous sommes repassés devant Jeffrey en partant, mais il nous avait déjà oubliés. Il inspectait son arme.

— Elle sert à lancer des fusées éclairantes, m'a expliqué Paulina. Jeffrey est pressé de repartir car sa femme est malade. C'est lui qui finance cette mission. Notre département n'a pas assez d'argent pour entreprendre une recherche si coûteuse et à l'issue incertaine. Nous ne savons pas exactement où la flotte perse a sombré. Un pêcheur nous a indiqué le cap de l'Assassin. Les pêcheurs connaissent très bien le fond de la

mer, ils le labourent littéralement avec leurs
dragues en provoquant souvent des dégâts irré-
parables, en démembrant des épaves, en cas-
sant des amphores.

J'ai appris que la drague était une nasse en
treillage métallique prise dans une armature de
fer qui permet aux caïques de racler le fond
marin jusqu'à cinq cents mètres de profondeur.

— Il est vrai qu'ils pêchent parfois des statues, que le ministère de la Culture leur achète
au prix fort pour les dissuader de les revendre
au marché noir. Vous savez sans doute que le
commerce des antiquités fleurit dans notre pays.
Tous nos industriels et nos hommes politiques
disposent chez eux de véritables petits musées
d'œuvres antiques et byzantines.

Je me suis souvenu que la belle statue que
j'avais vue dans la baignoire avait été découverte par un pêcheur. Trois semaines s'étaient
écoulées depuis ma visite au département d'archéologie sous-marine et presque deux mois
depuis que j'avais promis à Nausicaa de me
renseigner sur le mont Athos. « Je perdrai un
jour la vue, moi aussi », ai-je pensé, peut-être
parce que j'avais du mal à lire les panneaux de
signalisation. Nous roulions à toute allure sur la
route qui longe la mer. Paulina dépassait des
voitures beaucoup plus puissantes que la sienne.
Lorsque nous nous sommes engagés dans l'avenue Syngrou, je lui ai dit que je comptais passer

la semaine sainte au mont Athos pour photographier les antiquités qui y subsistent.

— Il ne doit pas rester grand-chose à mon avis. J'aimerais tout de même voir les photos que vous allez prendre. Notez bien que les moines n'apprécient pas la recherche archéologique. Ils ne voient pas d'un bon œil non plus les fouilles sous-marines. La première fois que nous nous sommes rendus à proximité du mont Athos, nous nous sommes tenus à distance de la côte, et malgré cela ils nous ont accueillis à coups de fusil. J'imagine qu'ils nous observaient aux jumelles et qu'ils avaient repéré les quelques femmes qui se trouvaient à bord.

Elle était certainement plus âgée que moi, mais de combien d'années ? « Nous nous marierons sur un îlot désert. Nous célébrerons l'événement en jetant des miettes de pain aux poissons à l'heure du couchant. Tous les poissons de l'Égée se rassembleront autour de nous. »

— Leur misogynie a cependant des limites. Nous les avons vus à maintes reprises accoster en barque des bateaux de tourisme afin de vendre à leurs passagers, parmi lesquels les femmes étaient généralement en nombre, des objets pieux. Ils n'ont pas tardé d'ailleurs à accoster notre propre bateau aussi. Ils nous ont proposé d'acheter, entre autres choses, des répliques de la ceinture de la Vierge qui est conservée au monastère de Vatopédi. Elles étaient supposées guérir la stérilité féminine et le cancer.

Elle m'a regardé du coin de l'œil. Je lui ai avoué que je n'avais jamais entendu parler de cette ceinture.

— On dit qu'elle est tissée de poils de chameau et qu'elle a été offerte au monastère par Jean Cantacuzène au XIVe siècle. On avait coutume autrefois de la porter en procession à travers les cités frappées par une épidémie. Les moines continuent de l'exhiber ici et là, ils l'ont récemment montrée dans une église de Néa Philadelphia, dans la banlieue d'Athènes. L'opération a connu un succès populaire tout à fait exceptionnel et a dû certainement leur laisser pas mal d'argent. Ils vous permettront peut-être de la voir.

« J'écoute depuis deux mois une triste histoire », ai-je pensé.

— Je n'ai aucune envie de la voir.

Elle a ri.

— Moi non plus.

Elle s'est garée juste devant le bâtiment de la rue de l'Érechthéion.

— Vous trouverez un taxi un peu plus bas.

J'ai compris que le temps qu'elle pouvait m'accorder était arrivé à son terme. Je l'ai cependant priée de me laisser jeter un coup d'œil à la statue de l'éphèbe.

— Je ne connais pas son visage.

— Vous allez être déçu.

Le gardien nous a ouvert la porte de l'atelier, il a allumé le plafonnier, deux rangées de tubes

198

fluorescents. La baignoire était vide. Malgré
l'avertissement de Paulina, j'ai été profondément attristé en voyant la statue, debout, à côté
des étagères aux amphores. Elle n'avait pas de
visage. Il lui manquait la tête, toute l'épaule
gauche et la main gauche. Ses jambes m'ont
paru moins légères. La jeune femme m'a donné
une tape amicale dans le dos comme si nous
étions à un enterrement et qu'elle voulût me
consoler. Elle se tenait derrière moi, à côté du
gardien. En me retournant, j'ai aperçu sur la
plaque de marbre qui était posée sur le radia-
teur une assiette pleine de noisettes.

— Où les avez-vous trouvées ?

— À l'intérieur d'un bateau espagnol qui a
fait naufrage près de l'île de Zante en 1600.
Nous ne les avons presque pas nettoyées, nous
les avons retirées de la mer à peu près dans
l'état où vous les voyez. Elles ne contiennent
plus rien, leur graine s'est réduite en poussière
au fil du temps.

Mon désir d'acquérir une noisette devait être
ostensible car Paulina a profité d'un moment
d'inattention du gardien pour en subtiliser trois
et me les mettre dans la main. Je me suis permis de l'embrasser sur les deux joues avant de
la quitter.

— Nous arriverons demain soir au mont
Athos, m'a-t-elle dit comme si elle me donnait
rendez-vous.

— Moi j'y serai mardi.

J'étais fou de joie en sortant du département d'archéologie sous-marine. Je murmurais continuellement la phrase « J'ai trois noisettes de quatre cents ans », je la chantonnais, je ne me lassais pas de l'entendre.

Au coin de la rue, je me suis arrêté. J'ai voulu m'assurer que les noisettes étaient effectivement creuses et je les ai agitées près de mon oreille. L'une d'entre elles a produit un son imperceptible, comme si quelque chose avait subsisté de sa graine, un soupçon de vie.

Les nuages s'amoncellent à mesure que nous montons vers le nord. Ils sont bien plus blancs vus de près que de loin. Ceux que le soleil du matin effleure de ses rayons ont même un éclat aveuglant. Je n'avais pas pensé que nous volerions au-dessus des nuages et que je verrais un ciel si clair. Je suis de l'avis d'Archytas, qui affirme que l'univers n'a pas de fin. « Qu'est-ce qui m'empêchera, demande-t-il à ceux qui soutiennent le contraire, une fois arrivé à l'extrême limite du ciel, d'étendre mon bâton au-delà ? » Tantôt je me représente les présocratiques comme des jeunes gens, et tantôt comme des vieillards qui s'appuient sur une canne. J'ai du mal à croire qu'ils avaient cette gravité que leur prête Théano. Elle-même nous a dit d'ailleurs que Démocrite riait souvent, qu'il considérait la gaieté comme un bien précieux. Lorsqu'il est parvenu à un âge avancé, il a pris cependant l'affreuse décision de se crever les yeux car il ne supportait pas la vue des jolies femmes qu'il ne pouvait plus séduire. Archytas, que je viens d'évoquer, fut l'inventeur de la crécelle, jouet qui présente l'avantage nullement négligeable, selon Aristote, d'offrir un exutoire à la nervosité des enfants. Si les nuages étaient moins denses je pourrais peut-être voir le bateau à bord duquel voyage Paulina et qui, selon mes calculs, doit se diriger vers les Sporades, tout comme nous.

Je suis arrivé à Kifissia à cinq heures de l'après-midi. J'ai trouvé Nausicaa au lit, elle préfère garder le lit lorsqu'elle est seule à la maison. Sophia lui avait préparé des sandwichs avant de partir pour Arachova, elle les avait posés sur un plateau. La couverture était parsemée de miettes.

— Vous avez pris vos médicaments ?

— Il me semble... Je n'en suis plus très sûre... Ils étaient dans une petite assiette.

Elle a fait un geste de la main gauche vers le plateau, où j'ai vu une soucoupe vide.

— Vous les avez pris, l'ai-je rassurée.

Elle m'a prié d'enlever l'un des trois oreillers qui étaient calés derrière son dos.

— Vous avez eu des appels ?

— Sophia m'a téléphoné à trois reprises.

Son portable se trouvait sur la table de chevet, devant l'icône de saint Dimitris.

— Vous savez sans doute qu'une image apparaît sur l'écran des téléphones portables quand on les allume, lui ai-je dit. J'ai trouvé dans un magazine une publicité qui proposait des portraits de saints. « Téléchargez sur votre portable le saint qui vous protégera », suggérait-elle. Elle donnait la possibilité de choisir entre une cinquantaine de personnages, chacun suivi d'un numéro de code pour la commande. Parmi les postulants figurait le vénérable Païssios l'Athonite, celui qui parlait aux serpents.

— Je ne le savais absolument pas ! s'est-elle indignée. Vous voulez dire qu'il y a une image sur mon téléphone aussi ? Et pourquoi Sophia ne me l'a-t-elle pas dit ? Elle va m'entendre lorsqu'elle me rappellera ! Puis-je savoir à la fin ce que montre cette image ?

J'ai ouvert son portable.

— On y voit le ciel, et quelques nuages.

— Le ciel ne m'a jamais fait rêver. La mer si.

— Je vous trouverai une image de la mer à mon retour.

— Choisissez une mer houleuse, comme celle de Tinos... J'ai beaucoup songé à mes années d'enfance, au temps où j'étais interne chez les ursulines. Sœur Odile, une Française, nous apprenait les bonnes manières. Elle était extrêmement aimable. J'étais convaincue que le français était une langue dépourvue de jurons et de gros mots. Il me plaisait d'imaginer qu'Odile était l'enfant naturelle d'un descendant des rois de France.

— C'est elle qui vous empêchait de lire la nuit ?

— Mais non ! a-t-elle dit, outrée, comme si j'avais proféré une énormité. Celle qui surveillait le dortoir s'appelait Marie-Thérèse. Elle nous aimait aussi, sœur Marie-Thérèse, mais pas autant qu'Odile... C'est dans la bouche de François que j'ai entendu pour la première fois une insulte française. Il l'a proférée à Paris, à la fin d'un inoubliable séjour de quatre jours. Nous étions à l'hôtel Meurice, un établissement fameux que fréquentait, comme je l'ai appris par la suite, le peintre Salvador Dalí. Juste avant mon départ, je lui ai avoué qu'il me paraissait plus sage de mettre fin à notre relation. Il avait trente-sept ans, treize ans de moins que moi. Lorsqu'il a été persuadé que je ne reviendrais pas sur ma décision, il m'a dit : « *Va te faire foutre !* » Je préfère ne pas vous dire ce que cela signifie.

— Quand vous a-t-il offert le vélo ?

— Je l'ai trouvé un matin attaché avec une chaîne à la grille du jardin. Je suis sûre qu'il l'a lui-même conduit jusqu'ici, mais il ne s'est pas manifesté. Dans l'une des sacoches qui pendaient de part et d'autre du porte-bagages j'ai cependant trouvé un mot de lui, ainsi que la clef du cadenas de la chaîne. Grâce à François, je me suis remise au vélo et j'ai continué à en faire pendant plusieurs années avec un grand plaisir. J'avais le sentiment de rajeunir quand je montais sur mon vélo. François a eu la délicatesse de prolonger ma jeunesse. Mais un jour la fatigue a pris le dessus.

— Je ressens de plus en plus souvent de la fatigue ces derniers temps.

— La mienne est différente, elle est irrémédiable. Tout l'aggrave. Même le sommeil me fatigue.

Le bonnet du moine se balance à présent d'avant en arrière, très lentement. Je ne saurais dire s'il prie ou s'il dodeline de la tête en dormant.

— Vous ne m'avez pas dit quelle image vous avez installée sur votre portable.

— Une photo en noir et blanc de mon frère Gérassimos. Quelqu'un a eu la bonne idée de le photographier dès sa naissance. Mon père le tient d'une main. On voit le bras de mon père et le bébé qui a le visage tourné vers le haut comme s'il le regardait.

— Sa mort a dû vous causer une grande peine.

J'ai dû lui rappeler que je n'étais pas encore né quand Gérassimos est mort.

— Mais c'est vrai qu'elle m'a causé une grande peine.

— J'ai moi aussi une photo en noir et blanc à vous donner.

Elle a retiré une enveloppe de sous ses oreillers.

— La photo de moi qui est accrochée dans le hall est une copie de celle-ci.

J'ai eu en mains un petit cliché semblable à ceux que l'on trouve dans les vieux albums de famille. J'ai dû le regarder de près pour distinguer la natte de la jeune fille, les falbalas de sa chemise, pour retrouver son regard pensif. La lumière était plus crue sur cette image, les ombres plus marquées. Nausicaa n'était peut-être pas aussi belle que sur la grande photo, qui avait probablement été retouchée, mais elle était plus vivante. Il m'était très facile de l'imaginer en train de descendre les dernières marches de l'escalier en bois, de traverser la chambre et de sortir dans le jardin. Le portrait du hall lui interdisait tout mouvement, ce n'était que la photographie d'une photographie.

— Ma mère aimait beaucoup cette photo. C'est elle qui avait eu l'idée de la faire agrandir.

— Je l'aime beaucoup, moi aussi.

— Eh bien, je vous en fais cadeau ! s'est-elle exclamée de manière quelque peu théâtrale. Gardez-la sur vous et montrez-la à mon frère si vous le rencontrez. Elle l'aidera peut-être à se souvenir de moi.

— Savez-vous où elle a été prise ?

— Mais naturellement ! Chez la sœur de ma mère, la grand-mère de Fréris, à Oropos.

L'enveloppe contenait aussi plusieurs billets de cinquante euros.

— J'avais demandé à Sophia de retirer deux mille euros pour vous, et elle n'en a pris que mille ! « J'espère que tu n'es pas en train d'oublier, ma fille, que c'est moi qui commande ici ! » lui ai-je dit. Mais ma remarque ne l'a pas offusquée outre mesure. « Je vous assure que mille euros sont amplement suffisants », a-t-elle insisté.

— Elle a raison. Les moines offrent le gîte et le couvert.

Je l'ai laissée un moment seule, j'ai porté le plateau à la cuisine, j'ai mis dans la soucoupe les médicaments qu'elle prend le matin, je lui ai pressé deux oranges afin qu'elle ait quelque chose à boire à son réveil. Elle somnolait lorsque je suis revenu dans la chambre. Je l'ai regardée un assez long moment, aussi attentivement que j'avais observé ma mère à l'hôpital de Syros. Quelques cheveux blancs s'étaient détachés de sa coiffure et lui barraient le front. Ses lèvres étaient complètement desséchées. La lumière de la lampe de chevet, qui l'éclairait de biais, accentuait ses rides, révélant même les plus fines. Ses belles mains m'ont paru elles aussi vieillies. Elle portait toujours l'anneau serti de trois diamants. « Elle en fera cadeau à Sophia. » J'ai songé aux larmes que verse Christomanos en embrassant la main d'Élisabeth pour la dernière fois. « Il pleure parce qu'il ne la reverra pas. Moi, je n'ai aucune raison de pleurer. » J'ai tourné les yeux vers l'icône de saint Dimitris.

L'or qui entourait sa silhouette avait cet éclat mystérieux qui émerveille Charis Katranis. Je suppose que les statues d'or de l'Antiquité le toucheraient autant : elles étaient en bois, comme les icônes, plaquées de feuilles d'or. Il n'en subsiste aucune hélas, car notre climat désagrège le bois. Le saint était habillé en soldat byzantin et tenait une lance et un bouclier. Les commissures de ses lèvres qui s'abaissaient fortement lui donnaient un air contrarié, voire buté.

J'ai de nouveau regardé Nausicaa. Ses paupières clignaient. Je lui ai donné un peu d'eau.

— Vous ne buvez pas suffisamment d'eau et vous ne marchez pas assez.

— Vous avez raison, mais je n'aime pas l'eau... Quant à la marche, elle me fatigue plus que tout le reste. Les distances ne cessent de croître. Il y a peu, j'allais volontiers jusqu'aux colonnes vertes du porche. À présent elles sont trop loin, j'ai l'impression qu'elles se trouvent à l'autre bout de Kifissia. Savez-vous combien de pas je dois faire pour aller aux toilettes ? Vingt-sept ! Comment en suis-je arrivée à compter mes pas, moi qui étais une enfant si turbulente ?

Elle a accepté de boire quelques gorgées supplémentaires.

— Je pensais au jour où je me suis présentée pour la première fois chez les ursulines. J'étais avec mon père, il s'était réservé une chambre à Loutra, le village voisin, pensant que j'aurais besoin de quelques jours pour décider si j'allais rester dans cette institution. Une heure après m'avoir confiée à sœur Agnès, la directrice, je suis allée le trouver à l'hôtel et je lui ai dit : « Papa, tu peux t'en aller... » Quel dommage que cette école ait cessé son activité ! On m'a dit qu'elle accueille désormais des expositions. J'apprends que toutes sortes de bâtiments désaffectés deviennent aujourd'hui des galeries. Mais avons-nous donc tant de choses à exposer ?

Le pressentiment que je n'aurais plus jamais l'occasion de parler avec elle avait recommencé à me tourmenter.

— Ne perdez pas votre temps, vous avez vos bagages à préparer.

— Bien, ai-je consenti à contrecœur.

— Bonne chance, a-t-elle dit.

Au moment où je franchissais le seuil de la chambre, elle a ajouté :

— Faites bien attention en ouvrant la porte de la cuisine qu'aucun chat n'entre à l'intérieur.

Cela fait un moment que le bonnet du moine n'a pas bougé.

— Où sommes-nous ? demande le jeune homme.

Le moine tarde à répondre. Le bonnet se tourne à droite, puis à gauche, puis encore à droite. Je me lève et me penche par-dessus les dossiers de leurs sièges.

— Nous serons bientôt près de l'Olympe ! leur annoncé-je joyeusement.

Ils sont obligés de se tordre le cou pour me dévisager. Ils ont l'air passablement éberlués par mon apparition, je me demande bien pourquoi.

— Nous l'avons dépassé, l'Olympe, rectifie le moine de cette voix caverneuse que possédaient les esprits de la forêt dans les contes que je lisais enfant.

Comment le sait-il ? Il n'y a plus le moindre écart entre les nuages, on ne voit absolument rien à travers le hublot. Il consulte sa montre, où je lis moi aussi l'heure : elle indique une heure moins cinq ! Nous avons décollé à huit heures vingt et notre arrivée à Thessalonique est prévue pour neuf heures.

— Vous avancez un peu, plaisanté-je.

Son bonnet a une odeur qui ne ressemble à aucune autre. C'est un bonnet hors d'âge. Il dégage peut-être l'odeur d'une autre époque.

— Pas du tout, me répond-il. Au mont Athos il est minuit à l'heure où le soleil se couche. La disparition du soleil marque le commencement d'une nouvelle journée.

— Je sais que vous vous levez tôt, à quatre heures du matin, si je ne me trompe.

— Ce n'est pas particulièrement tôt, étant donné qu'il est huit heures pour nous.

Est-ce le moine qui a aidé Philippoussis à se désintoxiquer ? Est-ce celui qui a essayé de ren-

verser la statue du ministère de la Culture ?
Est-ce Syméon qui, à en juger par ses écrits,
doit parler parfaitement le grec ? Sur les genoux
du jeune homme repose un gros volume noir
qui laisse voir le bout d'un marque-page rouge.
On dirait que le livre a produit une goutte de
sang.

— Nous ne devons plus être loin du mont
Athos.

— Le voilà, dit le moine.

Je reprends ma place. Loin, au-dessus des
nuages, se dresse le pic enneigé d'une montagne. Elle ne ressemble pas à une pyramide car
la ligne de son versant droit esquisse une sorte
de marche d'escalier. Voilà donc le bloc de pierre
que le géant Athos jeta sur Poséidon. Voilà la
cime que la Vierge Marie aperçut de sa frêle
embarcation. Je ne partage pas l'exaltation que
ressentent les grands voyageurs en découvrant
la terre de leurs rêves. Il n'est pas exclu cependant que je ressente une certaine joie, cette petite joie que procure l'assouvissement d'une
curiosité.

Le bonnet du moine oscille encore d'avant
en arrière. Cette fois, je suis sûr qu'il prie. Son
compagnon murmure quelque chose sur le ton
grave de la psalmodie. Je sais que la musique
byzantine se passe d'instruments. Elle est composée pour des voix, des voix masculines faut-il
préciser. Je songe que tous les apôtres du Christ
étaient des hommes, tandis qu'il y avait six

femmes parmi les douze Olympiens. Trois d'entre elles, si ma mémoire est bonne, étaient d'une moralité irréprochable, Athéna, Artémis et Hestia, laquelle, bien que déesse du foyer, ne réussit pas à fonder une famille. Les trois autres en revanche ont vécu dans le mépris le plus complet des principes moraux, puisque Héra épousa son frère Zeus, que Déméter, qui était également la sœur de Zeus, eut avec lui un enfant, et qu'Aphrodite fut l'épouse et la maîtresse de deux de ses demi-frères, Héphaïstos et Arès.

L'avion s'enfonce peu à peu dans les nuages. Le pilote, M. Tsilidis, nous annonce qu'il pleut à Thessalonique où nous allons atterrir dans dix minutes. Je n'ai pas le temps de consulter le plan de la ville, je sais juste que l'hôtel Continental est situé rue Comnène. Par un heureux hasard, j'ai retrouvé hier en rangeant mon bureau le téléphone de Minas Kopidakis, cet ancien condisciple qui poursuit ses études à l'université Aristote. Je crois qu'il a été sincèrement content de m'entendre, il m'a fait promettre que nous allions nous voir le plus rapidement possible. Il m'a annoncé sa rupture avec Irini, ce qui m'a rappelé que nos relations, autrefois chaleureuses, s'étaient relâchées à cause de cette jeune fille, une comédienne écervelée qui parlait interminablement de ses projets professionnels.

J'imagine les dieux de l'Antiquité cachés dans une grotte, au pied de l'Olympe, peu après leur destitution. Ils écoutent les cloches des églises qui sonnent gaiement. Certains accusent Zeus de leur déroute. Ils disent qu'il aurait dû élaborer des commandements et fournir un modèle d'organisation à ses prêtres. D'autres sont fâchés contre les Moires, puisque ce sont elles, en définitive, qui décident de tout, même du destin des dieux. Il en est enfin qui reprochent à Hadès le traitement exécrable qu'il réservait aux morts. Ils savent tous apparemment que la nouvelle religion promet monts et merveilles aux trépassés. Athéna soutient que les Grecs ont commencé à s'éloigner de leurs dieux au temps de la guerre de Troie, en raison de l'appui fourni par Apollon, Arès et Aphrodite à leurs ennemis.

— C'est cette putain qui est la cause de tous nos maux, estime Héra, qui ne peut pas croire que son époux n'a jamais couché avec la déesse de l'Amour.

La pluie frappe les hublots de l'avion. J'ai serré si fort ma ceinture de sécurité que j'ai du mal à respirer. Les dieux se retirent au fond de la grotte pour se protéger de la pluie. Zeus devine qu'il lui revient de clore la discussion.

— Nous n'avons jamais soutenu, nous, que nous avions créé le monde. Nous l'avons reçu tel qu'il était et nous n'avons pas cherché à le changer. J'espère qu'un jour les Grecs nous sauront gré de les avoir laissés libres. Comme vous pouvez le constater, je ne suis même plus capable de faire cesser la pluie.

13

Thessalonique m'a accueilli par un concert de cloches et une pluie torrentielle.

— Vous avez beaucoup d'églises, ai-je fait remarquer au chauffeur de taxi.

— Oui, nous en avons quatre-vingts.

Mais il n'était pas d'humeur à discuter, probablement à cause de la pluie qui avait vidé les rues. Il était dix heures. Les carillons m'ont remis en mémoire la libération triomphale de la ville par l'armée grecque, en 1912, après cinq siècles environ de domination ottomane. « C'est une ville qui a forcément des tas de mauvais souvenirs », ai-je pensé.

À travers les vitres trempées de la voiture j'ai lu le nom de Jean Tsimiskès. L'une des principales artères de la ville rappelle donc le souvenir de ce Tsimiskès, ou Tzimiskès, qui fut sacré empereur après avoir assassiné son oncle Nicéphore Phocas, et dont saint Athanase obtint l'appui en l'excusant de son crime. Il faut croire qu'il était dans les habitudes des empereurs de massacrer certains membres de leurs familles. M. Koumbaropoulos, qui nous enseignait l'histoire byzantine à l'université, nous avait appris dès le premier cours que Constantin le Grand, qui se considérait comme un apôtre, sinon comme un successeur du Christ, avait tué son fils aîné et noyé sa deuxième épouse dans une cuve d'eau bouillante.

Bien qu'elle soit consacrée à l'une des familles les plus illustres de Byzance, la rue Comnène est une petite rue qui descend vers la mer. L'hôtel Continental occupe un vieil immeuble délabré qui pourrait bien dater de l'occupation ottomane. La chambre que m'a attribuée le réceptionniste est par chance assez spacieuse. Je suis resté là une heure en attendant que la pluie cesse. J'ai étudié le plan et la brochure qui l'accompagne. Comme la ville s'étend le long du golfe Thermaïque, le bleu occupe la majeure partie de la carte. « Thessalonique ne perd pas un instant la mer des yeux. » J'ai appris qu'elle avait été fondée sous les Macédoniens, mais qu'elle n'a gardé aucun souvenir de cette époque, exception faite de son nom : la sœur d'Alexandre le Grand s'appelait Thessalonique. Elle n'a pas retenu grand-chose non plus de l'époque romaine. Certes, la rue Egnatia qui la traverse de part en part rappelle par son nom la voie antique qui reliait l'Italie à Constantinople, et la porte de Galère évoque le souvenir de l'empereur qui fit périr saint Dimitris, le patron de la cité, en 306. Thessalonique se souvient surtout de Byzance. Ses églises sont byzantines, ses remparts sont byzantins, sa forteresse, qui a longtemps servi de prison sous le nom de Yédi-Koulé, est byzantine, et les bâtiments qui bordent la place Aristote sont de style byzantin. Je ne doute pas que je trouverai dans toutes les pâtisseries des gâteaux byzantins.

Il semble que Justinien a contribué au développement de la ville, qui est devenue de son temps un immense carrefour d'échange de produits entre l'Europe et l'Asie. Il n'en reste pas moins que les Thessaloniciens ont davantage souffert des Byzantins, qui les ont persécutés en raison de leur attachement au polythéisme, que des Romains. Koumbaropoulos nous disait que les chrétiens avaient largement fait payer aux païens les supplices qu'ils avaient eux-mêmes endurés au cours des premiers siècles. Ce professeur aimait nous surprendre. Il mettait à mal notre conviction que les empereurs de Byzance appartenaient en bloc à la grande famille hellénique. Il nous avait révélé que la langue officielle de l'Empire byzantin, jusqu'au VIIe siècle, était le latin, et que les conversations de Constantin le Grand avec sa mère, sainte Hélène, se déroulaient très probablement en latin. Nous avions été stupéfaits d'apprendre que ces deux grandes figures de l'orthodoxie communiquaient dans une langue inaccessible à la majorité des Grecs.

La brochure note que les Thessaloniciens se sont soulevés à plusieurs reprises contre les Byzantins. Elle rappelle l'insurrection contre Théodose, au IVe siècle, et la révolution des zélotes, dix siècles plus tard, qui avait pour but l'instauration d'un régime démocratique fondé sur l'égalité sociale. Pendant le court laps de temps où ils occupèrent le pouvoir, les zélotes exécutèrent un bon nombre d'aristocrates et confisquèrent les biens des églises et des monastères.

L'histoire de Thessalonique est un roman d'aventures. Elle a été conquise par les Sarrasins, les Normands, vendue aux Vénitiens, elle a vu déferler les mêmes envahisseurs qui ont ravagé le mont Athos et a accueilli des foules de réfugiés, notamment de Juifs d'Espagne.

Comme la pluie ne semblait pas devoir s'arrêter, j'ai décidé de la braver. Je suis descendu à la réception et j'ai demandé un parapluie. L'employé n'en avait pas, il disposait cependant d'un grand sac en plastique qui provenait d'une pâtisserie artisanale. Je l'ai prié de m'indiquer sur le plan la gare routière qui dessert Ouranoupolis.

— Vous allez au mont Athos ?

Je lui ai dit que je comptais partir le mardi de bonne heure, il a proposé de me réserver une place.

— Je la connais bien, la Sainte Montagne, j'y vais tous les ans avec mes amis. Nous aimons

nous retrouver entre nous, sans nos femmes.
Nous nous sentons plus jeunes, nous oublions
nos obligations familiales, nos problèmes. Le
réveil matinal qu'on nous impose là-bas nous
rappelle l'armée.

Il a attendu que je manifeste quelque intérêt
pour continuer.

— Vous n'êtes pas favorable à l'abolition de
l'*abaton*.

— Nous y sommes farouchement opposés !
Nous allons au mont Athos justement parce
que nos femmes ne peuvent pas nous suivre !
Au retour, nous passons toujours une nuit à
Ouranoupolis, à l'hôtel La Bohémienne, qui est
tenu par une amie, Coralie. Là on s'amuse un
peu. Après trois ou quatre jours chez les moines, comme vous le constaterez, on a forcément
besoin de s'amuser un peu.

Il a une soixantaine d'années, une silhouette
plutôt frêle. Je l'ai imaginé assis sur les genoux
d'une princesse russe dotée d'un buste gigantesque. J'ai songé à la guérison miraculeuse
d'Argyris par le vieil Euphtychios, au monastère de Grigoriou.

— Avez-vous déjà assisté à un miracle ?

Il a inspecté le hall des yeux comme pour
s'assurer que nous étions bien seuls.

— Je ne sais pas si c'était un miracle… Un
soir, dans le *catholicon* du monastère de Stavronikita, j'ai vu les flammes de tous les cierges
s'incliner vers l'icône de la Vierge. Les portes

étaient fermées, il n'y avait pas le moindre courant d'air. J'en ai parlé à un moine, il m'a dit que cela se produisait de temps en temps et que c'était le signe annonciateur d'un drame planétaire. Le lendemain, les Américains ont commencé à bombarder l'Irak.

J'ai passé ma tête dans le sac. Il sentait si fort que j'ai eu l'impression de pénétrer dans une pâtisserie. J'ai couru en direction de la place Aristote qui n'est qu'à deux pâtés de maisons de l'hôtel. J'ai éprouvé une joie particulière à courir, comme si je doutais d'être encore capable de le faire. Mais en arrivant au bord de la mer j'étais déjà à bout de souffle. J'ai attribué ma gêne au sac qui me bouchait régulièrement le nez. J'ai donc découvert le front de mer de Thessalonique à travers l'ouverture du sac. Il s'avançait jusqu'à l'horizon en formant une légère courbe vers la droite. La Tour Blanche, qui se trouve sur les quais et qui ressemble à une pièce d'échecs, est le dernier vestige d'une histoire très mouvementée. J'ai tourné à gauche. La place est entourée de belles arcades qui reposent sur de grosses colonnes lisses surmontées de chapiteaux de style byzantin. Je me suis assis dans le premier café que j'ai vu, à côté de la baie vitrée.

J'ai eu la sensation que je me trouvais aux confins de la réalité, comme s'il manquait une dimension à la ville autour de moi. C'était la vie qui lui faisait défaut. Le café était désert. Il n'y avait personne dehors non plus. Les bannes tendues au-dessus des tables en plein air avaient des teintes délavées. « Elles sont aussi ternes que les couleurs dans la mémoire de Nausicaa. » Je l'ai appelée sur son portable, Sophia n'était pas encore rentrée d'Arachova.

— Vous avez bu votre jus d'orange ?

— Je vais le boire.

À quoi ressemble l'obscurité que voit Nausicaa ? Est-elle dense comme la nuit ? Est-elle plus profonde encore, comme celle qui règne au fond de la mer ?

— J'ai fait un rêve, m'a-t-elle dit. J'essayais de réaliser quelque chose, et quelque chose m'en empêchait. Je voulais accorder entre elles deux choses qui vraisemblablement n'étaient pas faites pour s'associer. J'ai rêvé d'une impossibilité… Où vous trouvez-vous ?

— Sur la place Aristote.

— Le philosophe est né dans la région ?

— Oui, à Stagire, en Chalcidique, mais il a surtout vécu à Athènes. Il a été l'élève de Platon.

— Et le précepteur d'Alexandre le Grand.

La serveuse m'a apporté le café.

— Vous en avez besoin ? m'a-t-elle demandé en me montrant des yeux le sac en plastique.

Je lui ai fait signe que je voulais le garder.

— Je n'aime pas penser aux choses que je n'ai pas faites, aux villes que je n'ai pas visitées, aux livres que je n'ai pas lus, a repris Nausicaa.

J'ai vécu une vie limitée, je ne comprends pas pour quelle raison. J'étais probablement un peu bête. Ne gaspillez pas votre temps. C'est tout ce que vous avez et vous ne l'aurez pas longtemps.

Elle a raccroché sans me laisser le temps de répondre. Qu'aurais-je pu lui dire, du reste ? Les cloches des quatre-vingts églises de la ville se sont de nouveau fait entendre. Il était midi. La place n'a pas tardé à prendre vie. Des familles, des personnes âgées, des bandes d'adolescents ont investi l'espace sous les arcades. J'ai eu la surprise de reconnaître parmi ces promeneurs le moine de l'avion et son acolyte. Ils traînaient derrière eux deux grosses valises noires à roulettes. Le jeune homme était lui aussi vêtu de noir, il portait un pantalon noir et une veste noire. J'ai supposé qu'ils se rendaient à l'église Saint-Dimitris pour allumer un cierge. Le deuxième coup de fil que j'ai passé a sensiblement amélioré mon humeur. J'ai appelé Kopidakis, je suis tombé sur sa mère, son fils n'était pas là, il lui avait cependant parlé de moi.

— Pourquoi ne viendriez-vous pas déjeuner à la maison ? Vous feriez la connaissance de mon mari qui a bien des histoires à vous raconter sur le mont Athos.

Je croyais que je n'avais parlé à Minas que de mon mémoire. J'ai accepté l'invitation avec empressement. J'avais deux heures devant moi.

J'ai décidé de ne pas gaspiller davantage de temps au café et de visiter le Musée archéologique. La pluie avait diminué d'intensité, je me suis cependant recoiffé de mon sac avant de sortir. Un homme élégant, portant une gabardine verte, tenait à la main une croix confectionnée avec de jeunes feuilles de palmier. J'avais oublié que les églises distribuaient des croix de ce genre pendant la messe des Rameaux.

J'ai retrouvé au musée les dieux de l'Olympe, Zeus, Déméter, Athéna, Apollon, Hermès, de même qu'Asclépios, le fils d'Apollon, mais ils étaient malheureusement dépourvus de tête. Leurs statues m'ont autant affligé que celle de l'éphèbe du département d'archéologie sous-marine. Qui les avait mises dans cet état ? Était-ce l'apôtre Paul, qui visita Thessalonique en 49 ap. J.-C. ? Elles étaient pour la plupart postérieures à cette date. J'ai eu néanmoins la certitude que la dégradation d'une statue d'Aphrodite du IIe siècle ap. J.-C. était l'œuvre d'un chrétien nouvellement converti. Le corps tendre de la déesse portait de nombreuses marques de coups, provoquées manifestement par un instrument de fer, sur les seins, les fesses et surtout autour du vagin. Elles étaient suffisamment profondes pour être visibles de loin. J'ai songé une fois de plus à l'agression perpétrée contre la statue du ministère de la Culture par un moine.

À quel moment les premiers ermites ont-ils fait leur apparition ? Ce qui est sûr, c'est qu'il n'y en avait pas dans l'Antiquité. Les anciens Grecs ne se retiraient pas dans les montagnes ni dans les déserts. Le silence de la nature n'était de leur temps la voix de personne.

Les organes sexuels ne leur inspiraient aucune répulsion. Ils avaient au contraire tendance à les exhiber, puisque les bustes d'Hermès qui ornaient les rues et les places portaient, sur leur gaine, un phallus en relief. Les deux hermès que j'ai vus au musée étaient naturellement privés de leur sexe. Je me suis souvenu que le Français Basile Préaud, dans son article que j'ai lu à la bibliothèque Gennadios, signale la disparition d'un pilier hermaïque du mont Athos. J'ai vu également une oreille votive, mais elle n'était pas dédiée à Artémis comme celle qui, selon Charis Katranis, se trouve à la Grande Lavra. L'auteur de la dédicace, un commerçant romain installé à Thessalonique, avait préféré s'adresser à Isis. C'était donc l'oreille d'Isis.

J'ai aussi contemplé la tête d'un petit enfant. Son expression pleine de tristesse donnait le sentiment qu'il était conscient de l'usure qu'il avait subie. Il n'avait presque pas de cheveux et son nez était cassé. Je n'ai pas été étonné en découvrant qu'il s'agissait d'un portrait funéraire. Je me suis assis sur le banc de bois qui lui faisait face. Mon regard s'est fixé sur le sac en plastique que j'avais toujours en main.

— Ce serait bien si tu pouvais venir avec moi au mont Athos, ai-je dit à Gérassimos.

— Ce serait bien, a-t-il acquiescé promptement, lui qui me répond si rarement.

La Macédoine possédait dans l'Antiquité d'importants gisements aurifères. C'est ce qui explique l'exceptionnelle richesse des tombeaux de la région en objets d'or, couronnes, diadèmes, bracelets, colliers, boucles d'oreilles. Il n'était pas dans les habitudes des Macédoniens de voler leurs morts : ils les enterraient avec leurs bijoux. L'obole qu'ils plaçaient sur la bouche des défunts en guise de billet d'entrée dans le royaume des ombres était une pièce d'or. Voilà ce que j'ai appris au premier étage du musée, entièrement consacré à l'or des Macédoniens. J'ai remarqué en particulier une couronne de myrte composée d'innombrables feuilles d'or, placées autour du cercle de façon désordonnée, comme seule la nature sait les disposer. L'artiste les avait découpées dans de l'or très fin et avait pris soin d'imprimer sur chacune sa nervure. Cette création légère n'était pas datée. Il m'a plu d'imaginer qu'elle avait été réalisée au début d'un printemps. La collection comprenait également des objets dorés en fer, en terre cuite, en ivoire, mais aucun en bois. Est-ce que les peintres d'icônes savent que le bois sur lequel ils travaillent pourrira avec le temps, que leur art est en quelque sorte condamné ?

La famille Kopidakis habite avenue Aristote, dans le prolongement de la place du même nom. Il ne pleuvait plus. J'ai jeté le sac mais son odeur ne m'a pas quitté pour autant, car je croisais tous les cinquante mètres une pâtisserie aux portes grandes ouvertes. J'ai acheté des chocolats.

La poste grecque a pour emblème un dessin stylisé représentant Hermès coiffé de son casque ailé. C'est dire que les dieux ne m'ont pas quitté après mon départ du musée. J'ai songé à Arès devant un panneau de signalisation indiquant la direction du quartier général du IIIe corps d'armée, à Déméter en passant devant une boulangerie, à Apollon en apercevant un magasin d'instruments de musique. Les couples d'âge mûr me renvoyaient à Héra et les plus jeunes à Aphrodite. Les femmes solitaires, en fonction de leur âge, me faisaient tantôt penser à Hestia et tantôt à Artémis. Une boutique de prêt-à-porter m'a rappelé l'affection d'Athéna pour les tisserands et un garage les prouesses techniques accomplies par Héphaïstos. Poséidon, je le rencontrais à chaque carrefour car toutes les rues perpendiculaires donnaient sur la mer. Je crois que j'aurais oublié Zeus si mon chemin ne m'avait amené à traverser la place du Tribunal.

C'est Mme Kopidakis, une femme blonde aussi maigre que ma mère, qui m'a ouvert la porte.

Elle m'a tout de suite prévenu que Minas était absent.

— Il est sorti hier soir avec une amie, et depuis on n'a plus eu de ses nouvelles. Il ne répond pas sur son portable.

Cela je le savais, car j'avais moi aussi essayé de lui parler.

— Je ne comprends pas ce qu'il fait, ce garçon, a-t-elle ajouté d'un air sombre.

Une voix tonitruante s'est fait entendre du salon :

— Il baise, voilà ce qu'il fait !

Puis un éclat de rire a fusé.

— Tu n'as pas honte de parler comme ça ? a dit la mère de Minas.

Elle m'a jeté un coup d'œil anxieux, comme si elle craignait que le langage de son mari ne me mette en fuite. Je lui ai donné les chocolats.

— S'il ne baise pas à son âge, quand est-ce qu'il baisera, ma chère Pagona ? Quand il aura le mien ?

Une nouvelle explosion de rires a suivi cette réflexion. Je ne pouvais voir depuis le vestibule que l'un des murs du salon, où étaient exposées côte à côte des icônes de toutes les tailles.

— Dis à notre jeune ami d'entrer, je suis impatient de faire sa connaissance.

Pagona m'a incité à avancer en me passant la main sur le dos. L'instant d'après j'étais en présence d'un géant confortablement installé dans un fauteuil bas. Il avait les jambes écartées tant il était gros. Il portait des lunettes épaisses de myope et ses cheveux frisés luisaient fortement, comme s'ils étaient graisseux. Il m'a indiqué une chaise inconfortable, trop haute, aux pieds frêles.

— J'ai appris que vous alliez passer quelques jours au mont Athos et je vous en félicite. Vous êtes dans la bonne voie. Celui qui n'a pas étudié Byzance et nos textes sacrés ne mérite pas le nom de Grec. Tous les livres que vous voyez là ont trait à Byzance et à notre religion.

Sa bibliothèque était aussi grande que celle de Nausicaa. Il y avait là encore des icônes, appuyées sur le dos des livres.

— Malheureusement, mon fils n'en a jamais ouvert un seul. Il ignore totalement notre glorieux passé byzantin. La première fois que j'ai communié au monastère de la Grande Lavra, des larmes me sont montées aux yeux en lisant sur le calice les mots : « *Offert par Phocas* ». Et je n'ai pas la larme facile, je vous assure, demandez à Pagona.

Sa femme se tenait dans l'entrée du salon, les mains croisées sur sa jupe comme une bonne.

— Pourquoi Minas a-t-il choisi d'étudier l'histoire antique ? Peut-être êtes-vous en mesure de me fournir des éléments d'explication. Qu'avons-nous à apprendre des anciens Grecs qui n'ont même pas été capables de créer un État ? Savez-vous que l'Empire byzantin a survécu à l'Empire romain grâce à son organisation administrative hors pair ? Les Turcs reconnaissent qu'ils se sont appuyés sur les structures de Byzance pour asseoir leur autorité.

Il parlait vite, comme Sitaras, mais en faisant beaucoup plus de gestes, qui déportaient son corps lourd vers l'avant. Il avait déjà atteint le bord du fauteuil.

— Apporte-nous un raki, Pagona, le bon, celui de Nectarios. Tu sais qui est Nectarios ? m'a-t-il demandé en renonçant brusquement à la déférence qu'il m'avait témoignée jusque-là.

Il a essuyé la sueur de son front avec un mouchoir en papier. Il s'est également essuyé les yeux sans retirer ses lunettes. Qu'attendait-il pour poursuivre son discours ? Que je donne des signes d'impatience ? Que Pagona apporte le raki ?

— Nectarios est le don Juan du mont Athos. Toutes les bourgeoises de Thessalonique sont amoureuses de lui. Ma secrétaire, Yanna, en est devenue folle l'unique soir où elle l'a vu, dans une boîte de nuit où l'on jouait du bouzouki.

J'ai songé à une autre Yanna. « Je l'appellerai du mont Athos. Je lui proposerai d'allumer un cierge pour elle. Je lui dirai que j'ai vu un moine s'élever à un mètre au-dessus du sol. Je lui dirai qu'il changeait les ampoules d'électricité sans utiliser d'échelle. »

— Vous êtes allé en boîte avec Nectarios ? me suis-je étonné.

— Parfaitement ! Il va partout, Nectarios ! Il était tout jeune quand ses parents l'ont livré aux moines pour avoir une bouche de moins à nourrir. Il n'avait aucun penchant pour le monachisme et n'aimait pas recevoir des ordres. Il a prononcé ses vœux, mais il a tracé son propre chemin, il a fondé, au cœur du vignoble de la Grande Lavra, une entreprise de viticulture moderne. Il a cinq employés laïcs aujourd'hui et produit vingt mille bouteilles de vin et de raki par an. C'est un brillant gestionnaire, il fait la promotion de ses produits sur Internet, il les vend aussi à l'étranger, il est constamment en déplacement. Ma femme ne l'apprécie pas énormément parce qu'il fume et qu'il oublie de jeûner, ce n'est pas vrai, Pagona ?

Pagona avait apporté la bouteille de raki et un bol d'olives.

— Les moines, que je sache, n'ont pas pour mission de gagner de l'argent.

— Tu es mal informée, ma chérie ! Les moines ont toujours gagné de l'argent ! À l'époque byzantine, les Constantinopolitains qui voulaient mettre leurs capitaux en lieu sûr les déposaient chez les moines de l'Athos, qui leur faisaient naturellement payer ce service. Les moines prêtaient également de l'argent à un taux d'intérêt au moins égal à celui du marché. Les monastères faisaient ouvertement office de banques. Si je demandais un prêt à Nectarios, je suis sûr qu'il me l'accorderait ! C'est un homme en or, a-t-il conclu en s'esclaffant une fois de plus.

Pagona ne lui a pas répondu. « Elle sait qu'elle n'aura jamais le dernier mot. » Elle s'est tournée vers moi.

— Si Minas vous appelle...

Elle a hésité, mais pas longtemps.

— Dites-lui que je lui ai préparé une soupe à la tomate et aux boulettes de viande.

Elle nous a tourné le dos et s'est retirée. Le regard de son mari l'a suivie jusqu'au vestibule. Un peu plus tard, dans le fond de l'appartement, j'ai entendu une porte se fermer.

— Les monastères de l'Athos sont extrêmement riches, a continué Kopidakis. Même les plus pauvres, comme le monastère bulgare, sont riches. Les terres que leur a confisquées Venizélos ne représentent qu'une faible part de leur patrimoine. Du reste, l'administration continue de les dédommager de ces expropriations en leur versant deux millions et demi d'euros par an. Ne te fie pas à l'air souffreteux qu'adoptent les moines quand ils sont dans le monde. Ils possèdent d'innombrables immeubles à Athènes et à Thessalonique, ils possèdent des îles, ils possèdent même des lacs.

» Ils ont acquis tout cela de la manière la plus simple, grâce à des donations de gens fortunés. Le capitaliste grec, comme tu dois le savoir, est extrêmement naïf, il croit que le ciel s'achète comme la terre. Le monastère le plus riche est

certainement celui de Vatopédi. Il est adminis-
tré par des Chypriotes, lesquels sont bien
meilleurs en affaires que les Grecs. Viens voir.

Il s'est laissé glisser jusqu'à ce que ses genoux touchent le parquet, il a pris appui sur les
bras du fauteuil et peu à peu il s'est levé. C'était
un colosse. Nous sommes sortis sur le balcon
d'où il m'a montré un vieil immeuble très beau,
presque à l'angle de l'avenue Aristote et de la
rue Tzimiskès.

— Il appartenait autrefois au monastère de
Simonopétra, qui l'a vendu pour acheter quelque chose d'analogue à Athènes où les loyers
sont plus élevés. Les moines savent faire fruc-
tifier leur argent. L'higoumène de Philothéou a
fondé aux États-Unis dix-neuf couvents qui
sont d'un excellent rapport. La Grande Lavra
projette de créer un parc d'éoliennes sur l'île de
Skiathos, qui vendra du courant à la Compagnie
publique d'électricité. L'investissement coûtera
quatre cent cinquante millions d'euros, mais
rapportera rapidement beaucoup plus. On dit
que l'ombre de la Sainte Montagne s'étend
jusqu'à Skiathos, dont le nom signifie justement « ombre de l'Athos ».

« L'ombre de l'Athos s'étend partout », ai-je
pensé.

— Saint Athanase ne désavouerait pas ce
dynamisme économique, ai-je dit, car j'en avais
assez de jouer le rôle du personnage muet.

— Je ne le désavoue pas non plus, comme tu le devines. Les monastères, de même que notre Église, ont besoin d'argent pour répondre à la propagande des Occidentaux qui, depuis mille ans, conspirent contre l'orthodoxie. Tu as vu de quelle manière ils ont humilié nos frères serbes ? L'Union européenne nous a d'ores et déjà imposé d'effacer de nos cartes d'identité le trait qui nous définit le mieux. Que nous restera-t-il, je te le demande, si nous abjurons notre foi orthodoxe ? Le cri de guerre des moines du monastère d'Esphigménou, « L'orthodoxie ou la mort », exprime clairement le dilemme auquel nous sommes confrontés. Minas m'a dit que tu étais originaire de Tinos. Tu n'es pas catholique, au moins ?

Tinos compte un grand nombre de catholiques, comme d'autres îles des Cyclades, Syros, Santorin. Je connais de petits villages où il ne reste plus beaucoup d'habitants, mais où subsiste l'antagonisme entre orthodoxes et catholiques. Nous sommes repassés au salon.

— Tu me trouves trop gros ? Je peux te dire que mon poids n'indispose absolument pas les petites putes du genre de Yanna !

Il a ri de nouveau. Les renseignements qu'il me donnait m'intéressaient certes, cependant sa présence m'était devenue intolérable. Je me suis assis à contrecœur sur la même chaise et j'ai goûté le raki de Nectarios, qui avait moins de goût que celui de Tinos. J'ai eu l'impression que ma dernière entrevue avec Nausicaa, qui avait eu lieu la veille au soir, remontait loin dans le passé, comme si les kilomètres que j'avais parcourus depuis mon départ d'Athènes s'étaient ajoutés au temps écoulé.

— La vie privée des moines ne me concerne pas, je me fous de savoir s'ils ont des maîtresses. Notre Église comprend mieux le désir que l'Église catholique puisqu'elle reconnaît aux popes le droit de se marier. Ils ne me mettent en colère que lorsqu'ils vendent au marché noir des objets cultuels et des œuvres d'art appartenant aux monastères. Je casserais volontiers la figure au novice qui a volé la croix de Nicéphore Phocas. Je connais plusieurs cas d'individus qui ne sont devenus moines que pour voler. Le plus fameux est sans doute celui d'un restaurateur d'œuvres d'art qui a commencé par mettre sur pied, avec l'argent de Bruxelles, un très bel atelier à Karyés et qui, un jour, s'est volatilisé avec toutes les icônes qu'on lui avait confiées. Il a été dénoncé au service chargé du trafic d'antiquités, puis à Interpol qui a fini par le localiser en Azerbaïdjan, où il travaille aujourd'hui comme conseiller culturel du gouvernement !

J'ai bu une autre gorgée de raki et je me suis levé.

— Tu ne déjeunes pas avec nous ?

Il m'a posé la question d'un ton assez indifférent, comme si lui aussi trouvait que notre entretien avait assez duré.

— Dans ce cas, je ne mangerai pas, moi non plus. Cela ne me fera pas de mal de sauter un repas, a-t-il dit en se caressant le ventre.

La chaussée était encore mouillée mais il n'y avait plus un seul nuage dans le ciel. J'ai acheté dans la rue deux feuilletés au fromage et je les ai emportés à l'hôtel. J'ai dormi une heure. À cinq heures, Minas m'a appelé.

14

Le rire de Minas ne ressemble pas à celui de son père. Il est discret, muet. Je suppose qu'il a le rire de sa mère. Il s'est présenté le crâne rasé, alors qu'il avait les cheveux longs la dernière fois que je l'avais vu. J'ai été très content de le retrouver. J'ai pensé que je l'aimais probablement plus que je ne le croyais.

Nous avons pris place au bar qui se trouve dans le prolongement de l'entrée de l'hôtel. Il n'y avait personne pour nous servir. C'est le réceptionniste qui, au bout d'un moment, est venu prendre la commande. Nous avons choisi deux ouzos.

— Qu'est-ce que tu as pensé de mon père ?

— Il m'a appris énormément de choses, ai-je répondu prudemment.

— Moi je ne le supporte plus. Je ne supporte pas ses manières, ni ses idées. Il rêve d'un régime théocratique dirigé par un représentant de Dieu entouré de popes et de moines. Il veut nous ramener au temps de l'Empire byzantin.

J'admets qu'il a beaucoup lu, il connaît par cœur les épîtres de saint Paul aux Thessaloniciens. Est-ce qu'il t'a dit qu'il a une grande admiration pour Hitler ?

— Parce qu'il a pris la Sainte Montagne sous sa protection ?

— Plutôt parce qu'il a éliminé la communauté juive locale. Quarante-cinq mille Juifs de Thessalonique ont péri dans les camps. Il a également détruit leur cimetière, qui datait du XVe siècle. L'administration grecque a achevé son anéantissement en y construisant la nouvelle université. L'école de théologie se trouve ainsi au cœur du vieux cimetière juif… Hier soir, à la suite d'une nouvelle dispute que j'ai eue avec lui, je me suis juré de ne plus dormir dans son appartement.

Il était bouleversé. Je m'en suis rendu compte en le voyant rouler sa cigarette. Il a eu un mal fou à étaler le tabac, quantité de brins sont tombés sur son pantalon. Il a aspiré avec délectation la première bouffée.

— Heureusement, je peux compter sur Antigone. Elle va nous rejoindre bientôt.

J'ai été déçu. J'avais espéré que nous passerions une bonne partie de la nuit à discuter, comme nous le faisions autrefois avant le début de sa liaison avec Irini.

— J'envisage de renoncer à mon sursis militaire et de quitter Thessalonique. J'écrirai mon mémoire tout en faisant mon service. Je compte travailler sur les métamorphoses de l'Acropole d'Athènes, qui a servi tour à tour de palais, de forteresse, de temple, d'église, de mosquée, de harem. Ce n'est pas un sujet facile, on ne sait pas, par exemple, à quel moment le Parthénon a été transformé en église, les spécialistes estiment simplement que cela s'est produit entre le Ve et le VIIe siècle. J'espère que tu n'as pas interrogé mon père au sujet des antiquités de l'Athos, il t'aurait flanqué dehors.

Je l'ai mis au courant de la conférence de Vezirtzis sur la fin du monde païen.

— Que devient Vezirtzis ? m'a-t-il demandé vivement. Est-ce que tu te souviens que nous nous sommes connus pendant son cours ?

Je l'avais oublié. L'homme de la réception nous a servi les ouzos, nous avons trinqué. Une gaieté subite l'a gagné. Il a mis la main devant sa bouche comme pour étouffer son exaltation.

— Je viens de me souvenir de la remarque qu'avait faite Vezirtzis à une étudiante accoutrée d'un énorme manteau noir, épais comme un édredon. Je ne sais pas si tu étais là.

— Je ne crois pas.

— « Dites-moi, mademoiselle, lui avait-il demandé, votre manteau, c'est vous-même qui l'avez acheté ? »

Je n'ai pas trouvé cela très amusant. Depuis quand les moines, les popes, s'habillent-ils en noir ? Le Christ et ses apôtres ne portaient pas de noir à ma connaissance. Le blanc conviendrait mieux à une religion née dans un pays aussi chaud que la Palestine. L'ouzo m'a fait songer à ma rencontre avec Katranis. M'avait-il cité le nom de la femme dont il était amoureux ? Minas parlait encore de son père.

— Il est membre de Zoé. Il s'agit d'une organisation sur le modèle de l'Opus Dei, créée il y a cent ans par des ecclésiastiques et des laïcs, qui défend une conception de l'enseignement chrétien plus rigoriste que celle qui est appliquée par l'Église.

Ma mère est abonnée à une revue qui porte le nom de cette organisation, mais je ne l'ai jamais lue. Elle conserve les vieux numéros dans une armoire.

— Les dirigeants de Zoé ont déployé dès l'origine une impressionnante activité, ils ont fondé des écoles de catéchisme, des clubs d'étudiants, des associations d'enseignants et divers autres comités dans toutes les villes. Ils ont recruté des milliers d'adhérents. Ils ont tiré parti de la crise économique qui a sévi au lendemain de la dernière guerre pour renforcer encore leur influence en distribuant des repas et en offrant un toit aux jeunes démunis. Soutenus par le couple royal de l'époque, le roi Paul et la reine Frédérique, ils sont intervenus à maintes reprises dans la vie politique, ils ont même envisagé de fonder leur propre parti, « *pour donner naissance à une Grèce neuve, la Grèce du Christ* », comme le dit une de leurs chansons. Bon nombre des militaires qui ont fait le coup d'État de 1967 étaient affiliés à cette organisation.

» Un putsch analogue a eu lieu peu après au mont Athos, qui était alors en pleine décadence. Il a été envahi par des moines venus de l'extérieur, des Météores ou de l'île d'Eubée, qui étaient pour la plupart des militants de Zoé. Ils ont écarté les vieillards qui dirigeaient certains monastères, ont mis à la porte les homosexuels qui étaient majoritaires dans quelques autres, comme à Stavronikita, et ont rapidement pris le pouvoir. Ils ont réussi indéniablement à donner une nouvelle impulsion à la Sainte Montagne, dont la population, à partir du milieu des années 70, a recommencé à augmenter. Mon père était étudiant à l'époque. Il logeait dans un foyer de Zoé. Ses parents n'avaient pas un rond.

Une jeune femme aux longs cheveux noirs qui lui couvraient le front et descendaient jusqu'à sa poitrine est entrée dans le hall. Elle a fait trois pas vers la réception, mais elle nous a aperçus et s'est dirigée vers nous.

— Comment allez-vous ? nous a-t-elle demandé avec un large sourire.

Elle portait un blue-jean et un blouson de cuir rouge sang.

— Qu'est-ce que vous buvez ?

Elle avait la plus belle voix que j'ai jamais entendue. Elle était douce comme une berceuse, elle était faite pour annoncer seulement de bonnes nouvelles, c'était une voix de fée. Du coup, la présence d'Antigone a cessé de me paraître inopportune. Quand elle m'a dit qu'elle était comédienne et qu'elle travaillait au Théâtre national de la Grèce du Nord, j'ai fatalement pensé à Irini. Mais Minas m'a fait signe, en relevant les sourcils, de garder mes commentaires pour moi. Je me suis donc contenté de lui demander dans quelle pièce elle jouait. Sa réponse m'a abasourdi :

— Je joue le rôle de la femme de chambre de l'impératrice Élisabeth, la célèbre Sissi, dans une pièce tirée d'un récit complètement inconnu, écrit par un certain Constantinos Christomanos à la fin du XIXe siècle.

Je lui ai dit que je connaissais très bien ce texte pour l'avoir lu à ma logeuse.

— C'est la dame qui lui a demandé d'élucider les mystères du mont Athos, a expliqué Minas.

— J'espère que tu viendras voir la pièce. Je peux t'avoir une invitation pour n'importe quel jour, nous jouons chaque soir devant une salle vide.

Une inquiétude absurde m'avait saisi, comme si la référence à l'œuvre de Christomanos n'était pas fortuite mais faisait partie d'un plan obscur. Il m'a semblé que ma pensée dévalait des pentes dont j'ignorais jusqu'alors l'existence. J'ai imaginé une pièce de théâtre dont le personnage principal, une dame de quatre-vingt-neuf ans, rajeunit au fil du temps. Mais quand elle atteint l'âge de son jeune accompagnateur, un étudiant en philosophie présocratique, celui-ci a vieilli.

J'avais cessé d'écouter Minas et Antigone. Je ne sais pas très bien comment je me suis retrouvé sur la banquette arrière d'une voiture conduite par mon ami.

— Où allons-nous ?

Je n'ai pas eu de réponse. J'ai fermé les yeux. Quand je les ai rouverts, une jeune fille assez forte à la chevelure abondante très bouclée était assise à mon côté. Elle était habillée en noir et avait une fine écharpe enroulée autour du cou.

— Je suis Tania, m'a-t-elle dit.

« Je trouverai une place pour Tania dans le défilé que j'organiserai peut-être un jour. Elle tiendra dans ses bras la tête de marbre d'un enfant triste. » J'ai appuyé mon front contre la vitre froide de la fenêtre. Nous avions quitté la ville. Je voyais des maisons en forme de cubes, et d'autres cubes, plus grands, qui étaient peut-être des usines. Les espaces vides entre ces constructions prenaient des proportions croissantes.

— Minas, ai-je appelé.

J'ai dit une seconde fois son nom, croyant qu'il ne m'avait pas entendu.

— Je t'écoute, s'est-il impatienté.

— Tu es déjà allé au mont Athos ?

— J'ai voulu y aller quand j'ai terminé le lycée, mais mon père m'en a dissuadé. Il était convaincu que les moines me mettraient la main au cul.

J'ai entendu le rire d'Antigone et un autre rire, qui était probablement celui de Tania. J'ai rêvé que je marchais dans un très long couloir au fond duquel brûlait une veilleuse. J'étais à mi-chemin quand la veilleuse s'est éteinte. Il n'y avait pourtant aucun courant d'air. Je n'ai pas cédé à la panique. J'ai essayé simplement de deviner s'il était plus raisonnable de poursuivre dans la même direction ou de faire demi-tour. Aucune des deux éventualités ne m'a paru préférable à l'autre, elles présentaient toutes deux les mêmes avantages. Il fallait cependant prendre une décision car rester sur place n'était pas une solution. Pendant que je réfléchissais ainsi, j'ai vu une porte entrebâillée et je l'ai poussée. À la lumière d'une autre veilleuse ma mère disposait sur une chaise les vêtements qu'elle porterait le lendemain à son travail.

— Sois le bienvenu, m'a-t-elle dit.

— Ta mère t'a préparé une soupe à la tomate, ai-je bafouillé. Et aux boulettes de viande.

J'ai refermé les yeux. « D'après Zénon d'Élée nous n'allons nulle part. La voiture ne bouge pas. » Nous sommes pourtant arrivés. Minas a garé le véhicule sur un terrain vague.

Nous avons fait quelques pas. L'éclairage public était des plus parcimonieux. Il y avait un kiosque à journaux fermé et, parmi les rares maisons, une église. J'ai donné un coup de pied dans une boîte vide. Je me suis senti mieux. « Je vis une histoire qui évolue. Cela devrait me suffire. »

— Où sommes-nous ?

— À Langadas. Tu as déjà entendu parler des *anasthénaridès*, les marcheurs sur le feu ? C'est Antigone qui a pensé que nous devrions te les faire découvrir, puisqu'ils font eux aussi partie de notre tradition religieuse.

Antigone et Tania cheminaient sur la route asphaltée qui longeait le terrain vague. Nous avons pressé le pas.

— Langadas est un des deux hauts lieux des *anasthénaridès*, l'autre se trouve près de Serrés. Ils se rassemblent habituellement le 20 janvier, jour de la Saint-Euthyme, et le 21 mai, lors de la fête conjointe de saint Constantin et de sainte Hélène. Il leur arrive néanmoins d'organiser des séances exceptionnelles, comme celle d'aujourd'hui, qui a lieu dans l'intimité, à l'intérieur d'une maison. Moi, j'ai été prévenu par un ami qui joue de la lyre. Les fêtes des *anasthénaridès* se déroulent toujours en musique.

Ce n'est qu'à ce moment que j'ai perçu, au loin, le son d'un tambour.

— Qu'est-ce que tu penses, toi, des marcheurs sur le feu ?

Il a réfléchi quelques instants.

— Je crois que je n'en pense rien. Ils affirment que c'est un saint qui les invite à monter sur le feu. « *J'ai été saisi par le saint* », disent-ils. De quel saint s'agit-il ? Peut-être de Constantin. La ballade qu'ils chantent continuellement semble lui être consacrée : « *Constantin était tout petit, / c'était le petit Constantin, / quand sa mère l'a fiancé.* » On dit que cette coutume est apparue en Cappadoce au Moyen Âge et qu'elle avait primitivement un caractère héroïque. Elle était réservée aux gardes des frontières de l'empire qui marchaient sur le feu pour démontrer leur bravoure. Elle a été importée chez nous par les Grecs rapatriés de Bulgarie.

Nous nous sommes arrêtés devant une maison basse dont aucune fenêtre n'était éclairée. Un rai de lumière filtrait toutefois à travers la porte qui n'était pas complètement fermée. Nous avons distingué quelques silhouettes sur les marches de l'escalier. Tania m'a serré la main.

— J'ai peur, m'a-t-elle dit.

Des scènes mythologiques me sont venues à l'esprit pendant que nous gravissions les quatre ou cinq marches. J'ai songé aux exploits de Thésée, d'Héraclès, de Persée, de Jason.

— Éteignez vos portables, nous a ordonné Minas.

Les gens assis dans la première pièce avaient plutôt des allures de paysans. Ils ne différaient guère de la clientèle des cafés de Tinos. Ils

étaient assez bien habillés, mais avec des vêtements bon marché. Personne ne parlait. Ils fu-
maient presque tous en regardant, pensifs, le
sol ou la fumée. Quelques femmes faisaient cir-
culer des cafés et des verres d'eau sur des plateaux. Dans l'encadrement d'une porte se
tenaient deux petites filles, l'une nettement plus
grande que l'autre. Les murs, peints en rose,
étaient complètement nus. Un lourd rideau de
laine obstruait la fenêtre. Personne ne s'est occupé de nous, à l'exception d'une femme qui
nous a demandé si nous voulions boire de l'eau.
Minas a répondu que nous n'en voulions pas.

Par une autre porte nous voyions la pièce où
devait se tenir la cérémonie. La musique venait
de là. Nous sommes entrés dans cette pièce.
Minas a salué le joueur de lyre, qui n'était pas
plus âgé que nous, et un homme aux cheveux
gris mi-longs et aux traits fins qui avait l'air
d'un poète. J'ai appris ultérieurement qu'il était
journaliste. Une banquette basse couverte de
tapis faisait le tour de la pièce en ne laissant dégagé que le mur du fond. Les personnes qui
l'occupaient ont dû se serrer un peu plus pour
nous faire de la place. Je me suis retrouvé assis
entre Tania et le journaliste.

Contre le mur du fond était installée une
table chargée de croix, d'icônes, de cierges allumés et d'un encensoir. J'ai vu saint Constantin
en train de danser avec sa mère sur une image
entourée d'un collier de grelots, comme ceux

qu'on attachait autrefois aux poupées des petites filles. D'autres icônes étaient pareillement
décorées de grelots, comme celle de saint Antoine. J'ai été curieux de connaître la raison de
la dévotion des marcheurs sur le feu à ce saint.

— Il est considéré comme le patron des
personnes souffrant de troubles psychiques, des
neurasthéniques, des fous, m'a aimablement
expliqué mon voisin. L'église de saint Antoine
à Thessalonique a été transformée à une époque en asile d'aliénés.

Il m'a dit qu'il travaillait au quotidien *L'Ob-
servateur* et qu'il avait publié un livre sur les
anasthénaridès. « Tous les journalistes publient
un livre mais ils sont incapables d'en écrire un
second. » Il m'a expliqué qu'on a tort de les appeler *anasthénaridès*, car leur vrai nom est *asthé-
naridès*, c'est-à-dire personnes asthéniques,
faibles.

— Je suppose que c'est la société qui les a af-
fublés de ce nom, car eux-mêmes ne se considèrent nullement comme des malades. Ils sont
persuadés au contraire qu'ils peuvent transgres-
ser les limites fixées par la nature, vaincre leur
chair.

J'ai songé aux coups que Joseph l'ancien portait sur son corps pour le dompter. Un vieil
homme presque chauve avait une impressionnante protubérance sur la tête. Les rares poils
qui traversaient son crâne passaient par-dessus
l'excroissance comme pour la maintenir en

place. Elle avait la taille et la forme d'un œuf. J'ai eu très peur quand il s'est penché pour retourner les charbons qui brûlaient dans la cheminée car j'ai cru qu'elle se détacherait toute seule de sa tête. Pourquoi n'allait-il pas chez un médecin pour se la faire enlever ? « S'il avait eu pareil défaut, Joseph l'ancien ne serait pas allé chez le médecin non plus. » L'homme faisait des allers retours constants entre la cheminée et la table, déplaçait une image, éteignait une bougie. Les nouveaux venus lui baisaient la main.

— C'est leur chef ?

Le journaliste me l'a confirmé. « Il est fier de sa difformité, ai-je pensé. L'excroissance est sa couronne. » À gauche de la cheminée se tenaient les deux musiciens. J'ai découvert que la lyre est une sorte de petit violon à trois cordes dont la caisse de résonance a la forme d'une poire. Le musicien la tenait devant lui à la verticale, en l'appuyant sur son genou, et frottait les cordes avec un archet. Celui qui jouait du tambour était sensiblement plus âgé. J'ai appris qu'il le battait depuis des heures, qu'il avait commencé dans l'après-midi. La percussion produisait un son profond, régulier, qui vous donnait envie de dormir et qui en même temps vous en empêchait. L'air joué par la lyre était également monotone, cela ressemblait davantage à une négation de la mélodie qu'à une musique. La danse qu'exécutaient certains des

assistants au milieu de la pièce était, fatalement, une fausse danse. Ils faisaient deux pas,
s'arrêtaient, se retournaient, faisaient encore
deux pas. Ils dansaient comme s'ils voulaient se
rendre quelque part et avaient oublié où. Il y
avait une vieille parmi eux ainsi qu'une jeune
fille et un petit garçon qui dansait avec son
père. Ils avaient enlevé leurs chaussures. « Bientôt ils enlèveront aussi leurs chaussettes. »

— Que dit l'Église de cette coutume ?

— Elle la condamne énergiquement, elle l'as-
simile à une orgie. Les *anasthénaridès* ne sont
pas nombreux, une centaine peut-être, mais ils
ont un public très large. La fête qu'ils donnent
au printemps, en plein air, attire des milliers de
gens ainsi que les chaînes de télévision. Ce
jour-là les popes sonnent les cloches à toute
volée pour empêcher les protagonistes de la cérémonie de se concentrer.

Les danseurs étaient effectivement concen-
trés. Ils ne regardaient pas le public, ils ne se
regardaient pas entre eux, leur regard était
éteint. Le chef les a imités, exécutant quelques
pas. Tania m'a encore pris la main, elle m'a
montré des yeux la tête du chef.

— J'ai vu, lui ai-je dit.

La chaleur et la musique rendaient l'endroit
suffocant. Le même rideau épais que j'avais vu
dans l'entrée masquait l'unique fenêtre.

— Nous ne sommes pas obligés de rester
jusqu'à la fin, ai-je tranquillisé Tania.

Nous sommes restés jusqu'à la fin. Les femmes ont enroulé les tapis qui étaient par terre, elles les ont sortis de la pièce. Le sol était en ciment. Les musiciens ont commencé à chanter :

Constantin était tout petit,
c'était le petit Constantin,
quand sa mère l'a fiancé,
quand sur le front on l'a appelé…

Deux hommes sont arrivés avec des pelles, ont sorti les charbons de la cheminée et les ont étalés par terre. Tania a récupéré en hâte son écharpe qui était tombée.

— J'aurais préféré assister à la cérémonie d'un peu plus loin, m'a-t-elle dit non sans humour.

Les braises s'étendaient presque jusqu'à nos pieds. D'autres personnes se sont levées, elles se sont réunies devant la table. Le chef leur a distribué les icônes et a attaché au cou de chacune d'elles un mouchoir rouge. Il a béni les charbons en esquissant le signe de croix avec l'encensoir. Les danseurs, portant les images dans leurs bras, ont fait trois fois le tour de la piste incandescente puis l'ont franchie, une première fois d'une démarche sautillante, d'un pas plus lourd ensuite. La musique s'est enrichie du son des grelots.

Ils ne donnaient pas l'impression de souffrir. Je me suis souvenu de cet ermite dont m'avait parlé un chauffeur de taxi, qui était resté tout à fait calme lorsque les tissus enveloppant ses pieds avaient pris feu. Même le petit garçon, qui tenait la plus petite des icônes, a marché vaillamment à deux ou trois reprises sur les charbons. « Ils sont convaincus que les saints les protègent, voilà pourquoi ils ne souffrent pas », ai-je songé. Je n'ai eu aucune admiration, juste de la pitié pour ces gens qui accomplissaient sans raison un tel effort psychique. « Ils ne trompent pas leur public, ils se trompent eux-mêmes. » Leur performance m'a désolé. « Elle est le produit d'une vieille croyance puérile. » J'ai ressenti la douleur qu'ils n'éprouvaient pas.

Les braises s'éteignaient rapidement. Une ovation générale a salué le succès de l'opération. Antigone pleurait. J'avais aussi les larmes aux yeux, mais à cause de la fumée. Les hommes qui avaient tiré les charbons de la cheminée les ont mis dans des bassines de fer et les ont emportés. Les icônes avaient repris leur place sur la table. Le chef exultait.

— Comment avez-vous trouvé notre petite fête ? nous a-t-il demandé.

Il nous a confié qu'il lui était plus facile d'endurer la chaleur des braises, qui atteint cinq cents degrés, que celle du sable brûlant en été.

— On m'a dit que l'Église vous considère comme des dévoyés, lui ai-je dit.

— Elle a tort. Quarante jours avant chaque cérémonie nous nous abstenons même de nos devoirs conjugaux.

Nous avons accepté avec grand plaisir l'eau qu'on nous a offerte. Tania et moi sommes sortis les premiers de la maison.

— Tu veux dormir avec moi ce soir ? lui ai-je proposé.

Elle a tourné les yeux vers le ciel.

— Je crois que je ne dormirai pas bien si je dors seule.

Le journaliste nous a priés de le déposer dans la banlieue de Thessalonique. Il nous a appris que les *anasthénaridès* ont leur propre langage, appelé *sourbica* ou *sourdica*, qui utilise les mêmes mots que le grec mais en leur donnant un sens différent.

— Les saints, par exemple, ils les nomment grands-pères.

Il nous a confié encore que, malgré l'opposition de l'Église orthodoxe, ils préfèrent incinérer leurs morts. Il me semble que l'incinération était couramment pratiquée dans la Grèce antique. Il nous a raconté qu'il avait un jour trouvé sur son balcon une colombe morte. En la ramassant, il a constaté qu'il ne lui restait que les plumes, car son corps avait été intégralement dévoré par les vers. Il y avait des milliers de vers blancs sous le plumage de l'oiseau.

— Cessez de parler, s'il vous plaît, a dit Antigone.

Sa voix s'était un peu enrouée.

15

Soir du lundi saint. Je suis retourné dans le café où j'étais hier matin, à la même place. Je me vois dans la baie vitrée, penché sur mon cahier. C'est un nouveau cahier, le premier je l'ai achevé. J'ai eu il y a un instant Katranis au téléphone, je lui ai annoncé que j'envisageais sérieusement d'écrire un article sur l'Athos, je lui ai dit que j'avais des renseignements sur les opérations financières des moines, je lui ai parlé de Nectarios. Il n'a manifesté aucun enthousiasme.

— Tout le monde sait que les monastères ont de l'argent. Ils ont aussi beaucoup de dépenses. Le monastère d'Iviron sert trente mille repas par an. J'ai connu un higoumène qui avait accroché sur l'un des murs de son bureau, entre deux très vieilles icônes, la photo d'un immeuble moderne. « Nous ne serions pas en mesure de restaurer les icônes si nous n'avions pas cet immeuble », m'avait-il expliqué. La richesse des monastères n'est pas un sujet porteur, concentre-toi plutôt sur l'essentiel, sur les valeurs qu'ils véhiculent.

J'ai songé aux petits vieux qui manifestent régulièrement devant l'Assemblée nationale pour réclamer une augmentation de leurs pensions de misère. « Tu te trompes, c'est un excellent sujet. » Je me suis contenté de lui demander si les moines financent des bonnes œuvres.

— Non, m'a-t-il dit. À l'opposé des catholiques qui mènent souvent des actions philanthropiques, les nôtres sont complètement coupés du monde. Leur regard est tourné vers Dieu, pas vers les hommes. Je ne connais qu'une exception à cette règle : les moines de Simonopétra ont fondé un monastère féminin à Ormylia, en Chalcidique, qui a mis sur pied un dispensaire public.

— Il n'est pas dans les habitudes des moines de donner, ai-je conclu.

— Leur contribution est spirituelle, a-t-il insisté.

Il n'a pas encore téléphoné à ses relations à Karyés pour les prévenir de mon arrivée. Il m'a promis qu'il le fera demain matin. Il s'est occupé en revanche de mon autorisation de séjour. Il m'a rappelé que je devais absolument la retirer à la délégation de la Sainte Communauté avant de prendre le bateau. Notre échange s'est terminé plutôt froidement. J'ai oublié de lui demander s'il avait encore mal aux dents.

Il est huit heures du soir. J'ai l'impression

qu'il me faudra travailler jusqu'à la fermeture du café pour rendre compte des événements de la journée. Elle a pourtant débuté de façon paisible. Tania dormait comme une bienheureuse quand je me suis réveillé. Son visage avait changé au cours de la nuit, il m'a paru plus jeune. J'ai contemplé pendant quelques instants son corps nu. Ses seins lourds reposaient l'un sur l'autre. Je suis sorti silencieusement de la chambre et je suis descendu dans la salle où était servi le petit déjeuner. Comme je n'avais que très peu mangé la veille, j'ai goûté à tous les mets proposés et à toutes les confitures. Après quoi, j'ai griffonné une dizaine de pages dans mon cahier.

Le journal que m'a apporté la serveuse était une feuille populaire, de celles qui trouvent chaque jour quelque scandale à dénoncer. Toute la première page, sous la manchette « *L'histoire de Jésus et de la Vierge, un conte pour enfants* », était consacrée à l'« *incroyable* » déclaration d'un ancien chef d'état-major de la marine, qui s'étonnait que les descendants de Socrate et d'Aristote prennent pour argent comptant les mythes répandus par le christianisme et approuvent le pouvoir occulte exercé par l'Église. Il attribuait la piété du peuple à son manque d'instruction. J'ai eu beaucoup de sympathie pour cet ancien officier, que le journal présentait comme une sorte de traître. J'ai songé que si mes parents avaient eu connaissance de sa prise de position, ils auraient réagi chacun de façon fort différente.

J'ai appelé ma mère. Elle m'a recommandé de communiquer le nom de Gérassimos à un moine afin qu'il le mentionne lors d'un office.

— Allume aussi deux cierges, l'un pour ton frère et l'autre pour ton grand-père.

Tania est entrée dans la salle alors que j'étais encore au téléphone. Elle portait un imperméable vert bouteille et tenait un grand sac à main noir.

— Je voudrais que tu me promettes quelque chose, ai-je dit à ma mère.

— Quoi donc ? a-t-elle interrogé, méfiante.

— J'aimerais te raconter un épisode de la vie de Thalès de Milet. Il est allé une fois en Égypte où il a vu les pyramides.

J'ai aperçu l'espace d'un instant la pâtisserie de Philippoussis : les gâteaux secs sont disposés en pyramides dans sa vitrine.

— Il a cherché le moyen de mesurer leur hauteur et il l'a trouvé. Je voudrais t'expliquer ce qu'il a fait.

— D'accord. Mais maintenant j'ai du travail.

— Tu me l'expliqueras à moi aussi ? m'a dit Tania.

Elle n'a pas pris le temps de s'asseoir, elle était pressée d'aller à son travail. Elle est fonctionnaire au ministère de la Macédoine et de la Thrace. Elle a bu une gorgée de mon café, mangé le bout d'omelette qui restait dans mon assiette et écrit le numéro de son portable sur une serviette en papier.

— J'ai compté les grelots qui encadraient l'icône de saint Constantin, m'a-t-elle dit. Ils étaient douze, comme les apôtres.

Je n'avais rien à faire pour ma part jusqu'à midi et je n'ai rien fait. Je suis remonté dans ma chambre avec une tasse de café. J'ai allumé la télévision. Les invités de la chaîne locale commentaient le mouvement de grève déclenché contre le projet de loi relatif aux universités privées. Les socialistes, qui n'ont pas de désaccord profond avec le gouvernement sur ce point, étaient représentés par une rousse vêtue d'une robe très décolletée. Elle était indignée par les déprédations qu'avaient commises les étudiants qui occupaient l'université Aristote : ils avaient cassé plusieurs vitres, défoncé un fauteuil et saccagé trois reproductions d'icônes byzantines exposées à l'École d'architecture. La caméra nous a montré le Christ, la Sainte Vierge et saint Dimitris privés de visage, en aussi piteux état que les statues du Musée archéologique.

— Voilà ce qu'ils ont fait, ces vandales ! a déclaré la déléguée socialiste.

Tous ceux qui participaient au débat, même le député communiste, ont remué tristement la tête. Nous avons vu également le fauteuil défoncé : les ressorts avaient fendu la toile comme s'ils avaient besoin de respirer. La pensée m'est venue que les grévistes empêcheraient peut-être Vezirtzis de donner sa conférence.

Je me suis recouché en étendant la main sur le côté vide du lit. J'ai imaginé Tania à la place qu'elle occupait peu de temps auparavant, puis Yanna, puis Paulina Ménexiadou. J'ai songé également à Myrto, la fille du docteur Nathanaïl, et à la vendeuse aux jolies jambes de la librairie Le Pantocrator. Puis est venu le tour de Sophia, mais le téléphone a sonné avant qu'elle ait eu le temps de dégrafer son corsage. J'ai entendu à l'autre bout du fil une voix sépulcrale, à peine reconnaissable.

— C'est toi, Sophia ? ai-je demandé.

C'était Sophia. « Elle s'est approprié la voix de son grand-père. »

— L'enterrement s'est bien passé ?

— Nous avons eu énormément de monde. Ils n'ont pas pu tous rentrer dans l'église, qui n'est pourtant pas petite. Plusieurs maquisards de l'Armée de libération sont venus, ils m'ont parlé avec beaucoup de respect de mon grand-père. Ils lui ont fait leurs adieux en tirant des coups de feu.

— Tu avais déjà assisté à des obsèques ?

— Non, jamais. Je ne savais pas comment me comporter, où me mettre. Je suis restée finalement à côté d'un chandelier sur pied où brûlaient des dizaines de cierges. J'ai gardé les yeux fixés sur les cierges pendant tout le service funèbre.

Elle a été interrompue par un sanglot. Je l'ai entendue se moucher.

— Je les voyais fondre. Le nouveau pope de la paroisse a fait installer au-dessus des cierges un aspirateur de fumée qui est identique à celui de la cuisine de Nausicaa. Pendant que nous nous dirigions vers la tombe, j'ai observé un à un les gens de ma famille. Ils avaient tous des mines défaites, ils paraissaient exténués. On aurait dit que la mort de mon grand-père leur avait retiré un peu de vie.

Elle s'est tue de nouveau.

— Je ne savais pas que le cercueil restait ouvert durant toute la cérémonie. On avait placé plusieurs coussins derrière le dos de mon grand-père comme si on allait lui servir son déjeuner.

Elle aussi m'a demandé d'allumer un cierge au mont Athos.

— La mort ébranle nos convictions. Elle introduit un doute dans l'esprit de ceux qui croient comme de ceux qui ne croient pas.

Le timbre de sa voix devenait peu à peu moins sinistre.

— J'ai retrouvé la photo des combattantes du maquis qui dansaient sur la place de Karyés. Grand-père l'avait conservée dans ses papiers. On distingue même un moine qui frappe dans ses mains !

— Comment va Nausicaa ?

— Pas très bien... Hier elle a dormi tout l'après-midi, elle avait passé une nuit blanche la veille... J'ai l'impression qu'il y a longtemps que tu es parti.

— J'ai la même impression.

Je regarde une fois de plus la baie vitrée. Je vois la serveuse derrière le comptoir. La pluie n'a pas cessé un instant aujourd'hui. Est-ce que les moines possèdent des parapluies ?

— Mais bien sûr, me répond une voix mystérieuse. Les parapluies ont été inventés par les moines, c'est pour cela qu'ils sont noirs.

J'ai très peu parlé avec Vezirtzis à midi au restaurant. Il était entouré d'une dizaine de personnes, dont le président de l'université. Il a eu la gentillesse de me présenter comme son assistant pour légitimer ma participation au repas. J'ai dû m'asseoir en bout de table, à la seule place restée libre, mais je ne l'ai pas regretté. Mon voisin de droite était un professeur français qui enseigne périodiquement l'archéologie à Thessalonique. J'ai été transporté de joie lorsqu'il m'a dit son nom : il n'était autre, si j'ose reprendre une tournure fréquemment utilisée par Alexandre Dumas dans *La Tulipe noire*, que Basile Préaud.

— Vous êtes Basile Préaud ? me suis-je exclamé en reculant ma chaise, comme si j'étais sur le point de monter sur la table pour danser.

— Oui, c'est moi, a-t-il répondu, quelque peu embarrassé.

Il avait des cheveux tout blancs et un visage un peu mou. Je lui ai expliqué que j'avais lu son article dans le bulletin de l'École française d'Athènes et qu'il m'avait été très utile car je préparais un mémoire sur le même sujet.

— Vous comprenez que c'est une grande chance pour moi de vous rencontrer.

Il m'a adressé un sourire terne.

— Je n'ai pas plus d'informations qu'à l'époque où j'ai écrit cet article. La Sainte Montagne demeure impénétrable. Les vestiges antiques présentés ici et là n'ont pas grand intérêt. La seule raison d'être de ces expositions est de désarmer la critique concernant le refus des moines d'autoriser les fouilles.

Il avait une pointe d'accent, mais parlait si bien le grec que je l'écoutais émerveillé.

— La ville de Thyssos se trouvait sur le site occupé aujourd'hui par l'oliveraie du monastère de Kastamonitou. Les moines continuent de prélever des pierres dans les ruines de cette cité pour clôturer leurs champs.

Il m'a dit qu'il n'était plus indispensable que je recherche l'ouvrage de Zahrnt, car un gros volume recensant tous les travaux effectués à ce jour sur le passé le plus reculé de l'Athos venait de paraître. J'ai noté son titre sur la serviette en papier où Tania m'avait laissé son téléphone, ainsi que le nom de l'organisme qui l'a édité : il s'agit du Centre de sauvegarde de l'héritage athonite.

— Les bureaux de ce centre se trouvent au ministère de la Macédoine et de la Thrace, est intervenu mon voisin de gauche.

Nous ne nous étions pas encore présentés : il s'appelait Yannis Tsapakidis, il était secrétaire de la Chambre des ingénieurs de Macédoine centrale et avait siégé pendant des années au conseil d'administration du Centre.

J'ai cru que j'étais arrivé au bout de mes forces, que je n'étais plus en mesure d'enregistrer le moindre renseignement. J'ai mangé un peu de salade, un morceau de pain, bu la moitié de mon verre de vin. Vezirtzis, à l'autre extrémité de la table, conversait joyeusement avec le président de l'université et la rédactrice en chef d'une station de radio. Il ne songeait plus, de toute évidence, au départ de sa femme. Je n'ai entendu personne évoquer la grève des étudiants. J'ai terminé mon verre.

— Quelle est la mission du Centre ? ai-je demandé à Tsapakidis.

— Il est responsable des travaux de consolidation et de restauration des bâtiments de l'Athos. Un grand nombre d'entre eux, abandonnés depuis des décennies, menaçaient ruine dans les années 70. Le Centre, en liaison avec les ministères concernés et la Sainte Communauté, a entrepris de les sauver. D'énormes travaux ont effectivement eu lieu au cours des vingt dernières années, financés par l'État, mais surtout par Bruxelles, et ce malgré l'opposition de nombreuses députées européennes qui ne comprennent pas pourquoi les femmes devraient payer pour des monuments qu'elles ne verront jamais. La contribution de l'Union européenne se monte à quelque trois cents millions d'euros.

— J'ai appris que les monastères d'Esphigménou et de Kastamonitou refusent l'argent de l'Union parce qu'ils sont convaincus qu'il provient des Juifs et des francs-maçons, a dit Préaud.

Le président s'est levé pour porter un toast à mon professeur. Il s'est souvenu qu'ils s'étaient rencontrés à l'armée, alors qu'ils faisaient tous les deux leur service. Vezirtzis rentrait de Paris où il venait d'achever ses études. Il avait une amie française à l'époque.

— Elle s'appelait Chantal, n'est-ce pas ?

Il a fait un signe affirmatif de la tête. Nous nous sommes tous levés pour boire à sa santé. J'ai tenu à trinquer avec lui, j'ai donc fait le tour de la table.

— Tu auras trois cents euros du service des bourses, m'a-t-il dit tout bas, comme si c'était une somme capable de susciter des jalousies.

« Je dirai à Nausicaa qu'elle avait deviné juste. » Il m'a passé l'appareil photo et deux bobines de film.

— Le travail que tu as entrepris est plus important que tu ne le crois, a-t-il ajouté sur le même ton confidentiel.

J'ai regagné ma place le moral raffermi.

— Qu'est-ce qu'on se disait ?

— J'ai souvent eu maille à partir avec les higoumènes, qui ont un profond mépris pour l'État grec et ne supportent pas ses contrôles, nous a confié Tsapakidis. Ils prétendent qu'ils sont aptes à s'occuper des monuments de l'Athos, puisqu'ils les ont préservés pendant mille ans. La vérité est qu'ils ne s'en sont guère souciés et que tout un monastère, celui de Stavronikita, était sur le point de basculer dans la mer. Les initiatives qu'ils prennent sont souvent désastreuses. Ils ont tenté de retaper la plus vieille église de la péninsule, qui se trouve à Karyés, en utilisant des tonnes de ciment. Ils ont bouché les trous d'aération de l'édifice, ce qui a eu pour effet la détérioration des fameuses fresques de Manouïl Pansélinos qui ornent ses parois intérieures et qui datent du XIVᵉ siècle.

On nous a apporté deux plats chargés de boulettes au cumin auxquelles j'ai goûté avec délectation après y avoir ajouté un peu de citron.

— C'est l'église que la Sainte Communauté attribue à Constantin le Grand, a précisé Préaud, alors qu'elle ne date, au mieux, que du IXᵉ siècle. Contrairement à ce que prétendent les moines, Constantin n'a jamais fait construire le moindre monastère, ni sur l'Athos ni ailleurs.

On nous a apporté aussi des pommes de terre cuites au four.

— L'higoumène de Dionysiou a eu l'idée d'aménager des jardins potagers dans le lit d'un torrent. Cet ouvrage, qui a tout de même coûté un million et demi d'euros, sera probablement emporté par les eaux de pluie l'hiver prochain. On ne peut discuter sérieusement avec les Athonites : dix siècles d'histoire chrétienne s'expriment par leur bouche, cinquante empereurs de Byzance et tous les saints du firmament !

Préaud écoutait en souriant.

— Je ne suis pas étonné par ce que vous racontez. Je connais bien les moines, je leur ai souvent rendu visite pour photographier leurs archives. J'ai dû pratiquement renoncer aux fouilles archéologiques, je ne me suis occupé, ces vingt dernières années, que de l'édition de ces archives. Nous avons sorti vingt-deux volumes qui concernent quinze monastères. Le dernier est consacré à Vatopédi, nom qui signifie « la plaine des ronces » et doit par conséquent s'orthographier avec un epsilon, comme le mot *pédion*, la plaine. Les moines assurent pourtant que Vatopédi veut dire « l'enfant de Vatos » et usent de la diphtongue *ai*, comme dans *paidion*, l'enfant. Cette étymologie fantaisiste leur permet d'affirmer que leur établissement date non pas de la fin du Xe siècle, ce qui est la vérité, mais du IVe. Elle repose sur une légende qui veut que la Sainte Vierge ait sauvé de la noyade le fils de Vatos, ou Batos, frère de l'empereur Théodose, et ait déposé son corps au mont

Athos. Les gens qui croient en Dieu ont sans doute le goût des fables. Il n'est pas rare que les moines appuient leurs assertions sur des documents qu'ils ont eux-mêmes fabriqués. Celui qu'on nous présente à Xéropotamou, et qui atteste que le monastère fut bâti par l'impératrice Pulchérie au Ve siècle, est un faux. Leur conception de la vérité n'est pas la même que la nôtre. Ils vivent dans un monde imaginaire.

Tout en conversant avec ses voisins, Vezirtzis nous scrutait régulièrement comme s'il essayait de deviner de quoi nous parlions.

— Ça va, Basile ? a-t-il lancé à Préaud en français.

Et Préaud a répondu :

— Ça va.

Ce sont les seuls mots qu'il a prononcés dans sa langue.

— Les higoumènes que je connais ne sont pas du tout naïfs, a nuancé Tsapakidis. Ils parlent le langage cru des hommes d'affaires. Ils veulent gérer eux-mêmes les fonds européens, qui transitent actuellement par le Centre de sauvegarde, de façon à profiter de tous les avantages qui découlent de la négociation directe avec les promoteurs... Qui finance la publication de ces archives ?

— Nous avons été longtemps subventionnés par le Centre national de la recherche scientifique français. Les derniers volumes ont paru grâce à des donations de la Banque commerciale de Grèce et de la veuve d'un armateur.

Est-ce que la calligraphie byzantine a une dette à l'égard de l'arabe ? Je m'étais posé cette question quand je suivais le cours de philologie byzantine, qui nous était dispensé par une femme osseuse au front bombé dont j'oublie le nom. C'était en tout cas une écriture chargée d'ornements qui dissimulaient les lettres de l'alphabet grec. Nous avions autant de mal à les trouver que les pêcheurs à repérer les petits poissons pris dans leurs filets. Occupés à les débusquer, nous n'avions pu lire en entier que des *chrysobulles* impériaux, qui sont des actes d'octroi de privilèges. Ils commençaient toujours par une introduction théologique embrouillée. J'ai voulu connaître l'avis de Préaud sur cette écriture.

— Je me suis si bien habitué à elle que je peux la décoder sans difficulté. Les éléments décoratifs qu'elle introduit l'éloignent résolument de l'écriture des anciens grecs. La graphie byzantine rejette la Grèce classique, annonce l'avènement d'un monde nouveau. Elle a tendance à réduire les mots à leur plus simple expression, à ne noter que les consonnes. Elle ne retient par exemple du mot μοναχός[1] que les lettres μ, ν et χ. Parfois elle assemble deux lettres, elle pose le tau sur l'omicron en formant un caractère

---

1. *Monachos*, le moine.

265

inédit. C'est une écriture compliquée qui convient à un langage sophistiqué. L'Église orthodoxe n'a pas suivi l'exemple des évangélistes, qui ont écrit dans le grec populaire de leur époque. Au Xᵉ siècle l'érudit Aréthas, archevêque de Césarée, soutient que l'Église doit s'exprimer de manière obscure afin d'impressionner les illettrés. L'écart entre la rhétorique ecclésiastique et la langue du peuple se creuse à mesure que l'empire décline. L'écriture qu'il avait imposée a été tout naturellement abandonnée après sa chute. Seuls les peintres d'icônes en usent encore pour légender leurs œuvres.

Je me suis souvenu du jargon de Joseph l'ancien et des excentricités verbales de l'*Hymne acathiste*.

— L'Église s'exprime dans une langue fabriquée qu'aucune mère n'a enseignée à ses enfants. Elle est aussi artificielle que la *catharévoussa*[1], qui a été longtemps imposée par l'administration publique. Bien que l'État ait fini par adopter officiellement la langue parlée, le démotique, l'Église continue de la rejeter. Elle a même réussi à introduire dans la Constitution un article interdisant l'adaptation en grec moderne des textes sacrés. Elle reste attachée à son langage traditionnel comme l'Église de France est demeurée pendant des siècles fidèle au latin.

1. Grec archaïsant, qui fut la langue officielle de l'État jusqu'en 1976.

Je l'écoutais avec tant d'attention que j'ai sursauté en entendant dans mon dos la voix de Vezirtzis. Je ne l'avais pas vu quitter sa place.

— Je peux savoir ce qui vous occupe ?

Il s'appuyait d'une main sur le dossier de ma chaise.

— M. Préaud nous parle de la langue de l'Église, a répondu Tsapakidis.

— Elle est exécrable.

Nous avons trinqué de nouveau.

— Je dois vous avouer que certains termes du dialecte athonite m'amusent, a poursuivi Tsapakidis. Le moine chargé d'accueillir les pèlerins porte le nom *d'archontaris*, mot qui fait songer aux archontes de l'Antiquité. À partir du verbe savant *aphypnizo*, réveiller, ils ont forgé le substantif *aphypnistis* : il s'applique à la personne chargée de réveiller ceux qui s'endorment pendant la messe. L'ascète itinérant se nomme *gyrovakos*.

— Nous l'appelons *gyrovague* en français, a dit Préaud. *Vagus* désigne le vagabond en latin.

— Exécrable, a répété Vezirtzis. Même dans la langue des Évangiles il y a des fautes de grec. Qu'est-ce que cela veut dire, « *béni soit le venant* » ? Il faut dire « celui qui vient », bien sûr.

Quelques instants plus tard nous avons quitté le restaurant. C'est le président de l'université qui a réglé l'addition.

Je crois que je vais m'en aller aussi. Il est minuit. Je prendrai le car de six heures du matin

qui va directement à Ouranoupolis. Je poursui-
vrai la narration de cette journée dans le car.

Je regarde une dernière fois dans la vitre. Je
discerne une certaine agitation au fond de la
salle. Un groupe est en train de se former qui
comprend des gens de tous âges, aux vêtements
bariolés. Ils doivent se rendre quelque part, mais
le moment n'est pas encore venu. Ils prennent
patience. Je suis sûr que je connais certains des
individus qui sont là, j'essaie d'en repérer au
moins un. Ça y est, je vois le vieux qui dirigeait
la troupe des *anasthénaridès*, celui qui avait une
protubérance en forme d'œuf sur la tête.

Le café s'appelle Le Stagirite, ce qui est assez
normal pour un établissement situé place Aristote.

16

À l'entrée de l'université nous avons été bloqués par un groupe d'étudiants. Ils avaient dressé un barrage composé de chaises, de tables et d'une grosse poubelle en fer. Certains étaient passablement énervés. Lorsqu'une équipe de télévision a surgi, ils l'ont accueillie par des huées, des insultes et même des menaces. Quelqu'un a traité le journaliste qui l'accompagnait de « *vieille pouffiasse* » et lui a envoyé une canette vide à la figure. Je dois dire que le président de l'université a conduit les négociations avec un sang-froid remarquable. Il a été lui aussi conspué, mais cela n'a pas entamé sa sérénité.

Vezirtzis n'a pas pris part aux pourparlers. Il faisait les cent pas un peu plus loin sans se soucier le moins du monde de la pluie qui l'arrosait. Les gens venus l'écouter s'agglutinaient peu à peu devant l'entrée. Il n'y avait pas que des étudiants parmi eux. Sa conférence avait été largement annoncée dans la presse et à la radio. Finalement, notre porte-parole a accepté la condition posée par les grévistes, qui exigeaient que la réunion se tienne dans la cafétéria et non dans le grand amphithéâtre, et nous avons pu ainsi accéder à l'intérieur du bâtiment. Le journaliste et son équipe ont été autorisés à nous suivre après avoir pris l'engagement de faire lire à l'antenne un texte de protestation de trois pages. Le barrage n'a été maintenu qu'à l'égard de quelques étudiants hostiles au mouvement de grève. L'un d'eux, un grand barbu, a tenté de passer en force. Des coups de poing ont été échangés. Ce n'est qu'à ce moment que Vezirtzis a réagi.

— Je vous en prie, je vous en prie ! a-t-il dit sévèrement.

Le barbu aussi est donc passé. En entrant dans la cafétéria j'ai compris pour quelle raison on nous avait imposé ce local : les murs étaient couverts de slogans écrits à la bombe que la télévision serait bien obligée de montrer. Je me suis précipité à une table afin de pouvoir prendre des notes. Quand Vezirtzis a commencé sa conférence, la salle était comble. Préaud, Tsapakidis et quelques autres s'étaient installés derrière le comptoir du bar.

— Les anciens Grecs n'étaient pas exactement des adorateurs d'idoles, comme on a coutume de le dire. Le terme « idolâtre » a été forgé par l'apôtre Paul et rend manifeste le dédain de l'Église envers le polythéisme. En Occident, on les qualifie plutôt de païens, ce qui n'est pas plus flatteur, ni très juste d'ailleurs. Païen vient de *paganus*, paysan. Or la religion des anciens Grecs a surtout fleuri dans les villes. Le déclin des cités a fatalement entraîné la mort des dieux qui ne vivaient que par elles.

J'ai senti une main se poser sur mon épaule.

— Tu es encore en train d'écrire, mon frère ? m'a dit Minas à l'oreille.

Il était venu en compagnie d'un homme de cinquante ans, plutôt petit, au visage rond et aux lèvres charnues. Ils se sont assis par terre, dans l'espace exigu qui séparait ma table du mur. Minas a aussitôt sorti un carnet et un stylo de sa poche.

— Il est difficile de dire si les Athéniens croyaient aux dieux comme les chrétiens au leur. Ils les honoraient en tout cas souvent et de façons très diverses. Une fois l'an ils conduisaient la statue d'Athéna au Phalère pour la laver, un peu comme l'Église orthodoxe baigne la croix dans la mer le jour de l'Épiphanie. Ils exprimaient leur foi par des actes et non par des considérations. Le ciel étoilé ne leur inspirait pas le genre d'exaltation que ressentent les chrétiens. Le polythéisme était plus un culte qu'une religion. Le mot *pistis*, foi, signifiait connaissance, confiance, preuve dans l'Antiquité. « *Ne te fie qu'à ce qui est prouvé* », conseille Démocrite.

Vezirtzis tenait à la main une fiche qu'il a très peu consultée pendant sa conférence. Il a cité de mémoire Démocrite. Il parlait moins nerveusement et moins vite que lorsqu'il fait son cours. Il marquait un temps entre les phrases. « Il articule aussi les points », ai-je pensé. Alors qu'il était un peu las à la fin du repas, il avait visiblement récupéré toutes ses forces. « C'est la pluie qui l'a aidé à se ressaisir. »

— Comme il n'y avait pas de textes de référence et qu'aucune hiérarchie ne contrôlait les prêtres, les cités croyaient ce qu'elles voulaient et accueillaient sans difficulté de nouveaux dieux. Le polythéisme donne la possibilité d'inventer un dieu pour chaque besoin. À l'un on confie le soin de protéger l'ensemble de la maison, à l'autre uniquement la porte d'entrée. La multiplicité des divinités réduit forcément le rôle de chacune. Apollon, Athéna, Asclépios n'étaient pas tout-puissants, mais ils étaient proches. Ils participaient à la vie publique, formaient une sorte de sénat. Je doute qu'il existe aujourd'hui des Athéniens ou des Thessaloniciens qui prient pour la prospérité de leur ville comme le faisaient les Anciens. Ils priaient également pour que la grâce leur fût donnée de se rendre utiles à la collectivité. Les gens n'avaient pas d'autre horizon que celui offert par leur ville, il n'y avait rien au-delà à l'époque.

» La guerre sainte déclarée par Byzance contre le polythéisme au IVe siècle, et qui s'intensifie après 392 lorsque l'empereur Théodose ordonne l'exécution des païens, n'a pas seulement pour but la suppression d'une religion, mais aussi celle d'une civilisation. L'initiative de Théodose annonce déjà la décision prise par Justinien en 529 de fermer l'École de philosophie d'Athènes. La cité de Platon avait perdu de son éclat, elle était cependant parvenue à maintenir sa tradition philosophique. En 529 s'achève réellement un monde. Les derniers philosophes, qui sont sept, comme les sages de l'Antiquité, quittent la ville en catimini. Ils se réfugient en Perse. Pendant une longue période, les textes classiques vont être soustraits à la mémoire grecque. C'est l'Occident qui nous les rappellera, peu de temps avant l'insurrection nationale de 1821. Les protagonistes de ce mouvement seront fortement marqués par l'esprit de leurs ancêtres. D'une certaine manière, les héros du passé contribueront à la libération de la Grèce. L'enseignement de la philosophie reprendra en 1837 dans le cadre de la première université d'Athènes. Mais nous aurons traversé entre-temps treize siècles d'inertie intellectuelle, treize siècles de silence. Le mot « liberté » disparaît des textes grecs pendant cette période. On ne le retrouve qu'au XVIIIᵉ siècle.

Je percevais d'autres voix en même temps que la sienne, la voix de Théano, la voix de Koumbaropoulos et aussi celle de Castoriadis, que je n'avais plus entendue depuis la conférence qu'il avait donnée chez lui, à Tinos, sur la naissance de la démocratie athénienne. Je songeais également à mon père. « Un jour il cessera de demander aux uns et aux autres si Dieu existe. Il aura trouvé la réponse. » Minas n'était pas moins enchanté que moi. Son ami cependant avait le même air consterné que les représentants des partis politiques lors du débat télévisé de la matinée.

Plusieurs personnes autour de nous paraissaient dépitées, en fait. Elles témoignaient de leur mécontentement en déplaçant leur chaise, en fouillant leur sac, en tambourinant la table de leurs doigts, en consultant l'écran de leur portable. Elles n'ont nullement été agacées par la sonnerie d'un téléphone qui a obligé Vezirtzis à s'interrompre.

Bien qu'il fût évident qu'il n'avait pas terminé, quelqu'un a pris la parole :

— La période que vous évoquez a vu la publication de textes théologiques fondamentaux, comme ceux de Basile le Cappadocien, Jean Chrysostome, Grégoire Palamas qui s'inscrivent dans la continuité de la grande tradition intellectuelle de l'Antiquité.

L'intervention était due au grand barbu qui avait créé l'incident à l'entrée. Il se tenait debout au fond de la salle.

— Vous n'ignorez pas que Basile, ainsi que Grégoire de Nazianze, avaient fait leurs études à Athènes, a-t-il ajouté en s'adressant davantage à la salle qu'à l'orateur.

Le fait est qu'il a tout de suite obtenu l'adhésion d'une partie du public. Certains ont applaudi.

— Elle est très intéressante cette observation, nous a signalé l'ami de Minas.

— Je ne conteste pas que les Pères de l'Église aient emprunté quelques figures rhétoriques aux écrivains de l'Antiquité, a répondu Vezirtzis. Ils ont toutefois été des ennemis jurés de l'éducation et de la culture classiques. Basile peste violemment contre les Grecs, Chrysostome encourage la mise à sac des temples par les moines et réclame la mort du théâtre : « *Supprimez le théâtre* », dit-il. L'opprobre jeté sur l'hellénisme par l'Église fut si général que les Hellènes se sont sentis obligés de changer de nom, ils se sont fait appeler Romains ou Grecs.

» Sur certaines fresques du mont Athos on remarque au milieu des saints et des anges quelques philosophes, Aristote, Platon, Socrate, Pythagore. Tous portent une couronne, ont de longues barbes et sont habillés en princes byzantins. Ils tiennent à la main un papyrus où figure une citation fantaisiste, affirmant par exemple que Dieu est unique en trois personnes. On sait que l'Église a tenté d'enrôler les anciens sages, ceux du moins qu'elle n'a pas réussi à effacer de nos mémoires, en dénaturant leur pensée. On continue d'enseigner aux élèves du secondaire que Byzance a gentiment relayé la Grèce classique. Le christianisme, mon cher ami, ne prolonge pas l'Antiquité, il la suit, tout simplement, comme la nuit suit le jour. La théologie annihile la philosophie. La première possède toutes les réponses tandis que la seconde n'est riche que de questions.

Je me suis rappelé que Théano voyait un abîme entre la Grèce d'avant et celle d'après Jésus-Christ. « Il existe un abîme semblable entre mes parents. » Une pensée d'Anaxagore m'est également venue à l'esprit : le philosophe assure que nous ne pouvons rien connaître car nos sens sont limités, notre esprit est faible, le temps dont nous disposons est court, et aussi parce que la vérité est entourée de ténèbres.

— Je peux vous poser une autre question ? a demandé le barbu.

— Vous poserez vos questions à la fin, est intervenu le président qui était assis dans un coin, derrière le conférencier.

— Je vous écoute, a dit Vezirtzis.

— Hier soir certains camarades ont dégradé les icônes de l'École d'architecture. Est-ce que vous approuvez ce geste ?

La question a sorti de sa léthargie le caméraman de la télévision qui avait cessé de filmer depuis un moment. Le voyant rouge de sa caméra s'est rallumé.

— J'estime que les icônes n'ont aucune place dans les universités, a répondu Vezirtzis en se tournant légèrement vers le président, de même que les sages n'ont rien à faire dans les églises et les monastères.

— Vous êtes en somme favorable à la séparation de l'Église et de l'État.

La remarque venait de Préaud, qui voulait probablement aider son ami à achever sa pensée.

— La rupture aurait dû intervenir au moment de la guerre de 1821. L'un des objectifs des insurgés était la libération des esprits de la tutelle de l'Église. Malheureusement, il n'a pas été atteint. Il suffit d'ouvrir un calendrier pour constater que tous les jours de l'année sont accaparés par des saints.

Brusquement, tous ceux qui étaient en désaccord avec lui en ont eu assez de se taire. Des protestations indignées se sont élevées de tous les côtés.

— Mais ça suffit à la fin ! a dit une femme. Moi, monsieur, je suis orthodoxe et fière de l'être !

— Allons-nous-en, Olympia, a suggéré son compagnon.

— Je ne peux pas accepter que l'on offense notre nation et notre religion ! a crié un homme entre deux âges en costume rayé des années 50.

— Qu'il se taise, qu'il se taise ! ont dit plusieurs voix en même temps.

Vezirtzis attendait patiemment la fin de l'orage. Le président ne disait rien non plus alors qu'il aurait dû, je pense, essayer de détendre l'atmosphère. Peut-être avait-il été agacé par la prise de position de Vezirtzis concernant les icônes présentes à l'université.

— Est-ce que quelqu'un peut m'expliquer pourquoi il déteste à ce point notre Église ? a demandé une autre femme en s'adressant à ses voisins.

— Il croit en Zeus ! s'est esclaffé un étudiant.

Le grand barbu suivait la scène avec un sourire narquois.

— Taisez-vous vous-mêmes ! s'est emporté Minas. Nous, nous voulons entendre la suite.

— Il a raison, il a raison, ont approuvé plusieurs personnes.

— De quel droit nous traite-t-il d'obscurantistes ? s'est écriée une troisième femme. Il n'y a pas plus obscurantiste que lui !

— Dieu est lumière ! a déclaré un vieux qui avait réussi à se mettre debout sur sa chaise.

Il avait levé les bras, les paumes de ses mains tournées vers le haut. C'était exactement l'attitude qu'adoptaient les anciens Grecs pour prier. Ils ne priaient pas à genoux mais debout.

— Dieu est lumière, a-t-il répété. Vive l'orthodoxie, mes amis !

Il a failli perdre l'équilibre.

— Descends, grand-père, l'a admonesté une jeune fille. Tu vas te casser la figure.

— Il parle comme un franc-maçon. Je les connais bien les francs-maçons, mon cousin fait partie d'une loge à Véria.

Alors que la tension était en train de retomber, un homme pas très jeune mais à la carrure athlétique s'est dirigé vers Vezirtzis la main tendue en avant comme s'il s'apprêtait à le frapper. Il s'est contenté de lui pointer son index sous le nez.

— Tu devrais parler avec plus de respect de notre religion. La Grèce est ce qu'elle est, que ça te plaise ou non.

Le président n'est intervenu qu'à ce moment-là. Il a bondi de son siège.

— Je vous interdis de parler ainsi au professeur ! a-t-il dit en haussant le ton.

— Et si ça ne te plaît pas, a dit l'autre sans se démonter, tu n'as qu'à te barrer ! Nous ne retenons personne de force ! Tu n'as qu'à aller en Perse !

Il a tourné les talons, a traversé la cafétéria d'un pas martial en renversant deux ou trois chaises sur son passage, puis il est sorti. Une partie de l'assistance, peut-être la moitié, lui a emboîté le pas.

— Je ne savais pas que les francs-maçons avaient une antenne à Véria, a commenté l'un de ceux qui étaient en train de quitter les lieux.

Les gens de la télévision sont partis à leur tour, car il était devenu évident qu'il n'y aurait plus d'autre incident.

— J'ai envie de m'en aller, a dit l'ami de Minas. Je suis à bout de nerfs.

— Ça sera bientôt terminé, Arès. Nous partirons tous ensemble.

Préaud et Tsapakidis ont occupé les places qui avaient été libérées à ma table.

— Je crois que nous avons assisté à une querelle dans la meilleure tradition byzantine, a plaisanté Préaud.

Tsapakidis a attiré l'attention de Vezirtzis en levant la main.

— Qui était cet individu qui t'a conseillé de quitter la Grèce ?

— C'est un sergent du IIIe corps d'armée, a répondu le président. Il assiste régulièrement à nos réunions, et chaque fois il prend à partie l'orateur.

Ceux qui étaient restés avaient l'air d'apprécier le calme qui régnait désormais dans la salle.

— Qu'est-ce qu'on fait, on continue ? a questionné le président.

Vezirtzis, qui venait de s'asseoir pour la première fois depuis le début de sa conférence, a chuchoté :

— Oui, bien sûr.

Il regardait distraitement par terre. « Il songe à sa fille, à Paris… Il a la nostalgie de Paris. » Je l'ai imaginé dans le salon de la maison de Kifissia, évoquant avec Nausicaa les rues et les magasins de Paris, et les reflets orange du soleil couchant sur la Seine. Il tenait toujours sa fiche à la main.

— J'ai ici une citation de l'empereur Julien, celui qu'on surnomme l'Apostat, mais je vous la lirai un peu plus tard… Il n'est pas sûr que Constantin croyait en Dieu. Il était certainement convaincu que le christianisme pouvait fédérer la multitude de peuples qui faisaient partie de son empire. Il était confronté à un monde hétéroclite, en pleine déchéance matérielle et morale, qui avait commencé à perdre sa foi dans les dieux traditionnels. Les mages et les astrologues faisaient des affaires en or à l'époque. Le terrain était propice à l'implantation d'une religion capable de consoler les pauvres et de distribuer des espérances. Il n'y a pas lieu de s'étonner que les successeurs de Constantin, à l'exception de Julien bien sûr, aient épousé la cause du christianisme et l'aient imposée avec passion.

» Nous savons beaucoup de choses au sujet des persécutions subies par les chrétiens, qui n'ont toutefois jamais eu l'ampleur que leur attribue l'Église, et très peu sur celles qu'ils ont eux-mêmes infligées non seulement aux païens, mais aussi aux Juifs et aux hérétiques. Tantôt ils brûlaient leurs victimes, tantôt ils les crucifiaient, tantôt encore ils les contraignaient au suicide. La philosophe et mathématicienne Hypatie, qui enseignait à Alexandrie au début du Ve siècle, a été découpée en morceaux dans une église avec la bénédiction de l'évêque local, un certain Cyrille, qui confiait habituellement aux moines de sa circonscription le soin de mener les expéditions punitives contre les infidèles.

— Je vais fumer une cigarette dehors, a dit Arès.

Il était blanc comme une statue.

— Qui est-ce ? ai-je demandé à Minas.

— Un moine défroqué, ami de mon père. C'est pour toi que je l'ai fait venir.

Vezirtzis avait retrouvé son entrain. « Il puise des forces dans les mots », ai-je pensé.

— Les moines prenaient souvent la tête des assemblées de fidèles en colère, ils ont été le fer de lance du terrorisme ecclésiastique, quelqu'un les qualifie d'« *hommes de main de Dieu* ». Le sophiste Libanios décrit leurs hordes qui parcourent les campagnes, pillent et détruisent les sanctuaires, torturent et volent les paysans. Il rapporte qu'ils mangent comme des éléphants. La dévastation de temples aussi gigantesques que ceux de Zeus à Apamée, au sud d'Antioche, de Sérapis à Alexandrie, de Zeus Marnas à Gaza donne une idée de la *« frénésie »*, comme dit Julien, qui s'empare des chrétiens de l'époque. En Grèce même les destructions ont été moins spectaculaires. Dans bien des cas les adeptes de la nouvelle religion ont préféré transformer les temples en églises, espérant récupérer ainsi leur ancienne clientèle.

» Julien est le dernier empereur qui parle avec affection des Grecs. Il se considérait comme un philosophe. Il a tenté de restaurer l'ancienne religion, sans succès cependant : il est mort deux ans après avoir accédé au pouvoir, en 363, à trente-deux ans. Peut-être sa tentative était-elle vouée à l'échec, dans la mesure où les chrétiens étaient déjà omniprésents. Il les appelle Galiléens dans ses écrits, il les a en horreur, il recommande cependant aux siens de les traiter avec humanité.

Il a lu la citation de Julien qu'il avait relevée : « *Que ceux qui ont du zèle pour la vraie religion ne molestent, n'attaquent, ni n'insultent les foules des Galiléens. Il faut avoir plus de pitié que de haine pour ceux qui ont le malheur d'errer en si grave matière.* »

J'ai constaté, non sans surprise, que Préaud notait de temps en temps quelques mots, d'une écriture minuscule, sur un papier plié en quatre. Vezirtzis l'a remarqué aussi :

— Mais qu'est-ce que tu écris, à la fin ?

— Je te dirai cela après, a répondu Préaud d'un air amusé. Pour le moment nous attendons la fin de ton histoire.

— Malgré les moyens qu'il avait à sa disposition, le christianisme a tardé à s'imposer. Plusieurs siècles après la condamnation du paganisme par Théodose, il existe toujours des communautés qui adorent Zeus et Isis. La Grèce a résisté vaillamment à la bonne nouvelle. En 450 les Athéniens célèbrent encore les Panathénées, ces fêtes données en l'honneur d'Athéna. La conversion du pays ne s'est achevée qu'au IXe siècle. La dernière région à tomber fut le Magne, dans le Péloponnèse. Il faut croire qu'on ne renonce pas de gaieté de cœur à ses dieux, même lorsqu'on en est un peu déçu. Zeus et sa bande n'avaient pas de réponse à toutes les questions, n'étaient pas omniscients, ne promettaient rien. C'étaient de petits dieux, presque humains. Ils ont été les compagnons de rêve d'une philosophie qui savait en vérité bien plus de choses qu'eux.

La conférence de mon professeur a pris fin sur ces mots. Le public est resté un bon moment figé sur place, comme fasciné par le silence qui a suivi. Le président est allé chercher dans son bureau une bouteille de whisky et des verres en plastique. Une femme blonde d'un certain âge a embrassé Vezirtzis sur la joue puis est partie en courant. Il a ensuite été sollicité par un petit vieux qui pouvait à peine marcher.

— Êtes-vous vraiment convaincu, monsieur Vezirtzis, que nous ne reverrons jamais ceux que nous avons perdus ?

Mon professeur l'a dévisagé avec bienveillance, il lui a donné quelques tapes amicales sur l'épaule mais il ne lui a pas répondu. Le président a rappelé à Vezirtzis que son avion partait dans une heure. J'ai compris qu'il le conduirait lui-même à l'aéroport.

— C'est demain que tu t'embarques pour l'Athos ?

— Demain.

Il m'a souhaité bonne chance comme Nausicaa.

— Moi aussi je compte y aller cette semaine, a dit Préaud. Nous nous reverrons peut-être là-bas.

— C'est dommage qu'Arès nous ait faussé compagnie, a dit Minas tandis que nous descendions l'escalier. Je suis sûr qu'il pourrait te fournir des renseignements utiles. Il a vécu longtemps sur la Sainte Montagne avant de quitter l'habit. Il travaille à présent au Conservatoire de musique.

Arès ne nous avait pas faussé compagnie. Il nous attendait sous l'auvent d'un bâtiment annexe qui donnait sur la cour centrale. Il regardait la pluie tomber.

Nous sommes allés chez lui, il habite près de la porte de Galère. Minas a observé que son nom n'était pas inscrit sur les sonnettes des appartements.

— J'ai laissé le nom de ma tante, qui était l'ancienne propriétaire.

— Tu préfères peut-être vivre dans l'anonymat.

— Je n'aime pas être dérangé, a-t-il admis.

Sa voix était plutôt sourde. Minas n'est pas resté longtemps avec nous, il avait rendez-vous avec Antigone. Nous avons pénétré dans un tout petit appartement chargé de meubles. La première chose qui a attiré mon attention a été la silhouette de Mickey imprimée sur une poubelle de couleur jaune. Nous avons eu du mal à atteindre le vieux canapé marron tant le lieu était encombré. Arès a pris place dans un fauteuil assorti, le dos tourné à la fenêtre d'où l'on voyait un grand mur sale et un bout de ciel gris.

— J'ai été déçu par la conférence de votre professeur, nous a-t-il avoué d'emblée. Comment peut-il affirmer que les chrétiens ne sont pas libres, ou encore que la civilisation byzantine est marquée par l'inertie intellectuelle ? Il me faudra plusieurs jours pour me remettre.

Il portait un collier de barbe, mais si peu fourni qu'on ne le voyait plus quand son visage était dans l'ombre. Il y avait quelques icônes aux murs, bien moins cependant que dans l'appartement des parents de Minas. Dans une vitrine étaient réunis divers souvenirs de l'armée, une casquette d'officier, des médailles, une gourde, des photos de soldats en noir et blanc, l'insigne du corps des parachutistes et une statuette figurant l'aigle bicéphale de Byzance.

— J'ai appris que vous êtes un ami de M. Kopidakis, ai-je dit.

— Nous sommes devenus amis quand j'étais moine. Mais depuis que j'ai quitté la Sainte Montagne il m'évite, a-t-il dit avec un sourire résigné, en homme habitué aux aléas de l'existence.

— Je sais qu'il t'aime beaucoup, l'a rassuré Minas.

Il nous a préparé une infusion au tilleul.

— Est-ce qu'il y a des tilleuls sur le mont Athos ?

— Bien sûr ! Il y a plus d'essences d'arbres que dans les pays scandinaves. La péninsule possède en outre trente-quatre espèces de plantes que l'on ne trouve en aucun autre endroit du monde.

« C'est un endroit magique », avait dit Katranis.

— Malheureusement, depuis quelques années, les châtaigniers sont victimes d'un champignon qui dessèche leur écorce et les tue. Le problème est d'autant plus grave que le commerce du bois de châtaignier représente une source de revenus non négligeable pour certains monastères.

Sur la table basse qui nous séparait était posé un briquet en forme de grenade à main.

— Je pourrais vous parler des heures entières des beautés naturelles de l'Athos.

Il nous a montré des agrandissements de photos en couleurs qu'il avait faites quand il était moine. On n'y voyait pas le mont Athos mais uniquement le coucher du soleil sur la mer au milieu de nuages dorés.

— Ce sont des vues qui parlent à l'âme, ne trouvez-vous pas ?

Nous n'avons pas jugé utile de le contredire. Ne savait-il donc pas qu'on vend des clichés semblables dans toutes les stations balnéaires de la planète ? Minas a brusquement changé de sujet.

— Antigone m'a fait un commentaire très pertinent sur mon père, dont la clientèle, comme vous le savez, se compose essentiellement de maffieux, de propriétaires de boîtes de nuit et de prostituées. « Le rôle de ton père, a-t-elle dit, c'est d'expliquer au jour les agissements de la nuit. »

Il nous a quittés quelques instants plus tard. Son départ a rendu l'appartement d'Arès un peu plus oppressant encore. De temps en temps mon regard était attiré par Mickey. Je le surveillais comme si je le croyais capable de bondir sur mes genoux.

— J'ai passé vingt ans sur la Sainte Montagne, m'a dit Arès. J'y suis allé à vingt-sept ans, j'en ai à présent quarante-sept. J'aimais bien, enfant, entrer dans les églises même quand il n'y avait personne et m'asseoir dans un coin. Je me sentais là plus en sécurité que partout ailleurs. Aucune musique ne me plaisait autant que les chants de l'office du dimanche. Je rêvais de devenir chantre, mais mon père avait d'autres projets pour moi. Il était officier.

— C'est lui qui vous a donné le nom d'Arès ? l'ai-je interrompu.

— Oui. Je l'admirais beaucoup. Il a combattu sur tous les fronts pendant la dernière guerre, en Albanie, en Crète, au Moyen-Orient, en Italie. Il a été arrêté à trois reprises et trois fois il s'est évadé. Les médailles que vous voyez sont les siennes.

» Il m'a convaincu de passer le concours d'entrée à l'École militaire. Je l'ai réussi, mais j'ai eu le malheur d'être pris en grippe par un officier instructeur qui m'en a fait baver. C'était un démon. J'ai tenu le coup deux ans.

» J'ai passé encore deux années chez ma mère à prendre des médicaments. Mon père ne vivait plus, la jeune fille dont j'avais été amoureux au lycée, Katérina, s'était mariée. Un dimanche, très tôt le matin, alors que j'étais seul à l'église, il s'est passé une chose que je ne peux pas expliquer. Pendant que je priais, les icônes m'ont parlé. Les saints étaient présents en chair et en os autour de moi, j'ai compris qu'ils m'appelaient. La Sainte Vierge conservait une expression neutre. J'ai entendu des pas, mais personne ne s'est montré. Quand je me suis retourné vers la Vierge, elle avait un doux sourire aux lèvres. Je l'ai remerciée.

Il est allé à la cuisine préparer une autre infusion. Deux valises étaient posées par terre, l'une sur l'autre, très grandes, entourées de lanières de cuir. « C'est avec ces valises qu'il est parti, avec elles qu'il est revenu. »

— J'ai beaucoup souffert aussi sur la Sainte Montagne, les premiers temps, alors que je faisais mon noviciat auprès d'un vieux moine, a-t-il continué en remplissant nos tasses. Il m'insultait, m'humiliait, mais il ne le faisait pas méchamment.

— Vous êtes passé d'une caserne à l'autre.

— La vie de moine est plus pénible que celle de soldat. Elle est aussi infiniment plus belle. Le matin, quand vous sortez de l'église, vous avez l'impression de ne plus marcher sur la terre mais de vous élever vers le ciel comme la fumée des cierges éteints. J'ai beaucoup appris au monastère, j'ai étudié la musique byzantine, j'ai acquis des notions de médecine. J'ai dû coudre un jour la plaie qu'un vieillard avait à la poitrine. Il saignait abondamment. J'ai demandé l'aide de Dieu et j'ai cousu la plaie.

Il me fixait d'un regard plein d'admiration pour son exploit.

— J'avais de très bonnes relations avec l'higoumène. Était-ce vraiment un saint ? Certains le croyaient. Un jour il lui a fallu se faire opérer dans un hôpital de Thessalonique. Les deux moines qui l'accompagnaient ont tenu à assister à l'opération afin de récupérer avec du coton les gouttes de son sang qui tomberaient éventuellement sur le sol. Je discutais souvent avec lui, ce qui n'était pas du goût des autres moines qui, pour la plupart, n'avaient aucune instruction. Leur jalousie a redoublé lorsque j'ai été nommé bibliothécaire, car cette fonction me mettait en contact avec les personnalités qui nous rendaient visite. Ils m'ont fait tout le mal qu'ils pouvaient, ils m'ont frappé comme on frappe les pieuvres sur les rochers pour les ramollir. J'ai pleuré davantage qu'à l'École militaire.

» Il m'a fallu du temps toutefois pour prendre la décision de renoncer à mes vœux. Je m'étais habitué à mon nouveau nom. Je m'appelais Arsénios, là-bas. L'ai-je d'ailleurs jamais prise ? Je n'ai fait qu'obéir à la volonté divine. C'est Dieu qui a voulu que je regagne Thessalonique, que je sois engagé au Conservatoire et que je retrouve Katérina qui venait de se séparer de son mari. Ses enfants ne sont pas très gentils avec moi, ils me sous-estiment je pense. Ils obéissent eux aussi à un dessein divin.

Il a pris le même air résigné qu'il avait eu quelques instants auparavant.

— Je ne crains pas la solitude, j'en ai besoin. J'ai des conversations avec moi-même, je me pose des questions. « Qu'est-ce que tu penses de cela, Arès ? » me demandé-je.

« Aucun doute ne traverse son esprit. Il est le dépositaire d'une forme de sagesse, comme Joseph l'ancien. » Il m'a conduit dans la pièce voisine qui était encore plus exiguë et surchargée, elle, d'appareils électroniques. Il m'a montré une console en bois qui comportait une centaine de touches rangées en colonnes d'inégale hauteur. Elle était branchée sur son ordinateur.

— J'ai inventé cet instrument pour pouvoir jouer de la musique byzantine. Tandis que dans la musique occidentale l'intervalle entre deux notes se divise en deux demi-tons, chez nous il peut compter jusqu'à douze sons intermédiaires. Cela donne une musique plus subtile, aux nuances plus fines, qui épouse mieux les mouvements de l'âme.

Il m'en a fait une petite démonstration. C'est ainsi que j'ai entendu pour la première fois la mélodie d'un chant d'église jouée sur un instrument. Il n'était pas peu fier de son harmonium.

— J'envisage d'aller à Constantinople pour le présenter au patriarche.

Avant de nous séparer je lui ai demandé l'autorisation d'aller aux toilettes. La cuvette était placée juste à côté de la douche. Il avait laissé le shampoing qu'il utilise sur la chasse d'eau. C'était un shampoing pour enfants qui n'irrite pas les yeux. Sur son étiquette figurait en grosses lettres l'inscription « Plus jamais de larmes ».

17

Cinq minutes avant d'arriver à Ouranoupolis nous avons traversé l'endroit où Xerxès aurait fait creuser son fameux canal afin d'éviter la pointe sud de l'Athos. Nous n'avons vu en fait qu'une pancarte, car de l'ouvrage lui-même il ne subsiste effectivement aucune trace. La route prend fin à Ouranoupolis. Un peu plus loin se dresse un long mur qui barre l'accès au mont Athos par voie de terre. La péninsule est une sorte d'île puisqu'on ne peut l'approcher que par bateau.

Le nom d'Ouranoupolis, ou Ouranopolis, est connu depuis l'Antiquité. La ville est située sur le golfe Singitikos, elle regarde par conséquent vers l'ouest, vers les deux autres presqu'îles de la Chalcidique. Je n'y suis resté que très peu de temps, j'ai bien aperçu quelques hôtels mais pas La Bohémienne que fréquente le réceptionniste du Continental avec ses amis. Dès que j'ai eu empoché mon autorisation de séjour — son prix n'a pas augmenté, j'ai payé vingt euros —, je me suis dépêché de gagner le port près duquel se dresse la tour carrée figurant sur la carte postale envoyée par Dimitris Nicolaïdis à sa sœur en 1954.

À peine avais-je mis le pied sur le bateau que Katranis m'a appelé pour m'annoncer qu'un taxi m'attendrait à Daphni et pour me conseiller de passer la première nuit à Karyés, le chef-lieu, et les autres au monastère d'Iviron dont l'higoumène est un ami du directeur d'*Embros*.

— Je ne suis pas dupe des comédies jouées par les moines, je connais leur opportunisme et leur pingrerie. Il n'empêche que la Sainte Montagne est une arche qui nous permet de voyager à travers le temps.

— Je n'ai pas envie d'écrire un article qui a déjà été écrit cent fois.

Je lui ai parlé de l'ouvrage publié par le Centre de sauvegarde de l'héritage athonite et des recherches effectuées par le département d'archéologie sous-marine.

— C'est très intéressant tout cela, a-t-il reconnu.

En arrivant sur le pont j'ai pris conscience que j'avais franchi le seuil d'un autre monde. Je me suis trouvé devant des toilettes qui avaient deux entrées distinctes. HOMMES, ai-je lu sur la porte de gauche, HOMMES sur celle de droite aussi.

Le bateau s'appelait *Sophia* et n'était guère différent de ceux qui font la navette entre Le

Pirée et les îles de Salamine et d'Égine. Sa partie avant était aménagée en parking. Les voitures particulières n'étant pas admises sur la péninsule, il n'y avait que trois ou quatre camions et autant d'automobiles tout terrain. Celles-ci appartenaient sans doute aux monastères car leurs plaques minéralogiques étaient frappées de l'emblème de Byzance. « Je vais rendre visite à un pays du passé », ai-je songé. Nous avons appareillé avec un léger retard.

Je suis resté un long moment sur le pont à contempler la mer, les vertes collines et les plages désertes. On ne se baigne pas dans les eaux de l'Athos. C'est dommage car elles sont d'une pureté remarquable. La montagne n'était pas visible. Elle s'élève au sud de la péninsule, qui a quarante-cinq kilomètres de longueur. Le premier monastère que j'ai vu était bâti sur une plage. C'était une sorte de château médiéval entouré d'une muraille crénelée derrière laquelle apparaissaient les coupoles de quelques églises.

Le bar du bateau était bondé. J'ai dû boire mon café debout, au milieu d'une cohue grouillante. Devant moi se tenait un homme décharné, mal rasé et mal habillé. Lui ne buvait rien.

— Je suis de Grévéna, s'est-il présenté.

Il me regardait avec des yeux exorbités, comme si nous étions sur une île déserte et que je fusse le premier homme qu'il rencontrât depuis trente ans.

— Je suis au chômage, a-t-il ajouté. Tu peux m'offrir un café ?

Je lui ai donné quelques pièces et je me suis éloigné. Je ne souhaitais pas engager de conversation. J'ai vu sur une banquette un père accompagné de son fils d'une dizaine d'années. J'ai été extrêmement surpris, étant donné que la règle de l'*abaton* s'applique aussi aux mineurs. Saint Athanase interdisait déjà à ses subordonnés le moindre contact avec des enfants. Il connaissait vraisemblablement leur penchant pour l'âge tendre.

— Vous pensez que les moines vont accepter d'accueillir votre gamin ? ai-je demandé au père sur un ton amical.

J'étais en fait très énervé.

— Certainement ! m'a-t-il dit. Puisque je l'accompagne, ils l'accepteront. Il a eu droit à son propre permis de séjour !

J'avais furieusement envie de le saisir à la gorge et de lui cogner la tête contre la paroi. Tous les parents sont convaincus que l'influence qu'ils exercent sur leurs enfants est préférable à toute autre. Soudain s'est créé un mouvement convergeant vers le côté gauche de la salle : on passait devant le monastère russe de Saint-Pantéléimon. Les gens ont été si nombreux à se presser devant les fenêtres que je n'ai rien pu voir. J'ai cependant entendu leurs commentaires :

— Comme il est grand !

— Il y a dix églises !

— Il y en a beaucoup plus ! Il n'y a pas seulement celles qu'on voit, mais aussi celles qu'on ne voit pas !

— Des milliers de Russes vivaient là autrefois. Ils ne sont plus qu'une centaine.

— La plupart ne sont pas russes mais ukrainiens. Leur higoumène est ukrainien.

— Tu as vu les coupoles, papa ? a interrogé le jeune garçon. Elles sont en or !

Je connais la forme des coupoles russes. Elles ressemblent à des flacons à fond large et à col pointu. « Je verrai Saint-Pantéléimon au retour. » Malgré l'heure matinale je me suis senti une fois de plus fatigué, comme si je n'avais pas dormi de la nuit. « Ma fatigue n'est pas différente de celle de Nausicaa. »

J'ai trouvé le temps bien long jusqu'à notre arrivée à Daphni. C'est un port insignifiant qui comprend un débarcadère en ciment, une vingtaine de maisons et une rue. J'ai vu des centaines d'oursins dans la mer. Joseph l'ancien ne recommande pas la consommation d'oursins.

La maison la plus proche du quai fait office de poste de douane. Mais personne n'a fouillé nos affaires.

— On nous fouillera lors de notre départ, m'a renseigné l'homme de Grévéna.

— Tu viens souvent ici ?

— Trois ou quatre fois par an. Je suis seul au monde.

Plusieurs minibus étaient garés dans la rue. Les chauffeurs, tous des moines, accueillaient leurs clients. J'ai demandé à l'un d'eux s'il connaissait Onoufrios, l'homme chargé par Katranis de me réceptionner.

— Je ne le vois pas.

— Comment vais-je le reconnaître ? l'ai-je interrogé avec une certaine naïveté, car tous les moines ont plus ou moins la même tête.

Il ne s'est pas donné la peine de me répondre. Il m'a simplement indiqué le numéro de son véhicule. J'ai découvert que toutes les voitures qui servent de taxis étaient des minibus. La rue était bordée de petites boutiques qui proposaient des icônes, des chapelets de cordes, toutes sortes de croix, des livres et des bâtons qui m'ont remis en mémoire le conseil de Joseph : « *Prends un bâton et frappe-toi les cuisses.* » Le seul journal que j'ai trouvé était publié par des religieux. Il était intitulé *La Presse orthodoxe*, j'en ai acheté un numéro.

— Lis-le, ça t'éclairera l'esprit, m'a dit l'homme qui tenait la boutique et qui, lui, était un laïc.

— Vous n'avez pas de journaux politiques ?

— Non, personne ne lit les journaux ici.

L'horloge du magasin avançait de quatre heures. J'ai éprouvé le besoin de faire étalage de mes connaissances.

— Je savais que vous n'avez pas la même heure que le reste du pays.

— Nous n'avons pas le même calendrier non plus.

La communauté athonite est restée fidèle au calendrier julien, qui a treize jours d'écart avec le calendrier grégorien, inventé par le pape Grégoire XIII au XVIe siècle et qui a été adopté depuis par la plupart des pays, ainsi que par l'Église de Grèce et le patriarcat de Constantinople.

— La fête de Pâques est la seule que nous partageons avec les autres orthodoxes grecs. Nous célébrons Noël le 7 janvier.

Je ne saurais dire avec certitude quel jour nous sommes aujourd'hui. J'écris ces lignes assis sur mon lit, dans une chambre d'hôte du monastère d'Iviron. Apparemment, il fait nuit, mais de cela non plus je ne suis pas très sûr. Je me dis qu'un nouveau jour a commencé qui appartient peut-être déjà au passé.

Le gérant de la boutique ne m'a pas expliqué pourquoi les moines n'ont pas adhéré au calendrier grégorien. Peut-être parce qu'il a été créé par un pape ? L'éditorial de *La Presse orthodoxe* est une diatribe contre le patriarche Bartholomée Ier, qui poursuit la politique de réconciliation avec le Vatican inaugurée par Athénagoras en 1964. Le journal approuve les moines du couvent d'Esphigménou, qui ont rompu toute relation avec le primat de l'orthodoxie depuis les années 70 et sont déclarés schismatiques. Les membres de la Sainte Communauté, qui sont majoritairement favorables à Bartholomée, essaient depuis des années de les chasser de leur monastère, mais ce n'est pas chose facile. Ce sont des exaltés, capables de tout, dit-on, qui bénéficient en outre du soutien d'une partie de l'opinion publique grecque.

Je raconte cela en guise d'introduction à la scène surprenante que j'ai vécue en arrivant à Karyés — nom qui signifie, en vieux grec, « les noyers ». On se battait comme des possédés. Nous venions à peine de garer le minibus lorsqu'une pierre a pulvérisé une des vitres latérales.

— Penche-toi ! m'a crié Onoufrios.

La deuxième pierre s'est écrasée sur le capot du véhicule. Nous étions sur un terrain en friche, à côté d'une vieille bâtisse assaillie par une vingtaine de moines armés de barres de fer. Ils avaient entrepris de défoncer les portes. Ils avaient déjà cassé la plupart des fenêtres, à travers lesquelles les assiégés leur jetaient des pierres, des chaises, des pots de terre. La bataille s'accompagnait de vociférations et d'anathèmes. Un moine qui avait réussi à se hisser jusqu'à une fenêtre du premier étage par la tuyauterie d'évacuation des eaux usées a reçu un formidable coup de poing sur la tête qui l'a expédié par terre, à côté d'un amandier en fleur.

— Ils l'ont tué, les mécréants ! a hurlé quelqu'un.

— Ils l'ont tué, les démons, ils l'ont tué ! ont clamé des voix.

Deux moines se sont saisis de l'homme à terre en le prenant par les aisselles et par les pieds et sont partis en courant dans notre direction. Ils sont passés tout près du minibus, j'ai pu ainsi voir le blessé. Le sang qui coulait de sa tête avait coloré sa barbe. Il avait le regard tourné vers le ciel et souriait vaguement. J'ai pensé que tous les martyrs de la chrétienté devaient avoir cette expression à l'heure du supplice.

— Tu peux m'expliquer ce qui se passe ?

— La Sainte Communauté entend récupérer cette maison qui appartient aux moines esphigménites, m'a répondu sobrement Onoufrios.

Il a fait marche arrière si vivement qu'il a failli renverser les brancardiers.

— Pourquoi est-ce que tu ne prends pas le blessé dans ta voiture ?

— Tu n'as pas vu dans quel état il est ? Il va saloper mes sièges !

Le restaurant du chef-lieu du mont Athos n'a pas de nom pour la bonne raison qu'il n'y en a pas d'autre. Il n'a pas de carte non plus. Il prépare deux plats, de la soupe de haricots et des spaghettis. Sa clientèle se compose du personnel attaché au service du gouverneur civil, des policiers et des marins chargés de la surveillance du territoire et des côtes, des ouvriers embauchés sur les chantiers de construction.

Il n'y avait aucun client quand j'y suis entré, peut-être parce qu'il était tôt, peut-être parce qu'il était tard. J'ai pris place à une longue table de bois patinée par le temps. La soupe était fade, les olives aigres et le pain rassis, j'ai toutefois mangé de bon appétit. J'ai profité de la tranquillité du lieu pour informer Nausicaa de mon arrivée.

— Vous avez des nouvelles de mon frère ?

— Je vais me renseigner au plus vite.

J'ai trouvé mon père au travail dans la baie de Yannaki. Il était en train de raccorder au réseau public d'eau potable une nouvelle maison appartenant à un certain Hatzopoulos. Je l'ai imaginé coiffé de son chapeau de paille, assis par terre sous le soleil.

— Nous avons décidé de manifester notre opposition à la destruction de l'ancienne acropole en occupant le bureau du maire. Nous envisageons même d'y passer la fin de la semaine sainte !

— Qui prendra part à l'occupation ?

— Nous ne sommes que trois pour le moment, Dinos, Sitaras et moi. Sitaras t'envoie ses salutations.

— Est-ce qu'il croit en Dieu, ce Hatzopoulos ?

— Non ! C'est la première fois qu'on me répond aussi franchement. La majorité des gens que j'interroge tergiversent, hésitent, me retournent la question. Lui m'a simplement dit « non », pas un mot de plus.

Paulina Ménexiadou avait éteint son portable. Dans le message que je lui ai laissé, je lui annonce que je compte me rendre à l'extrémité de l'Athos et que j'espère revoir le bateau du Centre de recherches marines. C'est là, au bout de la péninsule, qu'habitent les plus asociaux des moines, les champions de la solitude, les ermites. Ils ne vivent plus dans des grottes, mais dans de petites maisons qu'ils ont construites le plus souvent eux-mêmes. J'ai bien l'intention de les rencontrer, et pas uniquement pour les décrire à Nausicaa. J'ai le pressentiment que je trouverai parmi eux des gens plus intéressants que dans les monastères.

J'étais sur le point de partir lorsque quatre hommes qui discutaient de l'échauffourée à laquelle je venais d'assister ont fait leur entrée. Ils portaient des costumes gris et des cravates discrètes, dans les tons bleus. La physionomie du plus âgé d'entre eux m'a paru familière, mais où l'avais-je donc vu ? Peut-être à la télévision ?

— Ils n'entendront jamais raison, a-t-il déclaré. Ils sont soutenus à fond par le patriarche de Moscou qui rejette le dialogue avec le pape et conteste en outre le caractère œcuménique du patriarcat de Constantinople.

— Il y a plus d'orthodoxes en Russie que dans tous les autres pays réunis, a expliqué un autre.

— Ils vont nous mettre dans de sales draps, a présumé le cadet de la bande.

— C'est déjà fait, a repris l'aîné. Ils ont filmé

les événements de ce matin et, d'après ce que j'ai appris, ils ont réussi à faire parvenir la cassette aux chaînes de télévision.

Il a tourné un bref instant les yeux vers moi. J'ai sorti le cahier de mon sac et je me suis mis à le feuilleter pour me donner une contenance. Ils ont commandé eux aussi de la soupe de haricots.

— Pourquoi ne fait-on pas appel à la police pour les évacuer ? a interrogé le cadet.

— Parce que l'un d'eux se suicidera à coup sûr et que cela provoquera une levée de boucliers contre le gouvernement, a répondu l'aîné en baissant le ton de sa voix. Le mont Athos jouit d'un tel prestige que le gouvernement ne peut se permettre d'entrer en conflit avec les moines, qu'ils soient légalistes ou contestataires. Récemment le ministère de l'Économie a demandé aux vingt monastères de dresser un état complet de leur patrimoine. Ils ont refusé d'y répondre, ils ont tout bonnement ignoré sa requête. Craignent-ils une éventuelle imposition de leur fortune ? Ils payaient des impôts sous les Ottomans, ils en payaient sous les Byzantins, il n'y a qu'aujourd'hui qu'ils n'en paient plus.

— Le ministère a pourtant les moyens de faire pression sur eux, en suspendant sa contribution financière ou la détaxe qu'il leur a accordée sur l'essence et l'achat de véhicules.

C'est le quatrième, celui qui n'avait encore rien dit, qui a fait cette remarque.

— Aucun parti n'est disposé à assumer le coût politique d'une telle querelle, a affirmé l'aîné. Les hommes publics sont plus enclins à courtiser les moines qu'à les contrarier. Le précédent gouvernement socialiste, comme s'il jugeait insuffisants leurs privilèges, a dispensé de toute charge fiscale les couvents fondés par les Athonites hors du mont Athos.

Il m'a regardé de nouveau, un peu plus attentivement cette fois-ci. Peut-être avait-il lui aussi l'impression de m'avoir vu quelque part ? J'ai donné six euros au patron — un de plus que le montant de l'addition — et je suis sorti dans la rue. Juste à côté se trouvait le bureau qui gère l'emploi du temps des taxis. J'ai laissé là mon sac car je n'avais pas encore décidé si j'allais suivre le conseil de Katranis et passer la première nuit à Karyés.

Pas mal de pèlerins se promenaient dans les ruelles pavées, visitaient les boutiques qui étaient semblables à celles du port, se signaient dès qu'ils apercevaient, même de loin, une église. D'ordinaire les touristes manifestent une certaine allégresse, aiment plaisanter. Ceux que je voyais étaient graves comme des enfants d'orphelinat. Ils ne s'animaient un peu que lorsqu'ils croisaient un moine dont ils s'empressaient de baiser la main.

— Bénissez, l'ancien ! lui disaient-ils.

— Au Seigneur de vous bénir, leur était-il répondu invariablement.

Je savais bien que je ne pouvais rencontrer que des hommes en ce lieu, pourtant l'absence de femmes me frappait régulièrement. J'ai songé que l'*abaton* n'exprime qu'une vanité masculine totalement creuse.

Les maisons étaient relativement grandes, toutes construites en pierre et en bien meilleur état dans l'ensemble que la bâtisse des moines esphigménites. Je suis passé devant l'église décorée par Manouïl Pansélinos. Je n'ai pas pu voir ses fresques, ou du moins ce qu'il en reste, car elle était fermée. L'édifice était pris dans un étau d'échafaudages qui enjambait son toit. Les murs extérieurs, comme m'en avait prévenu Tsapakidis, étaient couverts de ciment. Il faut croire que les moines avaient pris conscience de leur erreur et tentaient à présent de la réparer.

Je songeais à Nausicaa en montant l'escalier de marbre du siège de la Sainte Communauté. Je la voyais dans son fauteuil, puis dans son lit, puis de nouveau dans son fauteuil. « Je vais faire mon possible », lui ai-je promis. Je suis tombé dans le hall sur quelques moines qui discutaient d'un ton vif. L'un d'eux portait en guise de bonnet un gros pansement sur la tête. Était-ce l'homme que j'avais vu tomber du premier étage ? Il était en tout cas en pleine forme.

— Nous devrions les attaquer cette nuit, dans leur sommeil, a-t-il suggéré.

— À mon avis il ne faut rien entreprendre avant Pâques, a dit un autre. Ils nous accuseront sur les chaînes de télévision de ne pas avoir respecté la trêve pascale.

— Nous n'avons pas été assez nombreux, a commenté un troisième qui tenait toujours une barre de fer à la main. Pourquoi est-ce qu'Arsénios n'est pas venu ? Il a l'habitude de ce genre de situation, il était dans la police auparavant.

Il m'a vu et a aussitôt dissimulé la barre derrière son habit. J'ai contourné prestement leur comité et j'ai poussé la première porte qui se présentait à moi. Je me suis trouvé dans un couloir. Une chasse d'eau coulait quelque part. Au bruit qu'elle produisait j'ai deviné que c'était un vieux modèle, en fonte. Un homme est apparu, aussi ventripotent que Kopidakis, mais moins grand. Il avançait à petits pas en traînant ses chaussures sur le carrelage.

— Tu es journaliste ?

Son expression est restée hostile même quand je lui ai dit que je ne l'étais pas.

— Et qu'est-ce que tu veux ?

Je l'ai suivi dans son bureau. Une carte de Byzance égayait le mur derrière lui. L'empire n'était pas aussi étendu que je le croyais, sa frontière, de couleur orange, encerclait la Turquie actuelle et la péninsule balkanique.

— Je vous prie de m'aider à retrouver Dimitris Nicolaïdis qui est venu ici en 1954, ai-je dit en articulant aussi lentement et aussi clairement que Nausicaa. Il est âgé de quatre-vingt-douze ans.

— Nous avons beaucoup de vieux de plus de quatre-vingt-dix ans, a-t-il objecté sèchement.

— Il était originaire de Tinos. Il adorait chanter quand il était jeune.

— Tous les jeunes adorent chanter... Sais-tu quel monastère l'a accueilli en premier ?

Je lui ai avoué mon ignorance.

— Comment veux-tu que je le trouve alors ? Chaque monastère tient son propre registre. Tu n'es pas en train de me demander de regarder dans *tous* les registres de *tous* les monastères ? Il est bien possible par ailleurs qu'il se soit inscrit sous un faux nom ou que son nom ne figure nulle part. Le nombre exact des habitants de la Sainte Montagne nous échappe, nous estimons qu'ils sont mille six cents, mais il y en a probablement davantage. Quelqu'un peut venir ici en touriste, rencontrer un vieillard solitaire qui accepte de l'héberger et rester pendant des années sans que personne en sache rien.

Des rires se sont fait entendre dans le hall d'entrée.

— Un instant, m'a-t-il dit, et il est sorti de la pièce aussi rapidement qu'il le pouvait.

J'ai profité de son absence pour regarder la photo posée sur son bureau : c'était un portrait du patriarche Bartholomée dédicacé. La signature était suivie de la phrase « *Votre intercesseur empressé auprès de Dieu* ».

— Il est facile de se cacher sur l'Athos, ai-je résumé comme un bon élève lorsque l'homme de la Sainte Communauté a repris sa place.

Les rires avaient cessé.

— Très facile. Quand l'Union soviétique s'est effondrée, plusieurs agents de l'ancien régime au passé douteux se sont réfugiés ici, avec de faux papiers naturellement. Tu sais quelle est la meilleure ?

Il a laissé passer un temps avant de me l'annoncer.

— Devenus moines, ces gens ont regagné leur pays et occupent actuellement des postes importants au sein de l'Église russe !

— Est-ce que vous avez reçu des visites analogues de l'ex-Yougoslavie ?

— Il est incontestablement plus difficile de se planquer aujourd'hui qu'il y a quinze ans, a-t-il répondu avec circonspection.

Tout en devisant avec lui je cherchais le moyen de l'intéresser davantage au cas de Dimitris Nicolaïdis.

— Le moine dont je vous ai parlé a une sœur de quatre-vingt-neuf ans. Elle a beaucoup d'argent.

J'ai observé une pause à mon tour.

— Elle n'a pas d'enfants ni de neveux, ai-je précisé. La moitié de Tinos lui appartient !

— C'est une belle île, Tinos, a-t-il soupiré. Mais il y a énormément de vent, non ?

Il s'est engagé à faire tout ce qui était en son pouvoir pour retrouver la trace de Dimitris. Je n'ai pas omis de le questionner sur la collection d'antiquités que mentionne Préaud dans son article. Il m'a dit qu'elle appartenait à l'école.

— Tu ne savais pas que nous avions un établissement scolaire ?

Je ne suis pas allé directement à l'école, je suis descendu vers le centre pour prévenir le bureau des taxis que j'aurais besoin d'une voiture en fin d'après-midi. J'ai eu la chance d'y trouver Onoufrios de retour d'une course. Il était occupé à se rouler une cigarette, ce qui m'a paru étrange car je n'avais encore jamais vu de moine fumer.

— Tu fumes ?

— Jamais devant les icônes !

Il a prononcé cette phrase, qui aurait pu être une boutade, le plus sérieusement du monde. Comme il n'avait aucune obligation, il m'a proposé de m'accompagner.

— Cela ne me fera pas de mal de marcher un peu.

Il a achevé la confection de sa cigarette, l'a glissée dans une poche de son froc et nous nous sommes mis en route. Je n'aurais pas pu voir l'exposition s'il n'était pas venu avec moi. L'école était fermée, en raison de la semaine sainte probablement. Elle est installée dans les bâtiments d'un couvent désaffecté qui jouxte une église gigantesque dédiée à saint André. D'après

Onoufrios il s'agit de la plus grande église des Balkans.

— Le monastère appartenait aux Russes autrefois, mais nous les avons chassés. Saint-Pantéléimon leur suffit. S'ils avaient deux couvents, ils auraient droit à deux voix au sein du conseil.

— Vous avez également chassé les Géorgiens d'Iviron ?

— Je ne sais pas si nous les avons chassés, le fait est qu'il n'y a plus de Géorgiens.

— On dirait que vous n'aimez personne, lui ai-je fait remarquer. Vous n'aimez pas les Russes, vous n'aimez pas les Juifs, vous n'aimez pas les catholiques, vous n'aimez pas les philosophes, vous n'aimez pas les femmes... Qui aimez-vous, au juste, tu peux me le dire ?

— Dieu ! a-t-il dit en plissant ses yeux malicieux.

Nous avons dû frapper la porte avec une pierre pour attirer l'attention du gardien. Onoufrios a fini par le convaincre de nous conduire à la bibliothèque où sont réunis les vestiges.

La collection ne compte, à vrai dire, que quelques amphores cassées et quelques lampes à huile. Ce sont les élèves de l'école qui ont ramassé ces pièces sous la conduite d'un de leurs professeurs, sur une plage. Leur trouvaille la plus importante est une moitié de tête de femme, sans front ni yeux. J'ai pris quelques photos et nous sommes partis.

— Quel genre d'école est-ce ?

— Une école tout à fait ordinaire, avec des classes de collège et de lycée. Elle a une quarantaine d'élèves en tout, qui ont entre douze et dix-sept ans. Comment ces élèves sont-ils venus ici, me diras-tu ? Ce qui est certain, c'est qu'ils ne l'ont pas choisi. Personne ne choisit à cet âge de vivre hors du monde. Ils ont été placés par leurs parents, ou bien recueillis par des moines, en Grèce ou dans d'autres pays orthodoxes. Ils ne peuvent pas recevoir l'éducation qui convient à leur âge dans ce lieu, nous ne devrions pas avoir le droit de les tenir à l'écart des femmes. Je m'étonne, et je ne suis pas le seul, que l'État grec autorise le fonctionnement de cette école. Tu connais, toi, un autre établissement en Europe où l'on traite des enfants avec si peu d'humanité ? où on leur apprend à ne pas vivre ?

Il n'a fumé sa cigarette qu'une fois dans la voiture, en me conduisant au monastère d'Iviron, sur la côte est, par une piste en plus mauvais état encore que la route qui relie Daphni à Karyès. Je lui ai parlé, à lui aussi, du frère de Nausicaa, je lui ai donné les mêmes informations que celles que j'avais communiquées à l'homme de la Sainte Communauté, j'ai simplement ajouté que Dimitris était fasciné par la nature et qu'il passait des heures à scruter les fourmilières.

— Les fourmilières ? a-t-il répété. Cela me rappelle quelque chose.

18

Il faisait déjà sombre, à huit heures du soir, à l'intérieur du monastère d'Iviron, où tout était fermé. Je n'ai rien pu voir, je n'ai pas pu dîner non plus. Le repas avait été servi depuis long-temps. Les moines, tout comme les pèlerins, s'étaient retirés dans leurs cellules. L'*archonta-ris*, qui n'attendait que moi pour s'éclipser à son tour, m'a installé dans une vaste pièce avec deux fenêtres qui donnent sur la mer. Sous mon lit j'ai déniché une paire de sandales en plastique.

Vers deux heures du matin j'ai été réveillé par des coups de marteau. Sans doute influencé par le climat de la semaine sainte, j'ai songé à la crucifixion du Christ. Les coups suivaient une certaine cadence, s'arrêtaient et reprenaient à intervalles réguliers. Plus tard j'ai appris que les moines n'utilisent que rarement les cloches. Ils annoncent les cérémonies religieuses au moyen d'une palette, la *simandre*, qu'ils frappent avec un maillet de bois. On dit que Noé a convoqué

313

les animaux dans son arche en tapant sur une planche.

À sept heures du matin, quand je suis sorti de ma chambre, la journée était déjà bien entamée. Les offices du matin avaient pris fin et le cuisinier, un moine, préparait déjà le déjeuner. J'ai trouvé les ouvriers albanais qui exécutent les travaux de rénovation en pleine activité. Ils démontaient de vieux parquets, rebâtissaient des murs, réparaient les toits de lauses à l'aide de grues qui assuraient le transport des matériaux.

Je me suis vite aperçu que le monastère est bien plus grand que je ne l'imaginais, que plusieurs heures sont nécessaires pour le parcourir entièrement, pour explorer tous ses bâtiments, pour allumer un cierge dans toutes ses églises, pour faire le tour de ses immenses remparts. Cette ville a un cœur, le *catholicon*, qui est peint en rouge sombre, ce rouge que l'on appelle byzantin en grec. Sa porte était close. J'ai remarqué deux colonnes de marbre vert qui m'ont rappelé la maison de Kifissia et qui proviennent peut-être du temple de Poséidon que les archéologues situent à cet endroit.

À l'entrée d'une autre église j'ai eu l'occasion de voir une fresque semblable à celle décrite par Vezirtzis, à cette nuance près que les anciens sages n'étaient pas habillés comme des princes byzantins mais plutôt comme des cheiks. Quatre d'entre eux, Sophocle, Platon, Aristote et Plutarque, étaient coiffés de turbans.

J'étais convenu avec Onoufrios qu'il passerait me prendre à neuf heures. Je suis ressorti dans la cour principale où se promenaient quelques dizaines de pèlerins. Ce n'était pas la foule qu'on m'avait annoncée. Si, en temps ordinaire, les monastères reçoivent encore moins de visites, c'est qu'ils sont vraiment peu fréquentés. Un habitué des lieux faisait profiter un groupe de jeunes de ses connaissances. Il leur a recommandé de boire de l'eau à la source de saint Athanase, qui se trouve sur la route de la Grande Lavra.

— C'est à cet endroit qu'Athanase, à l'époque où il était à court d'argent, rencontra la Sainte Vierge qui s'engagea à lui venir en aide.

D'autres pèlerins commentaient avec indignation l'annonce diffusée sur Internet par une agence de voyages hollandaise proposant des excursions pour homosexuels à Mykonos et au mont Athos. J'ai entendu aussi un homme soutenir que les capacités du vénérable Païssios dépassaient largement celles des yogis, qu'il pouvait disparaître à volonté et réapparaître là où il le souhaitait.

— Quand je l'ai rencontré pour la première fois, il m'a rappelé des épisodes de ma vie que j'avais complètement oubliés.

Je suis entré dans la librairie qui occupait le rez-de-chaussée d'un bâtiment. Au milieu de la pièce trônait, derrière un bureau imposant, un vieillard de quatre-vingts ans à la barbe blanche et aux joues roses. Il portait un bonnet semblable à la calotte des catholiques, qui ne lui couvrait que le sommet du crâne, et tenait un grand bâton un peu à la manière d'un sceptre.

— J'en ai besoin pour chasser les chats, m'a-t-il dit. Je ne les aime pas.

— Je connais une dame qui ne les aime pas non plus.

— Elle a bien raison.

Sa voix altérait légèrement les mots, portait l'écho d'une autre langue.

— Vous désirez quelque chose ?

Son amabilité m'a mis suffisamment en confiance pour que je lui avoue que j'avais très envie de boire un café.

— Parfait ! Je vais vous le préparer moi-même ! Mais je le fais un peu fort, je vous préviens !

Il s'est levé et s'est rendu en clopinant jusqu'au fond de la librairie où il y avait une petite cuisine. Je me suis senti infiniment obligé envers lui lorsqu'il m'a apporté le café accompagné d'un gâteau sec, comme on le sert dans les bons établissements.

— Je vous ai mis du sirop d'érable à la place du sucre. J'ai une sœur installée au Canada.

— Vous avez vécu à l'étranger ?

Il est né en France, dans une riche famille moitié grecque moitié française qui possède un important domaine forestier en Normandie et une maison à Évreux. Ce n'est pas une maison quelconque : il s'agit du manoir où l'abbé Prévost écrivit *Manon Lescaut*. Il est persuadé que les insurgés de 1789 se sont abstenus de l'incendier, contrairement à d'autres gentilhommières de la région, par respect pour le fantôme de la célèbre héroïne. Il espère revoir la Normandie et l'arbre qu'il avait planté dans la propriété familiale avant de répondre à l'appel de Dieu.

— Dix-huit ans ont passé depuis. Mon arbre a dix-huit ans.

Tous les moines ne poursuivent pas le même rêve. L'un rêve d'une femme, l'autre d'un arbre, le troisième d'une glace. Il a donc pris l'habit à soixante ans environ. Je ne lui ai pas demandé de m'expliquer sa décision. Son air majestueux décourageait les questions indiscrètes. Il ne m'a dit que son nom de robe, qui est Irinéos. Nous avons parlé des *simandres*, qui sont fabriquées en bois de châtaignier, et des cloches.

— Lorsqu'on sonne alternativement deux cloches proches l'une de l'autre, assez énergiquement, leurs vibrations dans l'atmosphère produisent au bout d'un moment un son supplémentaire, on entend tinter une troisième cloche distincte des deux autres. C'est un phénomène charmant, mais non pas magique comme le croient certains moines qui nomment ce ca-

rillon qu'on entend mais qu'on ne voit pas
« cloche des anges ».

Je me suis un peu emporté contre Onoufrios
car il m'a réclamé cinquante euros pour la journée d'hier. J'ai trouvé qu'il exagérait.

— Combien tu vas me demander pour
aujourd'hui ?

— Le tarif habituel pour huit heures est de
deux cents euros. Si tu loues aussi mes services
pour la journée de demain, je te ferai un prix !

— Il n'y a pas de quoi rire, lui ai-je dit. Il ne
me reste plus énormément d'argent.

Nous nous sommes mis d'accord sur la somme
de deux cents euros pour les trois jours. Qu'est-
ce qu'il va faire de cet argent ? Il le dépensera
en une nuit à l'hôtel La Bohémienne. L'argent
de Nausicaa finira dans la poche de Coralie.

Onoufrios habite une maison à Karyés. Un
tiers environ des moines de l'Athos vivent seuls,
comme lui, ou en petits groupes. Ils dépendent
forcément de l'un des vingt monastères, propriétaires de la totalité du territoire et de tous
ses édifices, et cependant peuvent mener leur
vie comme ils l'entendent.

J'ai passé la plus grande partie de la journée
à photographier des sarcophages, des vases géo-
métriques, des bas-reliefs, des enceintes. Nous
avons parcouru un grand nombre de kilomè-

tres. Onoufrios a fait preuve d'un esprit de coopération qui s'est avéré précieux. Il m'a indiqué un site archéologique dont Préaud lui-même ignore probablement l'existence.

Nous nous sommes d'abord arrêtés dans la baie de Kaliagra, au nord du monastère d'Iviron, qui fut sans doute un port dans l'ancien temps car elle est entourée de ruines d'habitations de l'époque classique. Nous avons ensuite gagné la côte ouest et l'oliveraie du monastère de Kastamonitou où, selon Préaud, se trouvait l'antique ville de Thyssos. Nous avons traversé des forêts, des plateaux arides, des gorges profondes sans rencontrer un seul sanglier. L'oliveraie occupe une colline aménagée en terrasses soutenues par des murs bâtis avec de grosses pierres de taille. J'ai vu là d'autres vestiges d'habitations ainsi que les fondations d'une acropole. Onoufrios ne me lâchait pas d'une semelle, il tenait absolument à ce que je lui transmette mes maigres connaissances en matière d'archéologie.

Je projetais de regagner ensuite la côte est et de me rendre à Vatopédi. C'est effectivement le chemin que nous avons pris. Cependant, à quelque distance du monastère, Onoufrios m'a proposé de me conduire sur une plage où la mer a exhumé récemment une série de tombes en balayant le sable qui les recouvrait.

Ce sont de petites tombes étroites, bordées de pierres plates, qui restent à moitié enfoncées dans le sable. On dirait des tanières d'animaux. De nombreux fragments de vases étaient éparpillés devant les ouvertures. J'ai pris un grand nombre de photos en songeant que tout cela aura peut-être disparu l'an prochain.

Nous nous sommes assis sur la plage.

— Tu as faim ?

Il est allé chercher dans la voiture une grande boule de pain, trois tomates et deux oignons.

— Je suis le seul chauffeur de taxi qui nourrit ses clients ! a-t-il observé.

Ma faim était telle que j'ai même dévoré l'oignon qui m'avait été attribué. Nous sommes restés là trois quarts d'heure sans échanger un mot, peut-être pour éviter d'interrompre la mystérieuse conversation qui s'était engagée entre les tombes qui étaient derrière nous et la mer qui était devant.

J'ai repéré de loin le monastère de Vatopédi grâce aux grues qui dépassent largement ses remparts. Comme tous les couvents vus au cours de la journée il fait l'objet d'importants travaux. Les cités de l'Athos se renouvellent de fond en comble comme si elles allaient reprendre vie. Mais ni le niveau de leur fréquentation ni leurs effectifs n'autorisent cet espoir. Vatopédi compte moins de cent hommes et Iviron à peine une quarantaine. Ces gigantesques ensembles font songer à des villes désertées par leur population où il ne reste plus que les concierges. Le plus probable est que les bâtiments restaurés, parfois de façon luxueuse, ne serviront à rien. Dans un pays où les services sociaux, la santé et l'éducation manquent si cruellement de locaux, cela laisse forcément songeur.

En voyant le drapeau byzantin flotter sur l'une des constructions annexes qui entourent le monastère, j'ai réalisé que je n'avais encore aperçu nulle part de drapeau grec.

Au moment où nous franchissions le porche, le gardien terminait son service.

— Je vais poser un acte de contrition, a-t-il dit à son remplaçant.

— Vous dites « poser un acte », vous ? ai-je taquiné Onoufrios. Où avez-vous appris ce grec ?

— Nous commettons d'autres fautes. Nous disons, par exemple, « faire désobéissance » ou encore « faire des nerfs ». Mais une erreur qui se généralise est-elle encore une erreur ?

J'ai tout de suite remarqué, dans la cour, les deux bas-reliefs scellés de part et d'autre de l'entrée principale du *catholicon*. Ils représentaient tous les deux un bélier, l'un de face, l'autre de profil.

— Il ne faut pas croire tout de même que nous ignorons la valeur des mots. Le mot *christoïdis*, « semblable au Christ », nous l'avons supprimé à la suite d'une longue discussion.

Personne ne peut prétendre ressembler au Christ.

— Vous avez bien fait, il était complètement superflu.

J'ai eu soudain le fou rire. J'ai ri comme cela ne m'était pas arrivé depuis longtemps, j'ai été plié en deux, j'ai failli lâcher mon appareil photo. Onoufrios m'a donné quelques tapes vigoureuses sur le dos comme pour m'éviter de m'étrangler, ce qui, je ne sais pas pour quelle raison, m'a fait pouffer davantage. Je n'ai réussi à retrouver mon calme que lorsque nous nous sommes présentés au secrétariat du monastère et que j'ai vu tout au fond du couloir qui dessert les bureaux un portrait grandeur nature de Joseph l'ancien. Il avait exactement le même air peiné que sur sa photo.

Onoufrios est entré dans un bureau pour voir un ami susceptible de nous servir de guide, me laissant seul. Je me suis assis sur un banc de bois, face à une porte entrebâillée derrière laquelle quelqu'un parlait au téléphone. Sa conversation n'a attiré mon attention que quand on l'a appelé sur une seconde ligne et que je l'ai entendu répondre :

— Rappelle-moi un peu plus tard, je suis en communication avec le ministre.

Quel ministre ? Je ne l'ai pas su. Il lui a demandé un rendez-vous pour l'higoumène du monastère.

— Il serait souhaitable que la ministre des Affaires étrangères assiste à votre entretien. Tu veux la prévenir ou tu préfères que je le fasse ?

Il s'est chargé en fin de compte de la prévenir lui-même. Il a appelé ensuite un armateur bien connu. Leur entretien a tourné autour d'une croix sculptée sur ses deux faces que l'armateur avait commandée pour l'offrir au prince Charles à l'occasion de son anniversaire.

— Quand est-ce, son anniversaire ?... Un instant, je vais noter la date.

Après l'avoir notée il a repris :

— Tu devrais lui déconseiller de venir ici tous les ans. Pour nous, c'est naturellement une grande joie de l'accueillir. Je ne suis pas sûr cependant que l'opinion publique de son pays voie d'un bon œil les séjours qu'il effectue dans notre couvent.

Enfin il s'est entretenu avec un avocat au sujet d'un terrain qui appartient au monastère et que l'administration grecque revendique.

— Quel besoin les fonctionnaires ont-ils donc de ce terrain, puisqu'ils ne sauront pas quoi en faire ? Ce sont des illettrés, incapables de monter la moindre affaire, le mot management ne fait pas partie de leur vocabulaire. Certains des terrains confisqués par Venizélos n'ont jamais servi à rien, ils ont été laissés à l'abandon. Nous n'accepterons jamais de céder un pouce du patrimoine que nous avons reçu des empereurs de Byzance.

J'ai songé à ma mère, qui aurait été abasour-
die d'entendre le mot management en ce lieu.
Les propos de Tsapakidis sur le peu de considération des moines pour l'État grec me sont
revenus à l'esprit. «Ils portent sur la Grèce le
regard des héritiers d'un empire... Elle n'est à
leurs yeux qu'une province insignifiante... Leur
mémoire est enracinée dans la période située
entre le schisme des Églises et la chute de
Constantinople... Le drapeau de Byzance n'est
nullement désuet pour eux. » Cependant,
l'homme qui se trouvait derrière la porte poursuivait son discours :

— La meilleure façon d'échapper aux menaces d'expropriation est de vendre nos terrains et
d'acheter des immeubles dans les centres-villes.

J'ai tourné les yeux vers Joseph. Comment
aurait-il réagi, lui, à ces propos ? «Mais il les
entend, ai-je pensé, c'est pour cela qu'il a cette
expression. »

L'ami d'Onoufrios n'avait pas beaucoup de
temps à nous consacrer car un office devait
commencer bientôt. Il nous a d'abord conduits
au cellier pour nous montrer deux sarcophages
d'époque romaine. Je n'ai pas eu le loisir de lire
les inscriptions en grec qu'ils portaient, j'ai pu
néanmoins les photographier. Ils étaient tous
les deux pleins d'huile d'olive. J'ai appris que
dans d'autres monastères aussi l'huile est conservée dans des sarcophages.

J'ai voulu m'assurer que le prince Charles dont j'avais entendu parler était bien l'héritier de la couronne d'Angleterre.

— C'est lui, en effet, m'a dit notre guide. Cela fait des années qu'il fréquente Vatopédi. Bien entendu, nous le recevons avec les honneurs dus à son rang, nous lui avons même aménagé une suite très convenable de cinq pièces. Malgré son attachement à l'Église anglicane, il éprouve une fascination réelle pour notre tradition. Je crois que son père porte le titre de prince de Grèce et que sa grand-mère a fini ses jours dans un monastère orthodoxe de Terre sainte.

Nous avons rapidement parcouru la petite salle qui abrite les antiquités. La collection mérite à peine plus d'attention que celle des élèves de l'école de Karyés. Elle comprend presque exclusivement des vestiges romains, dont la tête d'un jeune homme aux cheveux rabattus sur le front. Elle a été découverte pendant les travaux de réfection de la cave du monastère. Les moines y ont trouvé une statue entière, mais ils n'ont jugé utile d'en exhumer que la tête. Le corps du jeune homme est resté enseveli sous le nouveau plancher.

J'aurais volontiers quitté les lieux après cette visite. J'ai décliné l'offre qui m'a été faite d'examiner le reliquaire dont les pièces maîtresses sont la ceinture de la Vierge, le pied impérissable de saint Hermolaos, le crâne de saint Jean

Chrysostome et le doigt de saint Jean-Baptiste. Mais Onoufrios et son ami ont tellement insisté pour m'entraîner à l'église que j'ai dû céder. Il m'aurait bien plu pourtant de repartir du mont Athos sans avoir suivi un seul office.

— Ça va durer combien de temps ? ai-je demandé à Onoufrios.

— Une heure et demie seulement !

Je suis resté près de l'entrée, niché dans l'un de ces sièges en bois qui ne disposent que d'une maigre planche pour s'asseoir et dont les accoudoirs sont placés au niveau de la poitrine d'un homme debout. Onoufrios et son ami sont allés jusqu'à l'iconostase devant laquelle ils se sont inclinés profondément, en effleurant le sol de leurs doigts. Je n'ai vu personne couché par terre. Mon voisin le plus proche, un jeune moine, tenait une liasse de feuilles et lisait les noms qui y étaient inscrits d'une voix monocorde. J'aurais pu lui donner le nom de mon frère mais je ne l'ai pas fait. J'ai toutefois allumé plusieurs cierges sans songer à personne. Je me suis souvenu que la seule chose qui m'amusait autrefois quand ma mère m'emmenait à l'église était de regarder les cierges. Le chandelier était placé devant une fenêtre. La lumière qu'il répandait autour de lui m'a permis de découvrir que ce qui tenait lieu de paroi sous la fenêtre était en réalité une stèle funéraire couchée sur le côté. C'est dire que j'ai eu quelques difficultés à lire le nom de la personne à qui elle était dédiée. C'était une femme, une certaine Héro Pancratidou, épouse d'Astycréon.

En regagnant ma place j'ai eu l'idée de prier le jeune moine d'ajouter ce nom sur sa liste. Il a accepté de bonne grâce, il a sorti un bout de crayon de sa poche.

— Quel nom m'avez-vous dit ?

— Héro Pancratidou, ai-je répété, épouse d'Astycréon.

Il l'a noté sur le dernier feuillet. Très peu de lumière entrait par les fenêtres. Leurs vitres opaques permettaient à peine de se rendre compte qu'il faisait encore jour dehors. L'église resplendissait pourtant tout entière car la flamme des cierges se reflétait non seulement sur l'or des icônes, comme me l'avait dit Katranis, mais aussi sur les chandeliers, les candélabres, le bronze des lustres supportant des lampes à huile, et surtout sur l'iconostase qui était entièrement dorée.

Certains moines étaient d'une grande pâleur, comme s'ils ne s'exposaient jamais à la lumière du soleil. D'autres étaient très maigres, décharnés presque, ce qui donnait un relief singulier à leur nez. Tantôt je ne regardais que leur nez, tantôt leurs mains, tantôt leurs pieds. Je les examinais en détail comme on étudie un tableau. Ils restaient la plupart du temps parfaitement immobiles. Peut-être étaient-ils en train d'oublier qu'ils avaient un corps ? Peut-être n'avaient-ils pas la force de bouger ? Ils paraissaient épuisés comme s'il leur avait fallu marcher longtemps pour parvenir jusqu'à l'église. Ils portaient les grosses chaussures qu'exigent les grandes distances.

Ma patience a atteint ses limites avant la fin de la liturgie. Je suis sorti de l'église d'un pas rapide, je suis sorti du monastère, je ne me suis arrêté qu'au bord de la mer où nous avions laissé notre voiture. J'ai reçu l'air du large comme une bénédiction. J'ai cru distinguer au ras des flots l'aile du gros requin dont j'avais fait la connaissance au département d'archéologie sous-marine. C'est ainsi que j'ai eu l'idée de rappeler Paulina Ménexiadou, qui m'a répondu tout de suite et sur un ton très amical.

— Où es-tu ?

Elle se trouvait, elle, sur le pont du bateau, non loin du cap de l'Assassin. Il se nomme ainsi parce qu'il est la proie de vents très violents qui mettent les bateaux de pêche en péril.

— Vous avez trouvé quelque chose ?

— Rien pour le moment. Cela dit, un pêcheur nous a apporté deux casques qui s'étaient pris dans ses filets à cent mètres de profondeur. Ils sont en bronze et datent du VIe siècle avant Jésus-Christ. Ils sont du type corinthien qui était très en vogue à l'époque. Il n'est pas exclu en somme qu'ils aient été portés par des soldats perses. Demain nous irons un peu plus à l'ouest, nous nous arrêterons au cap d'Akrathos.

— Je tâcherai d'y être aussi.

Je lui ai parlé des sarcophages qui servent de réservoirs d'huile.

— C'est vrai ?

J'ai rêvé un instant qu'elle accostait au rivage à bord d'un bateau pneumatique et qu'elle m'invitait à prendre place dans son embarcation.

— J'ai compris que tu voulais partir d'ici. Onoufrios et son ami venaient dans ma direction.

— J'ai tenu à vous saluer, m'a dit ce dernier.

— Vous paraissez convaincus que l'administration ne remettra jamais en question vos privilèges et votre statut, l'ai-je interpellé de manière sans doute un peu abrupte. Comment pouvez-vous être si sûrs de cela ?

— Êtes-vous au courant de ce qui s'est passé au Parlement européen lorsque la question de l'abolition de l'*abaton* a été posée ? Les deux grands partis, la Nouvelle Démocratie et le Parti socialiste panhellénique, ont voté contre, les communistes se sont abstenus et seuls trois députés grecs sur vingt-cinq ont voté pour, deux mécréants et une femme.

Onoufrios regardait les galets, songeur.

Nous avons repris la route le long de la côte vers le monastère d'Iviron, qui est à une quinzaine de kilomètres de Vatopédi. Onoufrios conduisait plus lentement qu'auparavant, comme s'il n'était pas pressé de finir sa journée. Il regardait droit devant lui d'un air soucieux, j'ai eu toutefois l'intuition que ce n'était pas l'état de la route qui l'absorbait.

— Ça m'ennuie de savoir qu'il y a une statue enterrée dans une cave, a-t-il fini par me dire quand nous avons atteint le monastère du Pantocrator qui se trouve sur le parcours. Comment ont-ils pu détacher la tête du jeune homme et abandonner son corps dans la terre ?

Ce n'est qu'à ce moment que j'ai osé l'interroger pour la première fois sur son passé.

— Qu'est-ce que tu faisais avant de devenir moine ?

Il a été embarrassé.

— J'étais instituteur.

Il s'est tu de nouveau.

— Mais je ne te dirai pas pourquoi j'ai pris l'habit. Un jour je me suis fâché très fort, est-ce que cela te suffit ?

Il me surveillait du coin de l'œil.

— Chaque jour que Dieu fait le poids que je porte diminue un tout petit peu. J'espère vivre assez longtemps pour en être complètement débarrassé.

— D'après Héraclite il est extrêmement difficile de contrôler sa colère.

Comme nous approchions du monastère de Stavronikita il m'a demandé si je voulais voir certaines des plus belles icônes qui existent au monde.

— Elles ont été réalisées par Théophane le Crétois, un moine qui a vécu ici au XVIᵉ siècle et qui était aussi doué que Manouïl Pansélinos. Mais je dois te prévenir que nous arriverons trop tard à Iviron pour le dîner.

— Peu importe, je mangerai les confitures de ma mère.

Le monastère de Stavronikita est nettement plus petit que ceux de Vatopédi et d'Iviron, il ressemble néanmoins à un château fort. Le dos du bâtiment surplombe la mer d'une cinquantaine de mètres. C'est par là que nous sommes entrés, la porte principale étant fermée.

Il faisait déjà presque nuit dans la cour. Les remparts des couvents abrègent singulièrement le jour. Ils retardent le lever du soleil et accélèrent la tombée de la nuit. Nous avons progressé un peu comme des voleurs jusqu'à une église qui était elle aussi fermée, mais Onoufrios savait sous quelle pierre était cachée la clef.

— On ne va rien voir, ai-je maugréé.

À l'intérieur de l'église seule une lampe à huile était allumée, mais elle n'éclairait rien d'autre que le verre bleu qui l'enveloppait. Nous nous sommes avancés jusqu'à l'iconostase. Une chose étonnante s'est alors produite : j'ai vu surgir des ténèbres un Christ aux couleurs bien plus vives que celles des icônes habituelles. Il portait une tunique rose foncé et un genre de chlamyde d'un vert éclatant. La tranche du livre qu'il tenait à la main avait la couleur du feu. Son expression n'était pas particulièrement sévère. Il paraissait plutôt étonné de notre visite.

Ce tour de prestidigitation avait été réalisé grâce à une lampe de poche qu'Onoufrios avait allumée en la dirigeant directement sur le portrait. Il a tourné le faisceau lumineux vers une autre icône, faisant apparaître une Vierge qui portait, elle, un vêtement couleur cerise. Son visage n'était pas dépourvu de douceur. Le petit Jésus qu'elle tenait dans les bras avait plutôt l'air d'un enfant turbulent, espiègle. Il était vêtu d'un charmant pyjama blanc.

19

Vendredi saint, le 21 avril. C'est l'anniversaire du coup d'État militaire de 1967. Je ne connais pas bien cette période, mon père avait juste vingt ans en 1974 quand le régime des colonels a été renversé. Je sais que l'Église de Grèce avait alors à sa tête un certain Hiéronymos, un partisan de la junte bien sûr, qui a été un pourfendeur impitoyable des popes de gauche, qui n'étaient pas nombreux, et des homosexuels, qui l'étaient beaucoup plus. Il était originaire d'Isternia, un village de Tinos. Il me semble qu'il est mort.

J'écris la fin de mon aventure dans le train, en rentrant à Athènes. Le mot aventure n'est pas excessif. Les faits qui ont eu lieu hier après-midi m'autorisent, je pense, à l'employer.

J'ai pris le train à neuf heures trente ce matin à Thessalonique. Pourquoi ai-je préféré le train ? Peut-être pour me donner le temps de réfléchir. J'ai mal aux genoux, au dos, au cou. Tout mon corps se souvient de la pente escarpée que j'ai dû dévaler pour atteindre la mer. Le rêve que j'avais fait la veille s'est en fin de compte réalisé : j'ai quitté le mont Athos à bord du Zodiac de Paulina Ménexiadou. Elle est arrivée si près des rochers que je lui ai proposé de descendre à terre.

— Tu seras la première femme à fouler l'Athos depuis le temps de la guerre civile !

— Partons d'ici, partons d'ici, répétait-elle.

Je n'étais pas moins pressé qu'elle de m'éloigner de l'obscure montagne. Les coups de feu tirés par Zacharias résonnaient encore à mes oreilles. Je me suis étendu sur les lattes de bois qui tapissaient le fond du bateau.

D'autres événements inattendus se sont produits hier que j'ai hâte de raconter. Je n'ai pas la capacité cependant d'aller d'un sujet à l'autre. Je ne sais dire les choses que dans l'ordre.

Je me suis réveillé d'excellente humeur le matin. J'étais assez satisfait du progrès de mon travail, des photos que j'avais prises et des renseignements que j'avais recueillis.

Je me suis rendu directement à la librairie où le frère Irinéos m'a reçu avec un bon sourire.

— On ne vous voit pas souvent à l'église, vous ! a-t-il observé sur un ton léger.

Je l'ai informé que j'avais suivi un office au monastère de Vatopédi.

— Vous méritez bien un café.

Je lui ai fait cadeau d'un pot de confiture en précisant qu'elle avait été confectionnée par ma mère. Il a lu l'étiquette avec application.

— Comme c'est curieux ! Ma mère aussi mettait des feuilles de verveine dans certaines de ses confitures. La verveine atténue la saveur sucrée des fruits et relève leur parfum.

Il a emporté le pot dans la cuisine. Quand il est revenu avec le café, il m'a déclaré avec solennité :

— Je vous prie de transmettre à votre mère mes félicitations. Sa confiture est excellente. *Elle est exceptionnelle*, a-t-il ajouté dans sa langue maternelle, comme s'il l'avait appréciée doublement, non seulement en tant que Grec mais aussi en tant que Français.

J'ai lancé la conversation sur les moines étrangers qui se sont convertis à l'orthodoxie : pourquoi ont-ils fait ce choix ?

— C'est vrai que nous avons pas mal d'étrangers, des Français, des Autrichiens, des Anglais, des Brésiliens.

— Et un Péruvien.

Je lui ai dit que j'avais lu les poèmes de Syméon et que j'envisageais de le rencontrer.

— Je n'ai pas eu l'occasion de le lire, mais je l'apprécie en tant qu'homme. Vous lui ferez mes amitiés. L'Église orthodoxe est plus ancienne que l'Église catholique, elle est plus proche des sources du christianisme, elle attache énormément d'importance à l'étude permanente des Évangiles. Son succès est dû précisément au fait qu'elle ne s'est pas modernisée. Elle captive par son anachronisme même.

Il s'est levé et il est retourné à la cuisine.

— Je n'ai pas pu résister, m'a-t-il confié à son retour, j'ai mangé encore un peu de votre confiture… Il est vrai aussi que la liturgie orthodoxe est plus envoûtante que la messe catholique, qu'elle établit un dialogue plus direct avec les fidèles. Les églises catholiques sont glaciales, on ne peut les fréquenter que couvert d'un manteau, il y a des courants d'air partout !

Il a tourné les yeux vers la porte puis il a levé les bras en signe de bienvenue. Au même instant, j'ai entendu une voix qui ne m'était pas inconnue dire en français :

— Alors, Irénée, toujours fidèle au poste ?

Préaud a fait prestement le tour du bureau et a embrassé le vieux moine. C'est alors seulement qu'il a remarqué ma présence et m'a serré chaleureusement la main. Il a bu lui aussi un café, après quoi il nous a donné sa propre explication du charme qu'opère l'orthodoxie. Il est lié, selon lui, à son caractère méditerranéen.

— Les popes ont un tempérament plus joyeux que les curés, ils sont moins enclins à se sentir coupables, ils n'ont pas tant de remords, ils rient plus volontiers. Le monachisme oriental bénéficie indéniablement d'une bonne image en France, où le monastère de Simonopétra a créé trois couvents, dont deux pour femmes.

— Il faut absolument que tu goûtes à la confiture que m'a apportée notre ami, a dit Irinéos avant de repartir dans la cuisine.

Notre réunion n'a pas duré longtemps. Préaud avait rendez-vous avec l'higoumène de Vato-pédi pour lui présenter le dernier volume des archives de l'Athos. Je l'ai accompagné jusqu'à la jetée où il devait prendre le hors-bord qui relie les monastères de la côte est. J'ai profité de notre promenade pour lui faire part d'une question que je m'étais posée lors de la conférence de Vezirtzis :

— Comment est né le mouvement érémitique ?

— Je crois que les gens ont commencé à s'enfuir dans le désert d'Égypte surtout pour échapper à un impôt écrasant, pour éviter aussi de servir dans l'armée. Saviez-vous que les moines de l'Athos sont exemptés d'impôts et dispensés de leurs obligations militaires ? En Syrie, où il n'y a pas de vrai désert, les ermites ne s'éloignaient pas vraiment des villes. Les uns choisissaient de vivre au sommet d'une colonne, ou bien dans un arbre, d'autres manifestaient leur foi en restant parfaitement immobiles. Il est probable que ces formes d'ascétisme doivent quelque chose à la tradition hindoue, mais quoi au juste ? Le peuple vénérait les ermites comme des saints, il recherchait leur bénédiction et redoutait leurs anathèmes. Bon nombre d'entre eux étaient cependant des escrocs, comme le note votre compatriote, l'historien Phédon Koukoulès. Ils se badigeonnaient le visage et les mains d'ocre jaune pour avoir l'air malades, ils altéraient leur voix en dissimulant des cailloux dans leur bouche, ils prédisaient l'avenir contre de l'argent et vendaient très cher les fers qu'ils se mettaient eux-mêmes aux pieds.

Le léger vent de la veille était complètement tombé. Aucun frisson ne parcourait la mer. Au bout de la jetée nous nous sommes penchés au-dessus de l'eau. J'ai encore vu d'innombrables oursins.

— C'est peut-être mon dernier voyage en Grèce. J'ai commencé ma carrière en faisant des fouilles sur l'île de Thasos, pas loin d'ici. Je garde le meilleur souvenir de cette période de ma vie, c'était pourtant l'époque des colonels. Le maire collaborait ouvertement avec la police. Dès que la démocratie a été rétablie, il a déguerpi avec sa famille en Australie et n'a plus donné signe de vie. Je n'ai toujours pas publié les résultats de mes fouilles d'alors. C'est à ce travail que je vais m'atteler en rentrant à Paris. La fille de Vezirtzis me donnera un coup de main. Je n'ai plus beaucoup de forces. La dernière chose que je mangerai avant de quitter la Grèce sera, je crois, un oursin.

La Grande Lavra n'est probablement pas plus peuplée que les autres monastères car elle n'a qu'un tout petit cimetière de cinq ou six places. Les tombes sont signalées par de simples croix en bois plantées dans la terre. Il faut dire que les morts ne restent pas longtemps là. Leurs ossements sont transférés dans une bâtisse voisine qui, elle, est tout à fait considérable. Comme sa porte était ouverte j'ai pu me rendre compte que les moines de la Lavra ne conservent pas uniquement les crânes de leurs frères disparus, mais aussi les os de leurs bras et de leurs jambes. Dressés les uns à côté des autres, ces tibias, fémurs et humérus forment une sorte de bouquet sur lequel reposent en guise de fleurs des centaines, voire des milliers de têtes de mort. Contrairement aux crânes qui figurent dans l'album de photos que j'ai acheté à la librairie Le Pantocrator, ceux de la Lavra sont totalement anonymes, ils ne portent aucune inscription sur le front. Tous les moines qui ont séjourné dans le plus vieux monastère de l'Athos se trouveraient-ils réunis dans cet ossuaire ? Ce qui est sûr c'est que saint Athanase n'y est pas. Il a eu droit, lui, à une vraie sépulture, située dans le *catholicon*. On a envisagé un jour de la déplacer, mais elle répandait une telle fragrance que l'opération a finalement été abandonnée.

Le cimetière et l'ossuaire sont situés à l'extérieur du monastère, à côté d'un héliport moderne. Onoufrios m'a rappelé qu'un appareil avait chuté en mer peu de temps auparavant, tuant tous ses passagers, parmi lesquels le patriarche d'Alexandrie.

— Depuis cet accident plus personne ne voyage en hélicoptère. Le président Poutine qui a visité l'Athos en septembre 2005 est venu en bateau privé.

Il garde un très mauvais souvenir de cette visite car elle a donné lieu à une humiliation sans précédent des autorités grecques, le président russe ayant exigé qu'aucun des hommes de sa suite ne soit contrôlé par les douaniers de l'Athos.

— Il est arrivé escorté d'une quarantaine d'hommes qui portaient tous de grosses valises. Quel besoin avaient-ils de tels bagages pour une visite de quelques heures ? Je ne sais pas ce que les Russes ont emporté d'ici, mais je sais que leurs valises étaient drôlement chargées quand ils sont repartis.

— Ils n'ont peut-être pris que ce qui leur appartenait, ai-je essayé de le consoler.

J'ai découvert l'oreille d'Artémis avec une vive émotion, comme si mon voyage n'avait d'autre but que de la contempler. Elle est logée tout en haut de la fresque qui encadre la porte du réfectoire, immédiatement sous les tuiles du toit qui la recouvrent partiellement de leur ombre. J'ai cru discerner de légères traces de peinture rose sur le marbre. La fresque représente l'archange Gabriel annonçant à Marie qu'elle mettra au monde le fils de Dieu. Pourquoi a-t-on incorporé l'oreille d'Artémis à cette scène ? Est-ce pour suggérer que la Vierge écoute religieusement le message de l'ange ? Est-ce pour insinuer qu'elle n'en croit pas ses oreilles ? J'ai fait remarquer à Onoufrios que les oreilles de la mère du Christ n'étaient pas visibles sur la peinture.

— Mais on ne montre jamais les oreilles de Marie ! m'a-t-il sermonné.

Il m'a montré, à l'extrémité droite de la fresque, la silhouette d'une jeune fille vêtue d'une tunique courte qui s'enfuit, terrifiée.

— C'est Artémis qui s'en va, vaincue par la Sainte Vierge. J'ai entendu dire qu'il y avait dans le périmètre du monastère un temple dédié à la déesse.

Nous avons poussé la porte du réfectoire. J'ai découvert une salle faite pour accueillir des dizaines de convives, équipée de tables de marbre et de bancs en maçonnerie. Il y avait au moins vingt tables, réparties sur deux rangs, qui n'étaient pas moins grandes que des tables de ping-pong. Elles étaient exposées au regard d'une foule de saints, d'anges et de démons peints sur les murs. Les couleurs sombres des fresques rendaient l'endroit encore plus obscur. D'où venait le peu de lumière qui l'éclairait ? De la porte, peut-être. Nous avons fait quelques pas jusqu'au milieu de la salle. Elle n'était pas totalement vide : un homme assis à une table dormait, la tête dans les bras. Une curiosité incompréhensible m'a poussé à m'approcher de lui et à me pencher sur son visage. C'était l'homme de Grévéna, celui qui m'avait avoué qu'il n'avait personne au monde. J'ai eu de la compassion pour lui. Malgré les innombrables personnages qui l'entouraient, il m'a paru bien seul dans cette pièce immense.

— Huit cents moines vivaient ici autrefois, m'a dit Onoufrios quand nous sommes ressortis dans la cour.

Je n'ai photographié que l'oreille d'Artémis et deux colonnes de marbre vert identiques à celles que possède le monastère d'Iviron. « Les moines ont dû détruire un temple aux colonnes vertes. Chaque monastère en a pris deux. »

— Où va-t-on maintenant ? ai-je demandé à mon compagnon.

— Je vais te conduire chez Syméon, je l'ai prévenu de ta visite. Mais j'aimerais avant cela te montrer quelque chose.

J'ai naturellement cédé à sa demande. À un kilomètre de la Grande Lavra nous sommes descendus de voiture et nous avons traversé un terrain en pente douce jusqu'à un massif d'arbres et de buissons. Il y avait là une grosse pierre, plus haute que moi, dont les diverses faces étaient gravées de dessins figurant des poissons, des animaux, des visages, et des bateaux qui ressemblaient à des galères.

— De quand datent ces dessins, d'après toi ?

— Je ne sais pas. Je les montrerai à mon professeur, lui pourra nous le dire.

En photographiant la pierre sous tous les angles, j'ai repéré un étrange animal mythologique à deux têtes et six pattes. J'ai soudain réalisé qu'il s'agissait tout bonnement d'une scène de zoophilie.

— Ce dessin-ci est probablement l'œuvre d'un moine, ai-je dit à Onoufrios qui l'a inspecté à son tour.

— Probablement.

Il était d'excellente humeur, hier, Onoufrios. Je l'ai surpris à plusieurs reprises, pendant qu'il conduisait, souriant sans raison apparente. Je cultivais pour ma part l'espoir qu'il me réservait une bonne surprise et qu'il attendait le moment opportun pour me l'annoncer. « Il a eu des renseignements sur Dimitris Nicolaïdis... Le frère de Nausicaa est vivant et je vais le voir. » Cette éventualité me troublait énormément. J'envisageais ma rencontre avec Dimitris comme une épreuve qui me ferait perdre mes moyens. J'ai commencé à poser de fausses questions à Onoufrios uniquement pour éviter d'y songer.

— Tu crois que la Sainte Vierge a réellement visité le mont Athos ?

Il a haussé les épaules.

— C'est ce qu'on dit. On dit aussi que la statue de Zeus qui se trouvait tout en haut de la montagne a été foudroyée lorsque Marie est arrivée. La place de la statue est occupée aujourd'hui par une petite chapelle dédiée à la Transfiguration du Christ.

— Sait-on à quel âge est morte Marie ?

— Elle n'est pas morte, m'a-t-il repris, elle s'est endormie. Le lendemain de sa disparition sa tombe était vide. Elle avait cinquante-sept ans.

Je n'ai pas eu besoin de trouver d'autres questions : un moine marchait au milieu de la route. Il nous a salués en s'inclinant légèrement, les mains jointes devant la poitrine. Les traits de son visage étaient semblables à ceux du journaliste que j'avais connu lors de la cérémonie des *anasthénaridès*. L'idée m'est venue que tous les gens que j'avais croisés au cours des dernières semaines n'étaient en vérité que deux ou trois acteurs qui, habilement déguisés, interprétaient tous les rôles. Le même acteur avait incarné le père de Minas et le secrétaire de la Sainte Communauté ; le moine que j'avais vu dans l'avion n'était autre que le président de l'université Aristote, portant une fausse barbe ; le réceptionniste de l'hôtel Continental et Onoufrios étaient une seule et même personne. « J'ai eu raison de penser qu'il dépensera mon argent chez Coralie. » En m'approchant de Syméon je me suis souvenu de la colombe morte qu'avait évoquée son sosie au retour de Langadas.

— Bénissez-moi, a-t-il dit.

— Au Seigneur de vous bénir, a répondu Onoufrios.

— Je ne vous ai pas attendus chez moi car je connais tout près d'ici un endroit où nous serons mieux pour discuter.

Il avait encore moins d'accent que Préaud. Il parlait très bas, comme s'il avait peur de réveiller les mots. Nous l'avons suivi jusqu'à un profond ravin très boisé où chantaient des milliers d'oiseaux. Nous nous sommes assis dans l'herbe fraîche et grasse, les pieds dans le vide.

— Vous entendez ?

Je me suis rappelé qu'il parle souvent des oiseaux dans ses poèmes. À quelques kilomètres de là le ravin rejoignait la mer qui était d'un bleu presque aussi léger que celui du ciel.

— Les pêcheurs sont convaincus que nous sommes capable de voler, nous a-t-il dit. Ils sont arrivés à cette conclusion en nous voyant passer très rapidement d'un bord à l'autre de cette gorge. Ils ne savent pas qu'il existe un peu plus haut une passerelle qui permet de la franchir.

— Je savais que nous avions cette réputation, mais j'ignorais de quelle manière nous l'avions acquise, a dit Onoufrios.

— Quels sont les plus beaux mots de la langue grecque ?

— *Phos*, *thalassa* et *anthropos*[1], m'a-t-il répondu sans la moindre hésitation. J'aime beaucoup votre langue, je l'ai apprise en lisant les Pères de l'Église dans une édition bilingue. Mon lien le plus solide avec la Grèce est cette langue. Cela fait trente ans que je vis dans votre pays et plus de dix ans que je ne suis pas retourné au Pérou. Ce n'est que récemment que j'ai recommencé à écrire un peu en espagnol. Qu'est-ce que je peux vous dire d'autre ?

1. Lumière, mer et homme.

Pendant quelques instants nous avons laissé la parole aux oiseaux. J'ai noté que nous regardions chacun dans une direction différente : Syméon avait les yeux tournés vers le ravin, Onoufrios vers le ciel et moi vers la mer.

— À quel âge avez-vous quitté le Pérou ?

— À dix-huit ans.

J'ai cru qu'il ne dirait rien de plus étant donné qu'il avait répondu à ma question. Il a pris une profonde inspiration comme s'il manquait d'air dans ce lieu où l'atmosphère était pourtant si pure, puis il a poursuivi :

— J'ai aimé très jeune la poésie, j'aimais aussi regarder le spectre solaire à travers un prisme. Je n'avais nulle envie de choisir une carrière, j'ai jugé superflu, à la fin de mes études secondaires, de me présenter au lycée pour retirer mon diplôme. Mon premier contact avec l'orthodoxie a eu lieu dans une église russe où j'étais entré par hasard, un matin, de très bonne heure. Il n'y avait personne, cependant des cierges brûlaient devant les icônes. J'ai vu sur une table des petits pains ronds et j'en ai pris un. Je le conserve depuis cette époque, il est sur ma bibliothèque, il s'est un peu ratatiné et a noirci avec le temps. Je dois ajouter que je détestais l'esprit bourgeois de l'Église catholique, son conformisme.

J'ai pensé à Arès qui a eu la révélation de sa vocation dans une église déserte, un matin. Que ferai-je en fin de compte des noisettes que m'a offertes Paulina Ménexiadou ? Combien de temps les garderai-je dans ma poche ?

— Ma mère a vendu quelques vieux tableaux pour financer mon départ de Lima. Je suis allé en Angleterre, en France, en Inde. J'ai étudié les religions asiatiques, j'ai fréquenté des bouddhistes. Je n'ai cependant pas pu m'habituer à la pauvreté qui régnait en Asie. En mai 68 j'étais de nouveau en France. La mystique orientale fascinait beaucoup de jeunes. Si vous faites le tour des monastères vous rencontrerez d'autres moines ayant participé aux événements de ce printemps-là. Le monachisme présente des aspects susceptibles de séduire un ancien gauchiste. Est-ce qu'Onoufrios vous a dit que nos frères qui vivent en communauté changent de poste de travail tous les ans ? Une année ils travaillent comme bibliothécaires, l'année suivante comme jardiniers.

Onoufrios avait ramassé quelques petits cailloux qu'il jetait à intervalles réguliers dans le vide. On aurait dit qu'il ajoutait des points au discours de Syméon.

— Un pope vivant en Suisse m'a exposé la thèse de l'Église orthodoxe selon laquelle Dieu s'est fait homme pour que l'homme à son tour puisse devenir Dieu. Il m'a ouvert les portes du surnaturel que je voulais franchir depuis mon enfance. J'ai prononcé mes vœux dans un monastère de l'île d'Eubée, dans les années 70, puis je suis venu ici, en même temps que d'autres

347

jeunes qui s'étaient donné pour objectif de régénérer la Sainte Montagne.

Je n'ai pas jugé utile de le questionner sur les relations de ces jeunes avec l'organisation d'extrême droite Zoé. Le jeu des questions et des réponses n'a pas de fin puisque toutes les réponses suscitent des interrogations. « Je quitterai le mont Athos avec d'autres questions que celles que je me posais en arrivant. »

— Les recueils de poésie que j'ai publiés et une interview que j'ai donnée à une revue littéraire dirigée par des homosexuels m'ont causé des ennuis. J'ai beaucoup pleuré, j'ai traversé un océan de douleur. À présent je vis seul car je préfère la compagnie des fleurs et des oiseaux à celle des hommes.

Il m'a semblé que j'avais déjà lu une phrase semblable dans le livre de l'impératrice Élisabeth.

— J'ai repris mes voyages à l'étranger. Les sociétés asiatiques sont plus raffinées que les européennes, elles respectent davantage leurs membres, elles ne les piétinent pas. La société athénienne, elle, m'est devenue franchement insupportable. Je remarque d'ailleurs que ses mœurs déteignent sur les moines, les désorientent. Je suis à peu près certain que les insurgés romantiques de 68 ne viendraient plus aujourd'hui ici. Les icônes actuelles ne dégagent aucune lumière.

— Moi aussi, j'ai été blessé, a murmuré Onoufrios. Certains higoumènes sont des tyrans. Ils exigent de leurs subordonnés, qu'ils humilient sans relâche, une adoration sans bornes. Nous sommes de gros consommateurs de neuroleptiques, on nous les livre dans des sacs postaux. La maladie la plus répandue chez nous est l'ulcère de l'estomac... Ce sont peut-être les oiseaux qui vous ont donné envie de reprendre la route, a-t-il ajouté à l'adresse de Syméon.

— Peut-être. Les oiseaux nous enseignent la liberté.

Nous avons laissé Syméon au bord du ravin.

— Je vais rester encore un peu, nous a-t-il dit.

Il s'est levé, il nous a embrassés tous les deux puis il a repris sa place. Quelques secondes plus tard, j'ai reçu un appel du secrétaire de la Sainte Communauté. Il n'avait obtenu aucune information sur Dimitris Nicolaïdis, il n'avait pas eu le temps de consulter les registres des monastères, il m'a tout de même demandé les coordonnées de Nausicaa.

— Je veux absolument prendre contact avec cette dame.

— Je n'ai pas mon répertoire sur moi, ai-je répliqué sèchement.

— Ça ne fait rien, je vous rappellerai à un autre moment. On ne va pas se perdre de vue maintenant qu'on a fait connaissance, n'est-ce pas ?

J'ai relevé qu'il ne me tutoyait plus. Onoufrios m'a saisi brusquement par le bras.

— L'homme que tu cherches s'appelle Daniel. Il est très vieux et il a un peu perdu la tête. Il habite une petite maison sur la falaise. Dans une demi-heure nous serons chez lui.

Mon émotion a été si vive que je n'ai même pas pu le remercier. Je suis entré en trombe dans le salon de la maison de Kifissia.

— Je l'ai trouvé ! ai-je annoncé joyeusement à Nausicaa.

Elle n'a manifesté aucune surprise.

— J'étais sûre que vous le trouveriez.

— Qui t'a donné ces renseignements ? ai-je demandé à Onoufrios.

— Panayotis, un camarade qui travaille au bureau du gouverneur. C'est lui qui m'avait parlé dans le temps d'un vieillard qui suivait les fourmis.

— Il ne t'a rien dit d'autre ?

— Il paraît qu'il suit les fourmis à quatre pattes et qu'il a failli un jour tomber dans un puits. Une fourmi était entrée dans ce puits.

Je me suis appliqué, une fois installé dans la voiture, à imaginer mon entrevue avec Daniel, j'ai même fermé les yeux pour mieux me recueillir. Mais je me suis vite rendu compte que j'étais incapable de l'envisager. Je suis donc retourné à Kifissia pour le plaisir de proclamer une deuxième fois la grande nouvelle.

— Je l'ai trouvé ! ai-je répété, mais le fauteuil de Nausicaa était vide.

J'ai ouvert la porte de la chambre à coucher. Le lit avait été fait, les draps étaient d'une blancheur immaculée. Un vague bruit m'est parvenu de la cuisine, je m'y suis donc rendu. Sophia était assise sur un tabouret, penchée sur un coussin de velours rouge qu'elle tenait dans ses bras. Elle pleurait. Sur le coussin reposait la bague aux trois diamants. Elle était entourée d'un tas de petites taches humides.

Mon portable a sonné de nouveau. Cela faisait un moment que je n'avais pas entendu la voix qui m'a interpellé.

— J'ai appris que tu étais au mont Athos, m'a dit Sitaras.

— C'est vrai que vous allez occuper le bureau du maire ?

— Parfaitement ! Le pouvoir n'entend que le langage de la violence parce que c'est son langage !

Il a dit cela sur le ton belliqueux des étudiants grévistes de Thessalonique.

— J'espère que vous n'allez pas vous faire coffrer par les flics, l'ai-je mis en garde, comme si j'avais son âge et qu'il eût le mien.

Il a changé de sujet :

— J'ai reçu la visite de Fréris, le neveu de Nausicaa. Il m'a prié de te signaler que les moines n'ont nullement besoin de l'argent de sa tante. Il m'a interrogé sur tes convictions religieuses, ton attitude envers l'Église. Tu sais ce que je lui ai répondu ?

Il est parti d'un grand rire.

— Je lui ai dit que tu es le jeune homme le plus dévot que je connaisse ! Que tu écoutes toute la journée des chants byzantins ! Que tu as dans ta chambre un poster géant des douze apôtres !

Mais je n'étais plus en état de partager sa gaieté. J'avais compris que nous n'étions plus loin de notre destination. Nous avions contourné l'Athos. Le paysage, de l'autre côté, était radicalement différent. Il n'y avait pas un seul arbre, pas une ombre non plus, juste des buissons rachitiques et des roches grises. Aucune maison n'était visible.

— Nous sommes arrivés, a pourtant affirmé Onoufrios.

Nous nous sommes dirigés vers la pointe de la péninsule. Nous surplombions la mer, qui se trouvait quelque deux cents mètres plus bas. Nous nous sommes arrêtés sur une dalle en ciment.

— C'est ici.

La maison était en effet sous nos pieds, blottie dans les rochers. Nous avons accédé à sa terrasse par un escalier qui prenait appui sur le côté droit de la dalle. C'était une modeste masure construite avec des pierres par quelqu'un qui ne connaissait pas bien ce travail. Aucun de ses murs extérieurs n'était droit. Les volets de ses deux fenêtres étaient fermés. Ils ne tenaient en place que par des fils de fer attachés à des clous plantés dans le mur. Je me suis souvenu que les persiennes de la maison de Nausicaa ont besoin elles aussi d'être remplacées. On n'entendait que le vent qui soufflait à intervalles réguliers. « C'est la respiration de la montagne », ai-je pensé.

Nous nous sommes rapprochés du muret qui borne la terrasse du côté de la mer. Le spectacle était magnifique. La mer Égée paraissait aussi grande que le ciel. Plusieurs îles étaient posées sur la ligne de l'horizon. Ce muret marquait donc la fin de l'Athos. Il n'y avait plus rien après, sinon une falaise qui tombait à pic dans la mer. Je n'ai pas eu peur car, en me penchant, j'ai aperçu à faible distance le bateau du Centre hellénique de recherches marines. Sa vue m'a procuré la même joie que ressentirait, je pense, un naufragé.

La falaise s'étendait à droite sur plusieurs kilomètres de long. Elle était nettement moins raide par endroits. J'étais loin de me douter, bien sûr, que j'aurais dans la soirée à descendre une de ces pentes. J'ai néanmoins remarqué les grands rochers noirs qui bordaient la mer.

Nous nous sommes tournés vers la maison. Onoufrios a frappé à la porte, qui n'était pas en meilleur état que les volets. Comme personne ne répondait, il l'a ouverte.

Nous nous sommes trouvés devant une montagne de vieilleries, de meubles cassés, de caisses en bois et en carton, de piles de livres et de sacs en plastique pleins de vêtements. Les chaussures défoncées éparpillées un peu partout m'ont fait songer à des îles. Derrière ce formidable amoncellement, sur lequel reposait en biais un drapeau byzantin enroulé autour de sa hampe, une petite voix s'est fait entendre :

— Je sais que vous êtes là.

Les doutes que je pouvais encore avoir sur la véritable identité du moine Daniel se sont évanouis aussitôt que je l'ai vu. Il a le visage de sa sœur. Malgré sa longue barbe et le fait qu'il paraît nettement plus âgé qu'elle, il lui ressemble tant que j'ai omis de me présenter. Je me suis courbé sur son lit et je lui ai caressé le front. J'ai cru que Nausicaa avait retrouvé la vue et qu'elle me regardait pour la première fois.

— Je ne vous connais pas, vous, a-t-il constaté.

Il était étendu sur un lit étroit, sous une couverture miteuse. Onoufrios s'est mis à genoux et lui a baisé la main.

— Vous non plus je ne vous connais pas.

— Je suis Onoufrios.

— Soyez les bienvenus.

Il avait du mal à garder les yeux ouverts. Nous nous sommes installés sur le sol car il n'y avait pas d'autre endroit où s'asseoir. Le téléphone était posé par terre, à côté du lit. Une chaussette noire chevauchait le combiné. La pièce dégageait une odeur un peu âcre, impossible à décrire plus précisément car elle était le produit d'une vie passée en ce lieu.

— Votre sœur Nausicaa pense à vous, ai-je dit, les yeux fixés sur la main de Dimitris qui pendait hors du lit.

Il est resté un moment complètement impassible. Je me suis armé de patience, car j'ai songé que la nouvelle que je venais de lui annoncer devait effectuer un voyage de cinquante-deux ans pour parvenir jusqu'à lui. Elle a tout de même fini par l'atteindre.

— Nausicaa, a-t-il dit. Nausicaa... Ma sœur Nausicaa.

Il a articulé ces mots aussi péniblement qu'un enfant qui apprend à lire. Savait-il qui était Nausicaa ? Lorsqu'il a rouvert les yeux j'ai compris qu'il le savait. Son regard était un peu plus vif et ses lèvres, derrière la broussaille de sa moustache, ont esquissé un pâle sourire.

— Comment va-t-elle ? m'a-t-il demandé.

C'est dire que j'ai vécu moi aussi un petit miracle sur le mont Athos.

— Très bien... Elle sera très heureuse quand elle saura que je vous ai vu.

— Elle est grande ! a-t-il dit avec une vivacité inattendue.

Il a essayé de se redresser. Onoufrios l'a aidé à s'asseoir en le tirant en arrière de façon qu'il puisse s'adosser au mur. Je devinais qu'il ne resterait pas longtemps éveillé, je me suis donc dépêché de décrocher son téléphone, mais la ligne était coupée.

— La foudre ! a dit Dimitris en me montrant des yeux un coin du plafond qui portait une belle marque brune. La foudre !

Je me suis donc servi de mon portable. Nausicaa a décroché tout de suite, comme si elle savait que j'étais avec son frère et qu'elle attendît mon appel. Elle ne m'a d'ailleurs pas demandé si je l'avais trouvé. Elle m'a simplement dit :

— Est-ce qu'il s'est souvenu de moi ?

— Elle est grande ! s'est exclamé une nouvelle fois Dimitris.

— Je vais vous le passer.

Je lui ai tendu le portable, mais sa main est restée inerte. Il l'a considéré d'un air intrigué, comme s'il était incapable d'identifier l'objet à travers lequel nous parvenait, lointaine, la voix de Nausicaa :

— Dimitris… Dimitrakis…

J'ai été obligé de lui appliquer le téléphone contre l'oreille. Onoufrios s'était replié sur lui-même. Il avait incliné la tête de côté et regardait vers la porte. J'ai pensé qu'il priait.

— Parlez-lui, je vous en prie.

— Tu es Nausicaa ? a-t-il chuchoté.

Je n'ai pas entendu sa réponse. Quelques instants plus tard il a répété les mots qu'il lui avait écrits un demi-siècle plus tôt.

— Que Dieu te garde.

J'ai compris qu'il ne pourrait rien dire d'autre et j'ai récupéré l'appareil.

— Vous l'avez entendu ? ai-je interrogé Nausicaa.

— Je voudrais vous demander une dernière faveur. Sachez que même si vous me la refusez, je vous saurai toujours gré de ce que vous avez fait pour moi.

J'avais retrouvé tout mon calme. J'étais en train de goûter à la profonde joie que procure aux héros de roman le sentiment du devoir accompli. Le souhait de Nausicaa m'a néanmoins sidéré.

— Je vous ai dit, je crois, que mon frère chantait quand il était jeune. Il adorait les chansons des îles. J'aimerais l'entendre une fois encore.

« Elle est devenue folle », ai-je pensé. Mais j'ai cru de nouveau qu'elle me regardait par les yeux de son frère, et j'ai décidé que j'exaucerais son vœu.

— Votre sœur a envie de vous entendre chanter, lui ai-je déclaré sans ménagement. Chantez-lui le début d'un couplet, ce sera suffisant. Je vais vous rappeler les paroles et vous n'aurez qu'à les répéter après moi.

Je lui ai placé d'autorité le portable devant la bouche.

— Je pense à une chanson qui est très populaire à Tinos et que vous avez sûrement chantée autrefois. Elle commence ainsi : *Fille d'armateur*...

— Laisse-le en paix ! a protesté Onoufrios, mais je ne lui ai accordé aucune attention.

— *Fille d'armateur*, ai-je repris en chantonnant.

Le frère de Nausicaa n'a pas mis bien longtemps à saisir ce que je lui demandais.

— *Fille d'armateur*, a-t-il murmuré en essayant de retrouver l'air.

Tout compte fait, ce n'est pas un miracle que j'ai vécu au mont Athos, mais deux. Je lui ai fait répéter trois fois ce vers, comme le veut la chanson. À la troisième tentative, sa voix a sonné juste. J'ai pu passer au vers suivant :

— *Charmante jeune fille*...

— *Charmante jeune fille*, a fredonné le moine Daniel.

En sortant de la maison nous nous sommes trouvés face à un moine du nom d'Andréas, que tout le monde appelle l'Aviateur.

— Salut, l'Aviateur ! lui a dit Onoufrios.

Il était venu chercher le drapeau byzantin.

— Les avions ne vont pas tarder à passer ! nous a-t-il annoncé avec une exaltation enfantine. Ils m'ont prévenu !

Malgré sa fébrilité, il a réussi à ouvrir la porte d'entrée sans faire de bruit.

— Le coin le plus paisible de l'Athos, le paradis des anachorètes, est devenu un des endroits les plus bruyants de Grèce, a commenté Onoufrios d'un air enjoué. Regarde !

J'ai vu Andréas, portant la hampe devant lui, traverser la terrasse à grandes enjambées comme s'il envisageait de se jeter dans le vide. Il n'a déployé le drapeau, qui était aussi grand qu'un drap, que lorsqu'il a été debout sur le muret. L'aigle bicéphale a étendu ses ailes au-dessus de l'abîme.

— Andréas parle avec les avions comme d'autres devisent avec les oiseaux.

— Ou avec les fourmis.

Les yeux tournés vers le ciel, il a placé sa main libre en cornet autour de son oreille. On aurait dit qu'il attendait un appel divin. Un ronronnement s'est fait entendre et quatre points noirs sont apparus au même moment à l'horizon. Andréas s'est mis aussitôt à esquisser de grandes ellipses avec son drapeau, sachant que les avions ne tarderaient pas à nous survoler. Ils n'ont pas tardé en effet. Dans un vacarme épouvantable ils ont plongé l'un après l'autre au-dessus de nos têtes. J'ai eu l'impression que leur souffle faisait trembler toute la péninsule. Le fait est que la porte de la maison s'est ouverte toute seule. Andréas était aux anges. Les avions sont montés très haut dans le ciel puis sont de nouveau descendus en piqué dans notre direction.

— Ils m'ont salué deux fois, a-t-il crié. Ils m'ont salué deux fois !

Il était couvert de sueur quand il est redescendu du muret.

— Un de ces jours tu tomberas à la mer, l'a prévenu Onoufrios.

— J'ai encore les jambes solides. Je ne tomberai que si l'on me pousse dans le dos !

Il m'a confié qu'il était détesté par certains ermites que le bruit des avions empêchait de prier.

— Ils veulent m'expulser d'ici. Heureusement, j'ai dans l'aviation des amis haut placés qui me soutiennent. Ils ont plaidé ma cause auprès de la Sainte Communauté.

Pendant qu'Andréas repliait le drapeau, Onoufrios m'a dit qu'il souhaitait rentrer au plus vite à Karyés pour aller à l'église.

— C'est le jeudi saint, m'a-t-il rappelé.

J'ai eu le sentiment que ma visite resterait inachevée si je repartais tout de suite. J'avais envie de regarder plus longuement le paysage, d'apprendre le nom des îles qui s'étendaient à l'horizon, de faire une grande promenade dans la région et d'avoir un nouvel entretien avec Dimitris Nicolaïdis lorsqu'il aurait terminé sa sieste. C'est Andréas qui a résolu le problème en me proposant de m'héberger. J'ai accepté d'autant plus volontiers son invitation qu'il m'a paru intéressant de passer une nuit hors du monastère.

J'ai raccompagné Onoufrios jusqu'à son minibus. Je n'ai pas vraiment pris congé de lui car je ne pouvais pas soupçonner que je ne le reverrais plus. Notre dernière conversation a porté, curieusement, sur l'élimination des ordures ménagères, je lui ai demandé s'il existait un lieu de recyclage.

— Non, les monastères n'ont pas réussi à s'entendre sur ce point, il n'y a même pas de décharge commune. Les détritus sont dispersés dans la nature, sauf ceux de Karyés, qui sont rassemblés et envoyés par bateau à Thessalonique.

Je lui ai téléphoné ce matin, dès que le train est sorti de la gare. Je lui ai raconté la fin de la journée d'hier. Il a eu du mal à admettre que tout cela avait réellement eu lieu et que j'étais bel et bien parti, mais le bruit du train l'a convaincu que je lui disais la vérité. Je l'ai prié de récupérer mes affaires au monastère d'Iviron, de garder le raki et les confitures et de m'envoyer le reste à Athènes.

— Je ne te paierai qu'après réception de mon sac, ai-je plaisanté.

Je lui dois encore cent euros.

La maison d'Andréas est plus grande que celle de Dimitris, elle compte trois pièces, mais elle est située dans une combe, au pied du mont Athos, d'où la mer est à peine visible. Le paysage est dominé par la montagne, qui en occupe la quasi-totalité et l'écrase. Je n'aime pas beaucoup les montagnes. Est-ce parce que je suis né dans une île ? Je les vois comme des obstacles qui imposent à mon esprit une gymnastique pénible. L'ombre de l'Athos était déjà sur la maison à trois heures de l'après-midi. Andréas m'a montré son jardin potager et les deux arbres qu'il a plantés, un citronnier et un laurier.

— Je me sers des feuilles de laurier pour la soupe aux lentilles, m'a-t-il dit d'un air réjoui.

« Il est facilement content », ai-je pensé. Un paratonnerre de fortune surmontait le toit de sa maison.

— Est-ce vrai que la foudre grille les câbles du téléphone ?

Il me l'a confirmé.

— Elle tombe si souvent par ici que même le paratonnerre ne sert pas à grand-chose.

— C'est Zeus qui vous l'envoie, à cause de l'affront que vous lui avez fait.

Il n'avait jamais entendu parler de la statue de Zeus. Il savait en revanche que des tombes antiques avaient été découvertes dans la région.

— Elles ont été localisées par Zacharias, le peintre. Je peux te conduire chez lui si tu veux en savoir plus, il habite près d'ici.

J'ai songé aux tombes révélées par le reflux de la mer sur la plage. « Ici c'est le vent qui chasse la poussière. » Nous avons mangé dans la cour des courgettes bouillies et du fromage en buvant un verre de vin rouge.

— Comment as-tu eu l'idée de faire des signaux aux avions ?

— Elle m'est venue un jour où j'étais sur la terrasse du père Daniel. J'avais de longues conversations avec lui naguère. Mais il a énormément vieilli ces derniers temps, il n'a plus le courage de soutenir une discussion. J'étais en train de me demander ce que j'allais pouvoir faire désormais pour passer le temps lorsque j'ai vu un avion à l'horizon.

— Il s'agit d'un jeu, en somme.

— Tu trouves que je suis trop vieux pour jouer, sans doute ?

J'ai perçu une légère anxiété dans sa voix. Je lui ai demandé l'autorisation d'aller me reposer un peu. J'ai dormi en fait deux bonnes heures, dans un lit aussi étroit que celui du frère de Nausicaa, mais dans une chambre vide, où il n'y avait qu'un pot de yaourt en terre cuite que quelqu'un avait utilisé comme cendrier. Je ne me suis pas endormi tout de suite. J'ai réalisé que la chanson que j'avais dictée à Dimitris parlait d'une fille d'armateur et qu'elle convenait parfaitement à sa sœur. J'ai murmuré les deux premiers vers en regardant le plafond :

Fille d'armateur,
Charmante jeune fille...

J'ai rêvé que j'étais revenu à la maison de Kifissia. Deux moines descellaient les colonnes vertes.

— Où comptez-vous les emmener ? les ai-je interrogés calmement.

C'est le chef des *anasthénaridès* qui m'a ouvert la porte, il n'avait plus aucune protubérance sur la tête. Il la tenait dans sa main, il me l'a montrée, quelques poils étaient restés collés dessus.

— Je vous l'offre, comme ça vous ne m'oublierez pas, m'a-t-il dit en la glissant subrepticement dans ma poche.

Dans le hall j'ai croisé un jeune moine aux lèvres vermeilles. Il m'a remis un pli fermé.

— S'il m'arrive quoi que ce soit, promettez-moi de communiquer ma lettre aux journaux.

— Ils ne la publieront pas, mon pauvre. Personne ne saura jamais ce qui vous est arrivé.

Je ne sais pas s'il m'a entendu, il est parti en courant. Le cadre ovale avec le portrait de Nausicaa n'était plus à sa place. La Vierge Marie, habillée de blanc, était assise dans le fauteuil du salon. Elle resplendissait comme mille soleils, selon l'heureuse expression de Joseph l'ancien, mais paraissait aussi affligée que d'habitude.

— Vous avez des ennuis ?

— On m'a volé ma ceinture, m'a-t-elle déclaré d'un air résigné. C'était une ceinture très solide, en poils de chameau.

J'ai compris ce qu'elle disait, bien qu'elle me parlât dans une langue qui m'était totalement inconnue. Il n'y avait plus un seul livre dans la bibliothèque. Le lit de Nausicaa avait également disparu. On avait transformé sa chambre à coucher en atelier de peinture. L'artiste exécutait le portrait d'un vénérable vieillard qui posait debout.

— Je suis saint Athanase, s'est-il présenté. Je suis revenu à la vie pour que notre ami puisse achever mon portrait. Il l'avait commencé avant ma mort.

Son maintien était aussi rigide que sur les icônes. Sur le tableau, en revanche, il avait l'air nettement plus vivant, ce dont j'ai félicité le peintre, qui n'était autre que l'excellent Onoufrios.

Je n'ai pas trouvé Sophia dans la cuisine, mais la libraire du Pantocrator qui préparait des sardines au four.

— Je vais faire du riz pour compléter.

— Bonne idée, l'ai-je encouragée.

Le jardin grouillait de chats. Tous les vêtements qui séchaient sur les cordes à linge étaient noirs. C'étaient des habits de moines, des sous-vêtements noirs, des chaussettes noires. La maisonnette au fond du jardin était peinte en rouge byzantin. Un homme dodu aux cheveux frisés était assis à mon bureau. Il travaillait sur un manuscrit.

— Je suis l'abbé Prévost, m'a-t-il dit. Veuillez patienter un peu, je n'en ai plus pour long-temps.

Il parlait le grec sans le moindre accent. En me réveillant, j'ai fouillé les poches de mon pantalon que j'avais déposé par terre. Elles ne contenaient que les noisettes de Paulina Mé-nexiadou.

J'ai repris ma place à la table où nous avions déjeuné et j'ai appelé Paulina. Je l'ai informée que j'étais arrivé au cap d'Akrathos, que je comp-tais y passer la nuit et que j'avais aperçu le ba-teau du Centre de recherches marines. Je lui ai demandé si elle avait vu un moine faire des si-gnaux avec un drapeau byzantin.

— Mais bien sûr ! Il ne fait que cela toute la journée ! Il est encore là, d'ailleurs, il salue un avion d'Olympic !

L'avion a survolé aussitôt après la maison d'Andréas. Il a laissé derrière lui un grand si-lence funèbre. Aucun son n'était perceptible. J'ai pensé que le vacarme avait fait fuir les oiseaux de la région. J'ai été très attentif pen-dant quelques instants à ce silence qui semblait annoncer quelque chose, une fin peut-être ou, pourquoi pas, un commencement. L'ombre de l'Athos s'étendait maintenant sur tout le pay-sage. Il m'a semblé que le moment était venu de parler à ma mère de Thalès. J'ai ressenti une vive anxiété en composant son numéro car j'étais à peu près certain qu'elle ne m'écouterait pas. Je suis entré directement dans le vif du sujet :

— J'aimerais te dire comment Thalès a mesuré la hauteur des pyramides.

— Maintenant ? s'est-elle écriée. Je me prépare pour aller à l'église.

— Maintenant, ai-je insisté. Je n'ai besoin que de deux minutes pour te raconter cela. Tu peux m'accorder deux minutes, non ?

Le téléphone se trouve dans le salon. J'ai imaginé qu'elle regardait la photo prise devant l'université d'Athènes le jour où j'ai obtenu mon diplôme.

— Je t'écoute, a-t-elle dit d'une voix résignée.

— L'ombre des objets est tantôt plus grande, tantôt plus petite qu'eux, ai-je commencé comme si je m'adressais à une enfant. Il arrive nécessairement un moment où la longueur de l'ombre égale la hauteur de l'objet.

— C'est juste, a-t-elle admis sans grande conviction.

— Pour déterminer ce moment Thalès a planté son bâton dans le sable et a attendu.

— Qu'est-ce qu'il a attendu ?

J'ai eu du mal à réprimer l'accès de gaieté qui me gagnait. Andréas descendait la combe à grands pas.

— Il a attendu que la projection du bâton sur le sable soit égale à sa taille. À cet instant précis, l'ombre de la pyramide indiquait fatalement sa hauteur.

— Tu veux dire qu'il a couru mesurer l'ombre de la pyramide à ce moment-là ?

Elle s'est tue. Essayait-elle de se représenter Thalès dans le désert, les yeux rivés sur l'ombre de son bâton ?

— Quel homme intelligent ! a-t-elle dit finalement. Est-ce que tu as expliqué à ton père comment il a résolu ce problème ?

— Non, je ne crois pas.

— Je vais le lui expliquer, moi, mais je ne suis pas sûre qu'il comprendra !

Andréas a fait un café très acceptable, bien que moins corsé que celui d'Irinéos. Il avait enfilé un pull-over vert par-dessus son habit.

— Il fait frais dès que le soleil disparaît.

Je n'ai pas eu d'autre conversation avec Dimitris Nicolaïdis. À sept heures du soir il dormait encore. Je suis passé chez lui et j'ai laissé sur sa couverture la photo de Nausicaa. Andréas m'a ensuite conduit jusqu'à la maison de Zacharias qui elle aussi est située sur la falaise. Il est reparti immédiatement chez Dimitris car un avion devait passer à sept heures vingt.

Un des wagons du train est entièrement occupé par des écoliers, filles et garçons. Je l'ai traversé en allant au bar. J'ai été frappé par les rires et les cris de cette assemblée agitée, tapageuse. J'ai songé aux élèves de l'école de Karyés qui, selon Onoufrios, « apprennent à ne pas vivre ». Une certaine mélancolie m'a gagné pour la raison supplémentaire que le temps où je pouvais encore prendre part à des excursions scolaires m'a paru fort reculé. J'ai failli me casser la figure en marchant sur un sac à dos posé dans le couloir.

J'ai trouvé Zacharias penché sur son établi, armé d'un chalumeau. Il m'a dit qu'il était en train de fondre de l'or. Il portait un masque de soudeur qui lui donnait un aspect peu avenant. Le chalumeau était relié par des tuyaux à deux bouteilles attachées l'une à l'autre. Il m'a expliqué que l'une contenait de l'oxygène et l'autre du propane. Comme il ne pouvait pas interrompre son travail, il m'a suggéré de jeter un coup d'œil à ses œuvres. Il y avait autant d'icônes que dans une église, il y en avait même par terre, posées au pied des murs. Aucune n'a retenu mon attention, mais l'or qui entourait les personnages était magnifique.

— Les feuilles d'or que je fixe sur les icônes ont un dixième de millimètre d'épaisseur. Elles sont plus fines que du papier à cigarettes. Après avoir nettoyé l'or fondu au vitriol, je le laisse refroidir puis je le place entre deux morceaux de cuir et je le frappe avec un marteau pendant des heures. Petit à petit il se dilate et s'affine.

J'avais l'impression de suivre un documentaire à la télévision. Un fusil à deux canons était posé à côté de la porte. On aurait dit qu'il gardait la maison. Avait-il servi contre les plongeurs du département d'archéologie sous-marine ? Je me suis approché du moine, convaincu que ce qu'il était en train de faire présentait plus d'intérêt que ses œuvres. La pièce d'or qui se liquéfiait sous l'effet du feu était placée dans un récipient de pierre. Ce n'était pas une pièce quelconque mais un bracelet en forme de chaîne dont les maillons étaient composés de fils tressés et agrémentés de pendentifs représentant des fruits. Juste à côté du récipient, une couronne en feuilles de myrte semblable à celle que j'avais admirée au Musée archéologique de Thessalonique attendait son tour.

— Où est-ce que tu as trouvé ces belles choses, mon ami ?

Il n'a pas compris que je ne plaisantais pas.

— Dans les anciennes tombes. J'ai récupéré des tas de bijoux païens que je purifie par le feu de façon à pouvoir offrir leur or à nos saintes et à nos saints.

Il a eu le tort de relever son masque. Ce geste anodin a fait exploser ma colère. Je l'ai repoussé de toutes mes forces, avec une rage digne d'un moine esphigménite assiégé. Sa chute ne m'a pas calmé. L'idée m'a effleuré de le frapper avec la bouteille de vitriol qui traînait sur sa table. Si je ne l'ai pas fait, c'est que le vitriol est associé dans mon esprit au souvenir de romans passés de mode. Je me suis contenté de prendre la couronne de myrte. Il n'a pas essayé de s'opposer à ma fuite car il avait plus urgent à faire : la flamme du chalumeau, qui lui avait échappé des mains, s'était orientée vers un portrait de sainte Marina posé à même le sol qui se consumait à vue d'œil.

Je me suis senti en grand danger une fois sorti de la maison. Le paysage tout autour était complètement nu. Le seul moyen de m'éclipser rapidement était de prendre la route de la falaise. J'ai donc filé dans cette direction. Ce faisant, je me suis souvenu que j'avais essayé en vain, quelque temps auparavant, de me rappeler quand j'avais couru pour la dernière fois. « La dernière fois, c'est maintenant », ai-je pensé. Je me suis engagé sur un sentier qui épousait le versant abrupt. J'ai été bien inspiré de choisir ce chemin car quelques minutes plus tard des coups de feu ont claqué au-dessus de ma tête. Zacharias tirait dans toutes les directions, au hasard. Son agitation a eu un effet inattendu : une fusée de détresse est partie du bateau dans un long sifflement. Elle a explosé très haut dans le ciel nocturne, illuminant tout le cap d'Akrathos. J'ai attendu que ses feux s'éteignent pour me remettre en mouvement. Hélas, le sentier s'arrêtait une vingtaine de mètres plus bas. J'ai passé la couronne autour de mon bras de façon à avoir les mains libres et j'ai poursuivi ma des-

cente en rampant à reculons. Je me suis frotté
sur toutes sortes de caillasses, de roches, de
broussailles. Je n'ai fait qu'une halte pour reprendre mon souffle. J'en ai profité pour interroger
Gérassimos :

— Tu crois que je vais m'en sortir ?

— Mais bien sûr, m'a-t-il répondu.

Je n'ai appelé Paulina qu'en arrivant tout en
bas, sur les rochers noirs. Mon éreintement
s'est évanoui aussitôt qu'elle a mis en marche le
moteur du bateau. Elle m'a débarrassé de la
couronne qu'elle a posée sur ses cheveux.

— Elle me va ?

Les feuilles d'or brillaient joliment à la lueur
des premières étoiles. J'ai posé ma tête sur son
ventre. Je voyais le ciel encadré par ses mains
qui tenaient le gouvernail. « Soutenir que le
monde a été créé par quelqu'un, ai-je pensé, n'est
pas moins aberrant que d'admettre qu'il n'est
l'œuvre de personne. »

Ce matin, à l'aube, le bateau m'a laissé à
Hiérissos, l'autre port de Chalcidique, où j'ai
pris un taxi pour Thessalonique. J'étais dans la
voiture quand mon père m'a appelé du bureau
du maire de Tinos pour m'annoncer que l'occupation s'était parfaitement déroulée et que le
docteur Nathanaïl avait également pris part à
l'opération.

— L'affirmation de Zénon selon laquelle rien
ne bouge m'avait toujours paru obscure, m'a-
t-il dit. J'avais l'impression qu'il fallait com-

372

prendre autre chose que ce qu'elle disait. Tu sais ce qu'il faut comprendre, à mon avis ? Que les choses n'évoluent pas assez vite, qu'il nous faut des années, des siècles pour réaliser le moindre pas. La flèche qui fend l'air mettra tant de temps à atteindre son but que c'est effectivement comme si elle ne bougeait pas.

20

J'aurais dû deviner depuis un moment que l'histoire s'achèverait ainsi. La fatigue que je ressentais de plus en plus souvent était un avertissement. Il est vrai que même si j'en avais tenu compte je n'aurais rien pu changer.

J'ai pris un autre taxi à la gare d'Athènes pour aller à Kifissia. J'avais du mal à respirer dans la voiture, je toussais, le chauffeur me regardait dans le rétroviseur d'un œil compatissant.

La grille du jardin était fermée à clef. J'ai appuyé sur la sonnette. L'auvent de l'entrée était soutenu par des colonnes carrées de briques. Une jeune fille est apparue sur le seuil, elle a descendu vivement les marches, elle est venue jusqu'à la grille.

— Qu'est-ce que vous voulez ? m'a-t-elle demandé.

C'était Nausicaa, elle a ouvert la porte sans s'écarter toutefois pour me laisser passer. Elle avait l'âge de son portrait. Elle était très belle, plus belle assurément que l'impératrice Élisabeth. Je serais sans aucun doute tombé amoureux d'elle si j'avais eu son âge.

— Un jour vous me chargerez d'une enquête sur le mont Athos. Vous me demanderez si les moines ont besoin de votre argent.

Elle a failli éclater de rire.

— Et que me répondrez-vous ?

— Qu'ils n'en ont pas besoin.

Je la regardais intensément, espérant qu'elle me reconnaîtrait. Mais j'ai songé qu'il était impossible qu'elle me reconnaisse puisqu'elle ne m'avait jamais vu.

— Vous avez un frère qui s'appelle Dimitris, n'est-ce pas ?

— Oui, comment le savez-vous ?

Son expression s'est assombrie soudain. Elle m'a dévisagé elle aussi attentivement.

— Je sais qu'il aime observer les fourmis.

— C'est vrai. Vous êtes un ami de mes parents ?

— Non, je ne les ai pas connus. J'ai connu par contre une jeune femme, Sophia, qui travaillait chez vous. Mais je suppose que ce nom ne vous dit rien.

Il ne lui disait rien, bien sûr. Je lui ai montré le perron de la maison.

— Je vous conseillerais, si vous le permettiez, de remplacer ces vilains piliers par des colonnes de marbre vert. Vous pourriez les commander à Tinos, il y a une carrière de marbre vert à Marlas. C'est là que mon grand-père a perdu son bras.

— Comme c'est curieux, a-t-elle dit, mon père a eu exactement la même idée que vous.

— Je vous donnerais aussi le conseil de ne pas gaspiller votre temps. De faire tous les voyages auxquels a droit une personne de votre âge.

— Vous parlez comme un vieil homme, a-t-elle remarqué.

Puis elle a ajouté :

— Vous connaissez des choses que vous devriez ignorer et vous ignorez des choses que vous devriez connaître.

J'ai compris que je devais me retirer.

— Je peux vous embrasser ?

Elle a souri.

— Pourquoi pas ?

Elle a dû se pencher un peu car elle est nettement plus grande que moi. C'est ainsi que pour la première fois j'ai pu embrasser Nausicaa sur les deux joues.

20 mars 2007

DU MÊME AUTEUR

Aux Éditions Stock

CONTRÔLE D'IDENTITÉ, *roman*, Le Seuil, 1985 ; nouvelle édition, Stock, 2000

PARIS-ATHÈNES, *récit*, Le Seuil, 1989 ; nouvelle édition, Stock, 2006 (Folio n° 4581)

AVANT, *roman*, Le Seuil, 1992. Prix Albert-Camus ; nouvelle édition, Stock, 2006

LA LANGUE MATERNELLE, *roman*, Fayard, 1995. Prix Médicis ; nouvelle édition, Stock, 2006 (Folio n° 4580)

LE CŒUR DE MARGUERITE, *roman*, 1999 (Le Livre de Poche)

LES MOTS ÉTRANGERS, *roman*, 2002 (Folio n° 3971)

JE T'OUBLIERAI TOUS LES JOURS, *récit*, 2005 (Folio n° 4488)

AP. J.-C., 2007. Grand Prix du roman de l'Académie française (Folio n° 4921)

Aux Éditions Fayard

TALGO, *roman*, Le Seuil, 1983 ; nouvelle édition, Fayard, 1997

PAPA, *nouvelles*, 1997. Prix de la nouvelle de l'Académie française (Le Livre de poche)

Chez d'autres éditeurs

LE SANDWICH, *roman*, Julliard, 1974

LES GIRLS DU CITY-BOUM-BOUM, *roman*, Julliard, 1975 (Points-Seuil)

LA TÊTE DU CHAT, *roman*, Le Seuil, 1978

LE FILS DE KING KONG, *aphorismes*, tirage limité, Les Yeux ouverts, Suisse, 1987

L'INVENTION DU BAISER, *aphorismes*, illustrations de Thierry Bourquin, tirage limité, Nomades, Suisse, 1997

LE COLIN D'ALASKA, *nouvelle*, illustration de Maxime Préaud, tirage limité, Paris, 1999

L'AVEUGLE ET LE PHILOSOPHE, *dessins humoristiques*, Quiquandquoi, Suisse, 2006